世纪高职高专规划教材

高等职业教育规划教材编委会专家审定

TONGXIN SHEBEI YUNXING YU WEIHU

通信设备运行与维护

主　编　范兴娟

副主编　李　辉　张　星

 北京邮电大学出版社
www.buptpress.com

内 容 简 介

本书是高职高专通信设备运行与维护系列教材,采用了理论与实践紧密结合的教学理念。

全书共分为 6 章。第 1 章介绍了电话通信设备运行与维护相关知识,主要内容包括程控交换机的组成及各部分功能、ZXJ10 程控交换仿真软件的物理数据配置、本局数据配置、邻局数据配置、No.7 信令自环数据配置等数据操作;第 2 章介绍了 IP 通信网络结构、局域网原理及配置、路由器原理及静态路由、动态路由配置、WLAN 原理及配置、IPv6 原理及配置等内容;第 3 章介绍了 GSM 网络结构、系统组成等理论内容,并介绍了 ZXG10 硬件系统组成、公共资源数据配置、BSC 物理设备配置、A 接口相关配置、B8018 基站配置、整表同步配置等数据配置过程;第 4 章介绍了 TD-SCDMA 网络架构、空中物理接口、RNC 等理论内容,并介绍了 ZXTR 系统的 RNC 设备、基站设备硬件系统及语音业务配置、数据业务配置等数据配置过程及大唐 TDR3000 真实设备开通调测过程;第 5 章介绍了 CDMA2000-1X 系统结构、中国电信 CDMA2000 频率分配等内容,并介绍了 ZXC10 硬件系统组成、业务配置流程、语音业务配置及数据业务配置等数据配置过程;第 6 章介绍了 LTE 演进过程、频谱划分、物理层帧结构等理论内容,并介绍了 LTE eNB 离线数据配置过程。

本书可作为通信专业、电子与信息等专业高职高专教材,是通信工程技术人员、电子信息工程技术人员从事通信技术的实用参考书,也可作为通信技术人员的培训教材或自学参考书。

图书在版编目(CIP)数据

通信设备运行与维护 / 范兴娟主编 .-- 北京 : 北京邮电大学出版社,2017.2
ISBN 978-7-5635-5000-5

Ⅰ.①通… Ⅱ.①范… Ⅲ.①通信设备—运行②通信设备—维修 Ⅳ.①TN914

中国版本图书馆 CIP 数据核字(2017)第 009621 号

书   名:通信设备运行与维护
著作责任者:范兴娟 主编
责 任 编 辑:刘 佳
出 版 发 行:北京邮电大学出版社
社   址:北京市海淀区西土城路 10 号 (邮编:100876)
发 行 部:电话:010-62282185 传真:010-62283578
E-mail:publish@bupt.edu.cn
经   销:各地新华书店
印   刷:保定市中画美凯印刷有限公司
开   本:787 mm×1 092 mm 1/16
印   张:19.75
字   数:492 千字
印   数:1—2 000 册
版   次:2017 年 2 月第 1 版 2017 年 2 月第 1 次印刷

ISBN 978-7-5635-5000-5   定 价:39.80 元

前　　言

结合高职高专教学更重视职业技能培养、提高学生技能及操作能力的培养目标,我们编写了《通信设备运行与维护》这本教材。本书是适合通信类专业采用的专业类教材,可以提高学生实际操作能力和数据配置能力。教材在讲解电话通信系统、IP 通信系统、GSM 系统、TD-SCDMA 系统、CDMA2000 系统、LTE 系统相关原理、网络结构的基础上,进一步结合数据配置、操作步骤、故障排查等系统讲解设备运行与维护相关操作技能。

本书结合通信系统分类,分为电话通信系统、数据通信系统、移动通信系统三大系统,进一步分为电话通信设备运行与维护、IP 通信设备运行与维护、GSM 运行与维护、TD-SCDMA 运行与维护、CDMA2000 运行与维护、LTE 原理与设备运行维护等 6 个章节,细致、深入地阐述了各种通信系统的网络架构、通信原理及数据配置、故障排查等内容。

本书结合高职高专的特点,以“必需、够用”为度,深入浅出,讲清网络结构、系统原理,突出基本操作,掌握数据配置与系统维护技能。本书可作为高职院校通信类各专业的教材,也可作为初、中级通信技术人员的培训教程或自学参考书。

本书共 6 章,主要介绍各种通信系统的理论知识及运行数据配置与维护等内容。

第 1 章介绍了电话通信设备运行与维护相关知识,主要内容包括程控交换机的组成及各部分功能、中兴通讯公司程控交换仿真软件 ZXJ10 的物理数据配置、本局数据配置、邻局数据配置、No.7 信令自环数据配置等数据操作。

第 2 章介绍了 IP 通信网络结构、局域网原理及配置、生成树协议及配置、路由器原理及静态路由配置、RIP 路由原理及配置、OSPF 路由原理及配置、WLAN 原理及配置、IPv6 原理及配置等内容。

第 3 章介绍了 GSM 网络结构、系统组成等理论内容,并介绍了中兴通讯公司 GSM 系统仿真软件 ZXG10 硬件系统组成、公共资源数据配置、BSC 物理设备配置、A 接口相关配置、B8018 基站配置、整表同步配置等数据配置过程。

第 4 章介绍了 TD-SCDMA 网络架构、空中物理接口、RNC 等理论内容,并介绍了中兴通讯公司 TD-SCDMA 仿真软件 ZXTR 系统的 RNC 设备、基站设备硬件系统及语音业务配置、数据业务配置等数据配置过程、大唐 TDR3000 真实设备开通调测过程。

第 5 章介绍了 CDMA2000-1X 系统结构、中国电信 CDMA2000 频率分配等内容,并介绍了中兴通讯公司 CDMA2000 仿真软件 ZXC10 硬件系统组成、业务配置流程、语音业务配置及数据业务配置等数据配置过程。

第6章介绍了 LTE 演进过程、频谱划分、物理层帧结构等理论内容,并介绍了 LTE eNB 离线数据配置过程。

范兴娟统稿全书,并编写了第2章、第5章,李辉编写了第1章、第3章,张星编写了第4章、第6章。石家庄邮电职业技术学院电信工程系孙青华教授、杨延广教授、黄红艳副教授、张志平副教授对本书给予了关心和指导,编者在此一并表示衷心感谢。

由于水平有限,书中仍难免存在一些缺点与欠妥之处,恳请广大读者批评指正。

编 者

2016 年 12 月

目　　录

第1章 电话通信设备运行与维护

1.1 程控交换原理

程控交换机是电话交换网的核心设备,其主要功能是完成用户之间的接续,即在两个用户之间建立一条话音通道。程控交换机的总体结构包括硬件和软件两部分。程控交换机的硬件包括话路子系统和控制子系统两部分,如图 1.1 所示。

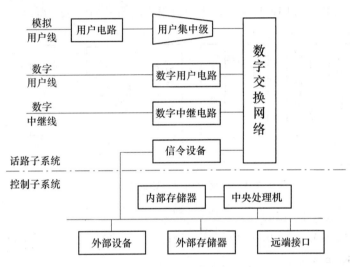

图 1.1 程控数字交换机的硬件结构

（1）话路子系统

主要由各类接口电路、信令设备和数字交换网络组成。

• 接口电路的作用是将来自不同终端(电话机、计算机等)或其他交换机的各种线路传输信号转换成统一的交换机内部工作信号,并按信号的性质分别将信令信号送给信令设备,将业务消息信号送给数字交换网络。

• 信令设备负责外部信令格式与适合处理机操作的内部消息格式间的转换,将接收到的外部信令转换成内部消息送给处理机,同时将处理机发布的对外部终端操作命令或通知转换成外部格式,并通过相应的终端接口转送给指定的终端。

• 数字交换网络的任务是实现各入、出线上数字时分信号的传递或接续。

（2）控制子系统

主要功能是完成对交换机系统全部资源的管理和控制,监视资源的使用和工作状态,按照外部终端的请求分配资源和建立相关连接。控制子系统由中央处理机(CPU)、内部存储器、外部设备和远端接口等部件组成。

- 外部设备包括外存、打印机、维护终端等,是交换局维护人员使用的设备。
- 远端接口包括到维护操作中心、网络管理中心、计费中心等的数据传送接口。
- 存储器用来存储交换设备的状态及运行数据和呼叫处理程序,常用程序和数据存储在内部存储器中,其他存于外部存储器中,需要时再调入内存。

1.1.1 话路子系统

话路子系统主要是以交换网络为核心组织起来的,包括模拟用户电路、用户集中级、数字用户电路、中继器、信令设备、数字交换网络等部件,是以话音信号为主的用户信息的传送和交换通路。

1. 模拟用户电路

模拟用户电路(Analog Line Circuit,ALC)简称用户电路,是程控数字交换机连接模拟用户线的接口电路,在程控交换机上一般指的是模拟用户板。模拟用户电路具有 BOR-SCHT 七大基本功能,实现 BORSCHT 功能的用户电路框如图 1.2 所示。

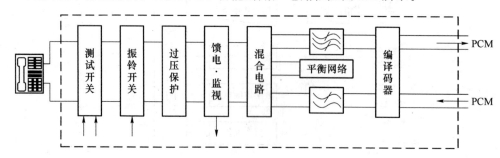

图 1.2　模拟用户电路的总体框图

B:馈电 B(Battery Feeding);

O:过压保护 O(Over Voltage Protection);

R:振铃 R(Ring);

S:监视 S(Supervision);

C:编/译码 C(Code);

H:混合 H(Hybrid Circuit);

T:测试 T(Test)。

2. 用户集中级

用户集中级用来进行话务量的集中(或分散)。一群用户经用户集中级后能以较少的链路接至交换网络,从而提高链路的利用率。用户集中级通常采用单 T 交换网络,集中比一般为 2∶1 至 8∶1。

用户集中级和用户电路还可以设置在远端,常称为远端模块,其与母局之间用 PCM 链路连接,链路数与远端模块容量及话务负荷有关。远端模块的设置带来了组网的灵活性,节省了用户线的投资。

3. 中继器

市话交换机之间是由中继线连接的。中继线分为传递模拟信号的模拟中继线及传递数字信号的数字中继线。

（1）模拟中继器

模拟中继器是交换机与模拟中继线之间的接口设备。

（2）数字中继器

数字中继器是交换机与数字中继线之间的接口设备。数字中继不需要馈电、振铃、2/4线转换和编解码功能。数字中继器的功能框如图 1.3 所示。

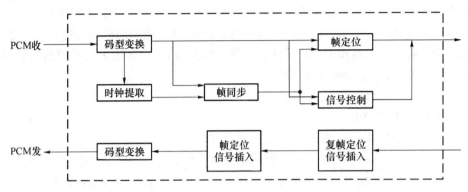

图 1.3　数字中继器的功能框图

① 时钟提取：用于从接收的 PCM 码流中提取发端送来的时钟信息，以便控制帧同步电路，使收端和发端同步。

② 码型变换：将线路上传输的 HDB3 码型变成适合数字中继器内逻辑电路工作的NRZ 码。

③ 帧同步和复帧同步

帧同步：用于从接收的 PCM 码流中获取帧定位信息，以便正确区分出已经被复用在一起的各个话路信息。PCM 的偶数帧 TS0 时隙中放置的是帧同步码组"0011011"，帧同步提取电路从接收 PCM 码流中，识别检测出该帧同步码组，并以该时隙作为一帧的排头，使接收端的帧结构和发送端完全一致，从而保证两个交换机能够同步工作，实现数字信息的正确接收和交换。

复帧同步：一个复帧是由 16 个 PCM 帧组成，复帧同步就是使接收端的复帧结构和排列与发送端完全一致。

帧定位：使输入的码流相位和局内的时钟相位同步。

④ 信令的提取和插入：信令是不进入数字交换网络进行交换的。

当数字中继器采用随路信令方式时，规定用复帧中的第 1～15 帧的 TS16 传送 30 个话路的线路信令，各个话路传送 MFC 记发器信令。信令提取，就是将来话线路上通过第1～15 帧的 TS16 上传送的 30 个话路的线路状态信令接收和分离，并转送给交换机的控制系统。信令插入，就是将交换机控制系统对各个话路状态的控制命令转换成信令数据，并按照话路序号进行组合和插入到对应帧的 TS16 中。

⑤ 帧和复帧定位信号插入：因为在交换网络输出的信号中，不包含帧和复帧的同步信号，故在发送时，应将帧和复帧的同步信号插入，这样就形成了完整的帧和复帧的结构。

4. 信令设备

信令设备是交换机的必要组成部件，主要功能是收集来自各个接口的信令信号，并转换成适合交换控制系统处理的数据消息格式，或者将控制系统送出的数据消息格式信令转换成适配各个接口操作的形式。

5. 数字交换网络

数字交换网络实质就是对话音在物理电路之间的交换,也就是说在交换网络的入端和出端两条电路之间建立一个实际的连接。在数字交换网络中对话音电路的交换实际上是对时隙的交换。

从交换机的内部连接功能来看,交换的基本功能就是在任意的接口之间建立连接,这种建立连接的功能是由交换系统内部的交换网络完成的;从交换网络的内部连接功能来看,交换就是在交换网络的入线和出线之间建立连接。因此,在交换系统中交换网络就是完成这一基本功能的部件,它是交换系统的核心。

程控数字交换机采用的多路复用技术为时分复用。

(1) PCM 时分多路复用

图 1.4 为一个只有 3 路 PCM 复用的原理示意图。

对于每一个话路来说,每次抽样值经过量化以后编成 8 位二进制码组,其所占的时间间隙称为路时隙,简称时隙(Time Slot,TS)。所有用户单次抽样的时隙总时间称为一帧。

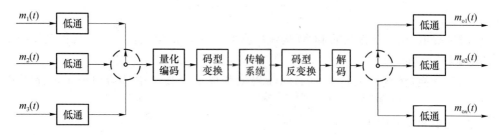

图 1.4　PCM 时分复用的原理

(2) PCM30/32 的帧结构

我国规定采用 A 律压扩特性的 PCM30/32 路制式,30/32 的含义是整个系统共分为 32 个时隙,其中 30 个时隙分别用来传送 30 路话音信号,一个时隙用来传送帧同步码,另一个时隙用来传送信令码,其帧结构如图 1.5 所示。

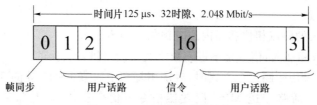

图 1.5　PCM30/32 路帧结构

从图 1.5 中可以看出,PCM30/32 的帧周期为 125 μs(抽样频率 8000 Hz),每帧 32 个时隙,每个时隙占用的时长为 125 μs/32＝3.9 μs,包含 8 bit,则 PCM 30/32 路系统的传输速率为 $8000 \times 32 \times 8 = 2048$ kbit/s。

为了更好地利用信令信道,PCM 采用了复帧结构传输。一个复帧由 16 个 PCM 帧(F0～F15)组成,占用时间为 125 μs×16＝2 ms。用 16 帧中第一帧(F0)的 TS16 传输复帧同步码,其他 15 帧(F1～F15)的 TS16 分别传输 30 路话路的信令,每个话路的信令采用 4 bit 传输,如图 1.6 所示。

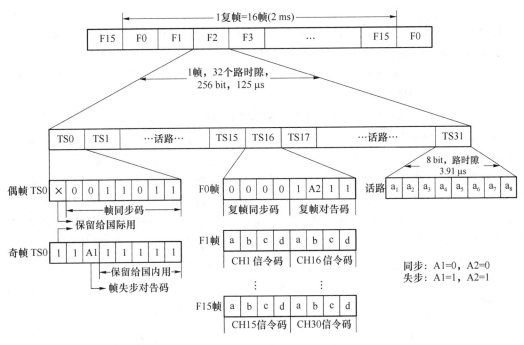

图 1.6　PCM 复帧结构

数字交换过程如图 1.7 所示。两电话用户分别占用 HW1 的 TS2 和 HW3 的 TS31。

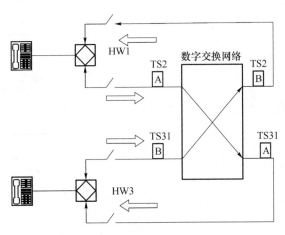

图 1.7　数字交换系统的交换过程

（3）时间接线器

时间接线器（Time Switch）简称 T 接线器，其功能是完成同一时分复用线上不同时隙的信息交换，即把某一时分复用线中的某一时隙的信息交换至另一时隙。

T 接线器由话音存储器（Speech Memory，SM）和控制存储器（Control Memory，CM）两部分组成，如图 1.8 所示。

话音存储器（SM）：用于暂存经过 PCM 编码的数字化话音信息，每个话路时隙为 8 bit，因此话音存储器的每个单元至少具有 8 bit。话音存储器的容量，也就是所含的存储单元数应等于输入复用线上每帧的时隙数。假定输入复用线上有 128 个时隙，则话音存储器要有

128 个单元。

　　控制存储器(CM)：用于控制话音存储器信息的写入或读出。CM 的容量通常等于 SM 的容量；CM 每个单元所存储的是 SM 的地址码(即单元号)，由处理机控制写入，并按顺序读出，以实现所需的时隙交换。CM 每个单元的比特数决定于话音存储器的单元数，也就是决定于复用线上的时隙数。

　　T 接线器的工作方式有两种：一种是"顺序写入，控制读出"，简称输出控制；另一种是"控制写入，顺序读出"，简称输入控制。顺序写入或读出是由时钟控制的，控制读出或写入则由 CM 完成。

　　T 接线器的工作是在中央处理机的控制下进行。当中央处理机得知用户的要求(拨号号码)后，首先通过用户的忙闲表，查被叫是否空闲，若空闲，就置忙，占用这条链路。中央处理机根据用户要求，向控制存储器发出"写"命令，将控制信息写入控制存储器。被叫用户的回话信息也要由中央处理机控制，向控制存储器发出"写"命令，将控制信息写入控制存储器。

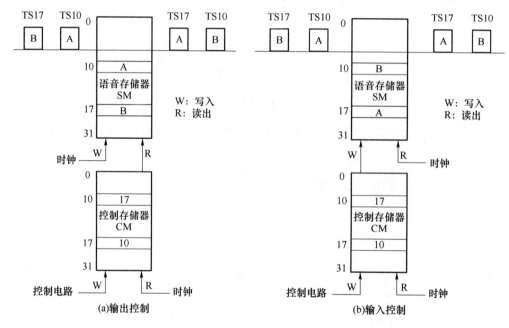

图 1.8　T 接线器工作方式

　　① 输出控制方式

　　各个输入时隙的信息在时钟控制下，依次写入 SM 的各个单元，TS1 的内容写入存储单元 1，TS2 的内容写入存储单元 2，依此类推。在输出时，CM 在时钟控制下依次读出自己各单元内容，如图 1.8(a)所示，在读至 CM 的 10 单元时，其内容 17 用于控制在输出 TS10 时读出 SM 的 17 单元的内容，在读至 CM 的 17 单元时，其内容 10 用于控制在输出 TS17 时读出 SM 的 10 单元的内容，从而完成了所需的时隙交换。

　　② 输入控制方式

　　各个输入时隙的信息在进入 SM 时，不再是按顺序写入，而是在时钟的控制下根据 CM 中存放的地址号码写入 SM 相应的单元中，读出则是在定时脉冲的控制下顺序读出。在图 1.8(b)中，若要将 TS10 的话音编码信息交换到 TS17 中去，则根据这一接续要求，应该在

CM 的 10 单元中存入控制信息数据"17"。如此可以做到时隙 TS10 到达时读出 CM 的 10 单元中的信息,从而对应地把信息写到 SM 的 17 单元中。由于是顺序读出,故在 TS17 读出话音存储器 17 单元的内容,从而完成了 TS10 输入时隙内容交换到 TS17 输出时隙。

（4）空间接线器

空间接线器(Space Switch)简称 S 接线器,其功能是完成不同时分复用线之间同一时隙内容的交换,即将某条输入复用线上某个时隙的内容交换到指定的输出复用线的同一时隙。

S 接线器由电子交叉点矩阵和控制存储器构成。

电子交叉点矩阵:$M \times N$ 的电子交叉点矩阵有 M 条输入时分复用线和 N 条输出时分复用线,每条时分复用线上有若干个时隙。输入复用线和输出复用线的交叉点的闭合在某个时隙内完成;在同一线上的若干个交叉点不会在同一时隙内闭合。各个交叉点在哪些时隙应闭合,在哪些时隙应断开,这决定于处理机通过控制存储器所完成的选择功能。

控制存储器(CM):用来控制交叉接点在某一时隙的接通,其数量等于入（出）线数。每个 CM 所含有的存储单元个数等于入（出）线上的复用时隙数,如交叉矩阵是 8×8,每条复用线有 128 个时隙,则应有 8 个控制存储器,每个存储器有 128 个存储单元。每个存储单元为 n 位 bit,且满足 $N \leqslant 2n$,其中 N 为入（出）线数。

根据控制存储器是控制输出线上还是控制输入线上交叉接点的闭合,可分为输出控制方式和输入控制方式两种。

① 输出控制方式

采用输出控制方式时,对应于每条出线都有一个控制存储器,如图 1.9(a)所示。如果入线 HW0 要与出线 HW7 在 TS5 实现交换连接,就在出线 HW7 的控制存储器 CM7 的存储单元 5 中写入 0。当出线 HW7 的 TS5 到来时,读出 CM7 单元 5 中的内容 0,用来控制出线 HW7 与入线 HW0 在 TS5 接通。控制存储器是控制写入、顺序读出,写入内容来自处理机的选路控制。

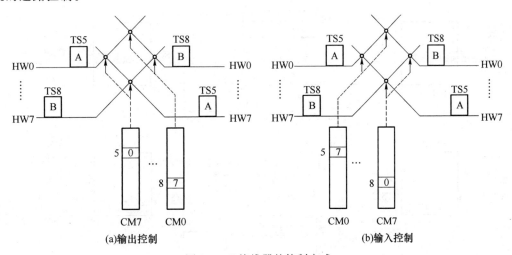

图 1.9　S 接线器的控制方式

② 输入控制方式

采用输入控制方式时,对应于每条入线都有一个控制存储器,如图 1.9(b)所示。入线 HW0 要与出线 HW7 在 TS5 接通,此时在对应于入线 HW0 的控制存储器 CM0 的单元 5

中写入 7。当入线 HW0 的 TS5 到来时，读出 CM0 单元 5 中的内容 7，用来控制入线 HW0 与出线 HW7 在 TS5 接通。控制存储器仍然是控制写入、顺序读出。

（5）TST 交换网络

当交换网络的容量增大时，只有 T 接线器就不能满足要求了，要扩大容量需要用 S 接线器配合 T 接线器组成多级交换网络。

TST 交换网络是三级交换网络，如图 1.10 所示，由输入 T 级（TA）、输出 T 级（TB）和中间的 S 接线器组成。其中 S 接线器的输入复用线和输出复用线的数量决定于两侧 T 接线器的数量，如每侧有 8 个 T 接线器，则 S 级采用 8×8 交叉矩阵。

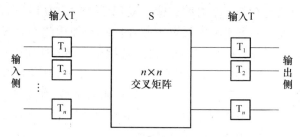

图 1.10 典型的 TST 交换网络结构

下面以图 1.11 为例说明 TST 交换网络的工作原理。其中输入 T 接线器采用输出控制方式，输出 T 接线器采用输入控制方式，S 接线器采用输入控制方式。假设 PCM0 上 TS2 的 A 用户与 PCM7 上 TS31 的 B 用户通话。需要注意，用户间通话为双向的，但交换网络只能单向传输，所以交换中的用户间通话应建立双向通路。

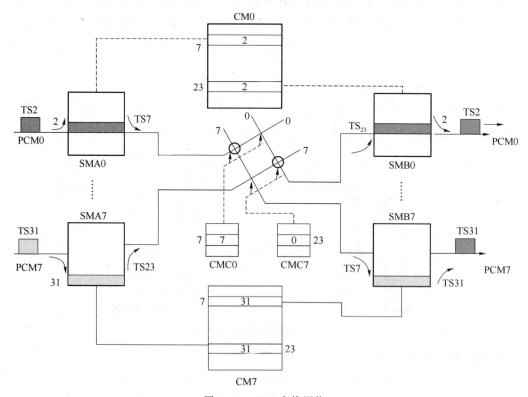

图 1.11 TST 交换网络

① A→B 方向：即 PCM0 上 TS2 中的话音编码信息交换到 PCM7 上 TS31 中去。首先 PCM0 上 TS2 中用户 A 的语音信息顺序写入输入 T 接线器的语音存储器的 2 单元，处理机为此次接续寻找一空闲内部时隙，现假设找到的空闲时隙为 TS7，则处理机控制语音存储器 2 单元中的语音信息在 TS7 读出，则 TS2 的语音信息交换到了 TS7，这样输入 T 接线器完成了 TS2→TS7 的时隙交换。然后 S 接线器在 TS7 将入线 PCM0 和出线 PCM7 接通（即 TS7 时刻闭合交叉点），使入线 PCM0 上的 TS7 交换到 PCM7 上。最后输出 T 接线器在控制存储器的控制下，将内部时隙 TS7 中的语音信息写入其语音存储器的 31 单元，输出时在 TS31 时刻顺序读出，这样输出 T 接线器完成了 TS7→TS31 的时隙交换。

此时，经过 TST 交换网络，输入 PCM0 上 TS2 中 A 用户的语音信息就交换到输出 PCM7 上 TS31 中，实现了 A→B 方向的通话。

② B→A 方向：即 PCM7 上 TS31 中的话音编码信息交换到 PCM0 上 TS2 中去。首先 PCM7 上 TS31 中用户 B 的语音信息顺序写入输入 T 接线器的语音存储器的 31 单元，处理机为此次接续寻找一空闲内部时隙 TS23（TS23 由反相法确定），则处理机控制语音存储器 31 单元中的语音信息在 TS23 读出，则 TS31 的语音信息交换到了 TS23，这样输入 T 接线器完成了 TS31→TS23 的时隙交换。然后 S 接线器在 TS23 将入线 PCM7 和出线 PCM0 接通（即 TS23 时刻闭合交叉点），使入线 PCM7 上的 TS23 交换到 PCM0 上。最后输出 T 接线器在控制存储器的控制下，将内部时隙 TS23 中的语音信息写入其语音存储器的 2 单元，输出时在 TS2 时刻顺序读出，这样输出 T 接线器完成了 TS31→TS2 的时隙交换。

此时，经过 TST 交换网络，输入 PCM7 上 TS31 中 B 用户的语音信息就交换到输出 PCM0 上 TS2 中，实现了 B→A 方向的通话。

对于内部时隙的选取通常采用反相法，即两个方向相差半帧。如本例中一条复用线上的时隙数为 32，即帧长为 32，则半帧为 16 个时隙，A→B 方向选定 TS7，则 B→A 方向就选定了 16+7=23 即 TS23，这样，使 CPU 可以一次选择两个方向的路由，避免 CPU 的二次路由选择，从而减轻了 CPU 的负担。

（6）单 T 级交换网络

图 1.12 为一个 256×256 时隙数字接线器芯片的内部结构原理。在输入端"串/并"变

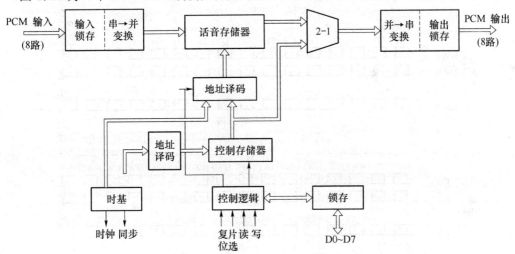

图 1.12　256×256 时隙数字接线器芯片内部结构

换电路将串行信号变成并行信号,然后进入话音存储器进行交换;在输出端"并/串"变换电路将其复原成串行码,然后输出。

① 串/并变换电路将输入时分复用线上到达的串行码流按照时隙分割变换为 8 位的八线并行码,如图 1.13 所示,然后经合路器把 8 个 PCM(一个 PCM 称为一个 HW)的并行码,按一定的次序进行排列,一个一个地送到话音存储器。这样做的目的是为了便于对存储器的操作与提高读写速度。需要注意的是,经过串/并变换后,线速降低到原来串行码的 1/8,但时隙间隔时间保持不变(仍为约 3.9 μs)。

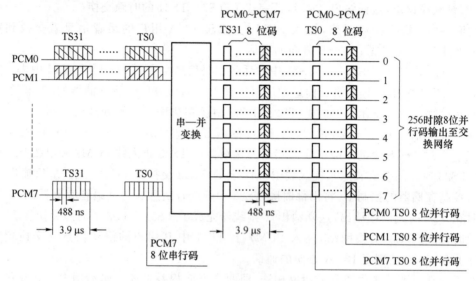

图 1.13 串/并变换

其中串行码是指各时隙内的 8 位码 D0～D7 是按时间的顺序依次排列,如图 1.14(a)所示。并行码是指各时隙内的 8 位码 D0,D1,…,D7 分别同时出现在 8 条线上,如图 1.14(b)所示。

② 并/串变换电路的功能与串/并变换电路正好相反。

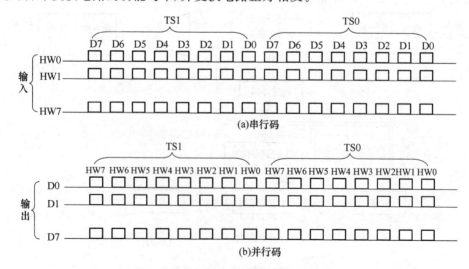

图 1.14 8 端输入的串行码和并行码

③ 选 1 电路用于选择输出端是话音存储器内容或是控制存储器内容。

④ 话音存储器由控制存储器控制,它们所需要的定时信号由时基电路产生。

⑤ CPU 通过数据线 D0~D7 来控制芯片工作。它可以通过各种指令使得芯片 8 条 PCM 线的每个"交叉点"接通或释放。256×256 交换网络芯片的交换速率为 2 Mbit/s。

(7) TTT 交换网络

通过多个 T 单元的复接,可以扩展 T 接线器的容量。如利用 16 个 256×256 的 T 接线器,可以得到一个 1024×1024 的 T 接线器,如图 1.15 所示。但由于采用这种方式扩展单级 T 交换网络所需 T 单元电路的数量按照(扩展的容量/单个 T 单元的容量)2 增长,所以当交换网络容量很大时,就不经济了,这时可采用 TTT 三级网络。

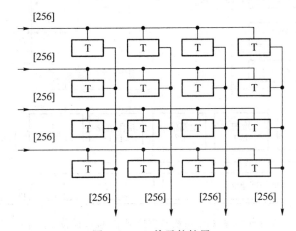

图 1.15　T 单元的扩展

1.1.2　控制子系统

1. 控制子系统的组成

控制子系统是程控交换机的指挥中心,包括中央处理机(CPU)、存储器、外围设备和远端接口等部件。其主要任务是根据外部用户与内部维护管理的要求,执行存储程序和各种命令,以控制相应硬件实现交换及管理功能。

(1) 中央处理机(CPU)

中央处理机是控制子系统的核心,它要对交换机的各种信息进行处理,并对数字交换网络和公用资源设备进行控制,完成呼叫控制以及系统的监视、故障处理、话务统计、计费处理等。

为了更好地适应软硬件模块化的要求,提高处理能力及增强系统的灵活性与可靠性,目前程控交换系统的分散控制程度日趋提高,已广泛采用部分或完全分布式控制方式。

(2) 存储器

存储器是保存程序和数据的设备,可细分为程序存储器、数据存储器等。根据访问方式又可以分为只读存储器(ROM)和随机访问存储器(RAM)等。存储器容量的大小会对系统的处理能力产生影响。

(3) 外围设备

外围设备包括计算机系统中所有的外围部件:输入设备包括键盘、鼠标等;输出设备包括显示设备、打印机等,也包括各种外围存储设备,如磁盘、磁带和光盘等。

（4）远端接口

远端接口包括集中维护操作中心（Centralized Maintenance&Operation Center,CMOC）、网络管理中心、计费中心等的数据传送接口。

控制子系统与交换网络、接口设备的关系如图 1.16 所示。

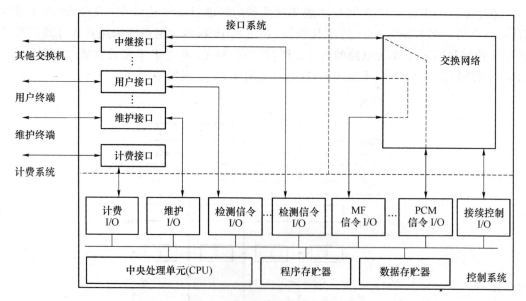

图 1.16　控制子系统与交换网络、接口设备的关系

2. 控制子系统的控制方式

控制子系统的控制方式主要是指控制子系统中处理机的配置方式,可分为集中控制方式、分散控制方式和分布式控制方式。

（1）集中控制方式

集中控制是指整个交换机的所有控制功能,包括呼叫处理、障碍处理、自动诊断和维护管理等各种功能,都集中由一部处理器来完成。早期的程控交换机或较小容量的交换机都采用这种控制方式。

这种控制方式的优点是,它的程序是一个整体,调试修改比较方便。但由于中央处理机要处理大量的呼叫信息,又要担负各种测试、故障诊断等维护管理工作,因此一般要配备大型处理机,这在建局初期容量较小时很不经济。

（2）分级式控制方式

在分级式控制方式中,系统划分为多个模块,每个模块的自主处理能力显著增强,中央处理功能则在很大程度上弱化。各个模块中的模块处理机是实现分级式控制的同一级处理机,任何模块处理机之间可独立地进行通信。在各个模块内的模块处理机之下还可设置若干台外围处理机和/或板上控制器。

分布式控制方式的优点包括:

在分级式控制方式中,增加新性能或新业务时可引入新的组件（如增加数据通信业务时可增加数据业务组件）,新组件中带有相应的控制设备,从而对原设备影响不大,甚至没有影响。

能方便地引入新技术和新元件,且不必重新设计交换机的整体结构,也不用修改原来的硬件。

可靠性高,发生故障时影响面较小,如只影响某一群用户(中继)或只影响某种性能。

但是,分级式控制方式目前也存在如下一些问题:

采用分级式控制时微处理机的数量相对增多,微处理机之间的通信也增加,如果设计不完善,会影响交换机的处理能力,使各处理机真正用于呼叫处理的效率降低,同时也增加了软件编程的复杂性。

(3) 全分散控制方式

全分散控制是指多台处理机按照一定的分工,相互协同工作,完成全部交换的控制功能,例如有的处理器负责扫描,有的负责话路接续等。多台处理器之间的分工方式有功能分担方式、负荷分担方式和容量分担方式三种。

功能分担方式:是将交换机的信令与终端接口功能、交换接续功能和控制功能等基本功能,按功能类别分配给不同的处理机去执行。每台处理机只承担一部分功能,这样可以简化软件,若需增强功能,在软件上也易于实现。缺点是在容量小时,也必须配备全部处理机。

负荷分担方式:是指两台处理机独立进行工作,在正常情况下各承担一半话务负荷。当一台处理机产生故障时,可由另一处理机承担全部话务负荷。为了能接替故障处理机的工作,必须互相了解呼叫处理的进展状况,因此双机应具有互通信息的通信链路。在呼叫处理过程中,为避免双机同抢资源,必须有互斥措施。

容量分担方式:处理机间并行工作,每台处理机所完成的任务都是一样的,只是所面向的用户群不同而已。而且每台处理机都有专用存储器存储所辖域的资源状态数据和处理程序,负责一部分容量的呼叫处理任务,同时设置公用存储器存储系统全局数据和各处理机的工作状态数据。

3. 处理机的冗余配置

为了提高控制系统的可靠性,保证交换机能够不间断地进行连续工作,常常采用冗余和备份方式配置处理机,这就是所谓的双处理机系统。

双处理机结构有三种工作方式:同步双工工作方式、话务分担工作方式和主/备用工作方式。

① 同步双工工作方式

同步双工工作方式是由两台处理机,中间加一个比较器组成,如图 1.17 所示。两台处理机合用一个存储器,也可各自配备一个存储器,但要求两个存储器的内容保持一致,应经常核对数据和修改数据。

该方式下,两台处理机(一般一台作为主用机,一台作为备用机)同时工作,同时接收信息,处理同样的指令,各自进行同样的分析与处理,正常情况下,通常将主用机的处理结果作为运行结果(备用机的处理结果可作为比较和结果的验证参考),当主用机出现故障时,再将备用机的处理结果作为运行结果。

② 话务分担工作方式

话务分担工作方式的两台处理机各自配备一个存储器,在两台处理机之间有互相交换信息的通路和一个禁止设备,如图 1.18 所示。

该方式下,两台处理机(一般不分主用机和备用机)同时工作,但是轮流地接收呼叫,各自分别对一部分话务量进行分担处理。当一台处理机发生故障时,立即由正常机承担起故障机的工作,接收全部话务处理工作。为了使故障机退出时,另一台正常机能够及时地接替,应在两机之间定时交换信息,随时了解对方的处理进展。

③ 主/备用方式

这种方式的两台处理机,一台为主用机,承担全部工作;另一台为备用机,处在等待状态,如图1.19所示。当主用机发生故障时,备用机接替主用机进行工作。

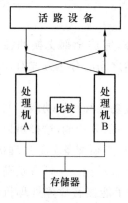 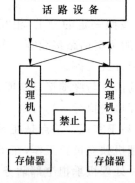 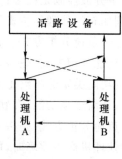

图1.17 同步双工工作方式　　　图1.18 话务分担工作方式　　　图1.19 主/备用方式

备用机的工作方式分两种情况,即冷备用和热备用。

冷备用的处理机只是接通电源,但不作任何话务处理。热备用方式的备用机虽然不作话务处理,但对主用机接收的输入信息及其处理进程与状态要有所了解。

4. 处理机间的通信

处理机间的通信方式和交换机控制系统的结构有紧密联系,既要考虑设备的复杂性,也要考虑通信的效率。当前在程控数字交换系统中多处理机之间通信主要采用下列几种通信方式:

① 利用PCM信道进行消息通信:利用TS16进行通信;通过数字交换网络的任一话音信道传送。

② 共享存储器通信结构。

③ 以太网通信总线结构

1.2　ZXJ10交换机系统组成

ZXJ10产品具有强大的处理能力、丰富的业务功能和灵活多样的组网能力,除能满足普通PSTN网和N-ISDN网的组建需要外,还能适应SDH同步网、No.7信令网、电信管理网和智能网建设的需要。ZXJ10丰富的接口如图1.20所示。

ZXJ10基本概念包括以下几个:

单板指PCB电路板,包括MP和电源板等。

单元由一块或几块单板组成,具备一定的功能。

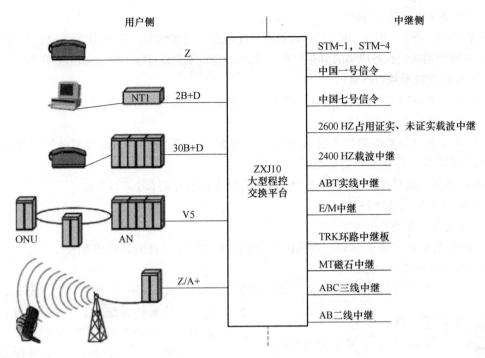

图 1.20　ZXJ10 丰富的接口

模块由一对 MP 和若干从处理器 SP 及一些单板组成。

ZXJ10 系统由若干模块组成,分为中心模块、外围模块和操作维护模块。

中心模块一般是交换网络模块 SNM 和消息交换模块 MSM 的合称,有时也称为中心架。外围模块具备成局的所有功能,一般可分为近端模块(常称为外围交换模块 PSM)和远端模块(远端交换模块 RSM、远端用户模块 RLM)。操作维护模块 OMM 指的是后台的操作维护系统。

图 1.21 为 ZXJ10 系统组成,主要由 MSM、SNM、PSM、RSM、RLM 和 OMM 组成。

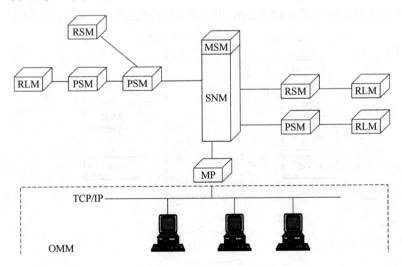

图 1.21　ZXJ10 系统组成

① 外围交换模块（PSM）

PSM 用于 PSTN、ISDN 的用户接入和处理呼叫业务连接到中心模块，作为多模块系统的一部分。外围交换模块具备成局的所有功能，一般可分为近端模块（PSM）和远端模块（RSM）。

② 远端交换模块（RSM）

RSM 和 PSM 内部结构完全相同区别是与上级模块的连接方式不同。

③ 交换网络模块（SNM）

SNM 是多模块系统的核心模块，它完成跨模块呼叫的连接，并且根据网络的容量不同，可以将 SNM 分为几种不同的类型。

中心模块一般是 SNM 和 MSM 的合称，有时也称为中心架。

④ 消息交换模块（MSM）

• 完成模块间消息的交换。

• 控制消息首先被送 SNM，然后由 SNM 的半固定连接将消息送到 MSM。

⑤ 操作维护模块（OMM）

OMM 也称作后台操作系统，采用集中维护管理的方式，采用 TCP/IP 协议，Windows 2000 或 NT 的操作系统，用于监控和维护前台交换机的数据、业务、话单和测试等。

操作维护模块指的是后台的操作维护系统。

图 1.22 为外围交换模块 PSM 单独成局的情况，仿真软件中的交换模块就是 PSM 单独成局模块，包括控制系统、交换网络、用户部分、中继部分、模拟信令部分等所有成局模块所包含内容。

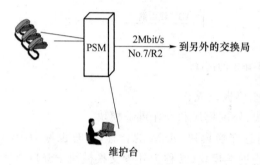

图 1.22　外围交换模块 PSM 单独成局

1.2.1　ZXJ10 系列模块概述

ZXJ10 采取集中式管理，模块间全分散、模块内分级控制的构架，系统结构如图 1.23 所示。

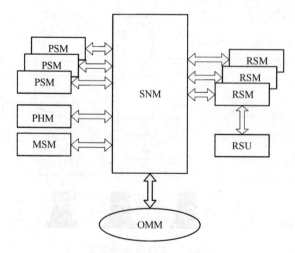

图 1.23　ZXJ10 硬件结构框图

由图 1.23 可见,系统主要由消息交换模块 MSM、交换网络模块 SNM、操作维护模块 OMM、近端外围交换模块 PSM、远端外围交换模块 RSM、分组交换模块 PHM、远端用户单元 RSU 等基本模块组成。

若干个模块组成一个交换局。

1. 消息交换模块(MSM)

MSM 与 PSM 中的主控单元结构相同,由一对主备 MP 和若干 COMM 子单元组成,当系统较大一对 MP 的处理能力不够时,可以通过以太网进行扩充,提高数据交换能力。其结构如图 1.24 所示。

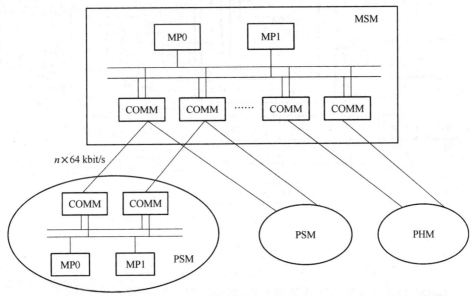

图 1.24 MSM 结构示意图

2. 交换网络模块(SNM)

交换网络模块(SNM)是多模块局系统的核心模块,主要完成多模块系统的各个模块之间的话路交换,并将来自多模块的通信时隙经半固定连接后送至 MSM。

交换网络模块 SNM 可以有以下几种单元:

① 中心数字交换网单元(简称 S 网),每个机框为 2 个 8 K 交换平面共 16 K(每平面为主备复用式),通过叠加框来实现 32 K 中心交换网。

② 主控单元,其结构与 PSM 中的主控单元结构相同。主要是控制中心交换网的接续,以及对 DT 监控。

③ 数字交换网单元(简称 T 网),它是系统基准时钟提供层和远端接入模块扩展层,结构与 PSM 的 T 网结构相同。

④ 多模块局时交换网络模块侧还配备光接口单元。与 PSM 中的光接口单元对接,用于下带一些 PSM 外围交换模块。交换网络模块 SNM 的结构如图 1.25 所示。

3. 操作维护模块(OMM)

ZXJ10 的 OMM 操作维护模块亦称为后台操作维护系统,它主要区别于前 MP/Comm 操作维护系统,前后台是通过以太网总线 10Base2 相连接,MP 向后台 OMM 发送运行状态信息,而 OMM 向 MP 发送人机命令、系统装载文件等消息。

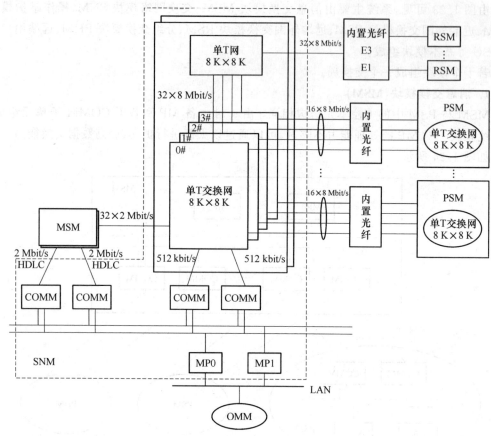

图 1.25　SNM 结构示意图

后台 OMM 与前台 MP 的连接如图 1.26 所示。

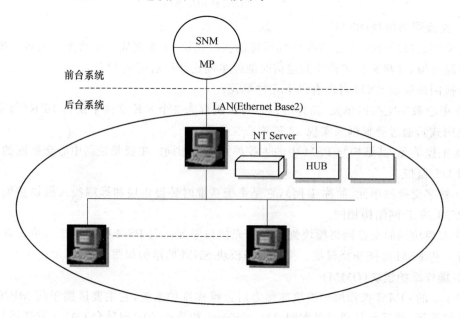

图 1.26　后台 OMM 与前台 MP 的连接示意图

4. 近端外围交换模块(PSM)

PSM 是 ZXJ10 中基本的独立模块,如图 1.27 所示,其主要功能是:

① 完成本模块内部的用户之间的呼叫处理和话路交换;

② 将本交换模块内部的用户和其他交换模块的用户之间的呼叫的消息和话路接到 SNM 模块上。

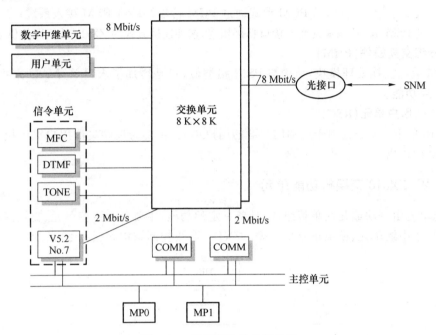

图 1.27　外围模块及功能单元

PSM 由以下基本单元组成:

① 用户单元:用户单元包含有模拟用户(ASLC)、数字用户(DSLC)、二线实线中继 (ABT)、载波中继(2400 Hz/2600 Hz SFT)、E&M 中继。

② 数字中继单元:数字中继单元包含有数字中继接口子单元(DTI)。

③ 模拟信令单元:模拟信令单元包括多频互控记发器信号子单元(MFC)、双音多频。

④ 信号子单元(DTMF)、信号音子单元(TONE)。

⑤ 主控单元:主控单元中包含模块处理机(MP)、通信子单元(COMM)、监控子单元 (MON)和环境监控子单元(PEPD)。

⑥ 数字交换网单元(简称 T 网单元):包括数字式时隙交换网络(DSN)及 HW 接口子 单元(DSNI)。

⑦ 光接口单元:由若干光接口子单元 FBI 组成。在多模块中心局一侧也由若干 FBI 可 以组成光接口单元与其对接。它的主要功能是将 PSM 与中心模块网之间用光纤连接起 来,完成系统内部的内置式传输。

⑧ 时钟同步单元:ZXJ10(10.0)机的时钟同步系统由基准时钟 CKI 及同步振荡时钟 SYCK 构成,为整个系统提供统一的时钟系统,又同时能对高一级的外时钟同步跟踪。

5. 远端外围交换模块(RSM)

远端外围交换模块 RSM 是 PSM 或中心模块局(SNM)的延伸局,RSM 的结构与 PSM 基本相同。其用途为:

① 远端各类用户的接入；

② 远端用户之间完成接续交换；

③ 可与 PSM 或中心模块局实现中心联网；

④ RSM 可实现内部交换，用户在使用时与在 PSM 中使用没有任何区别；

⑤ RSM 与 PSM 或中心局（SNM）连接方式；

⑥ 通过数字中继接口，以 PCM 形式通过 PCM 传输终端将 RSM 接入系统；

⑦ 通过 PSM/RSM 两端的光纤接口直接相连，这种连接方式为 ZXJ10 的组网提供了方便。

6. 分组交换模块（PHM）

PHM 分组交换处理模块，结构与 PSM 相类似，只是增加了入口单元 AU 来提供与分组网的互通功能。

7. 远端用户单元（RSU）

ZXJ10 的 RLM 是运用于远端用户群的用户单元，主要为远端集群用户提供接入，一般限于 1000 门以内。

1.2.2 ZXJ10 交换机功能单元

功能单元由一块或几块单板组成，具备一定的功能，主要包含主控单元、交换网单元、用户单元、数字中继单元、模拟信令单元等。ZXJ10 两级控制结构如图 1.28 所示。

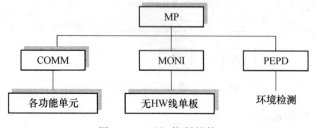

图 1.28 两级控制结构

1. 主控单元

主控单元占用一个机框。主控单元主要功能有控制交换网的接续、负责前后台数据及命令的传送、实现与各功能子单元（单元）的消息通信。

主控单元的 MPPP 以及 MPMP 板向系统提供通信端口，用于传递 MP 与各外围单元的消息及模块间的消息：一个用户单元占用 2 个模块内通信端口，一个数字中继单元占用 1 个模块内通信端口，一个模拟信令单元占用 1 个模块内通信端口，MP 控制 T 网占用 2 个超信道的通信端口（Port1,Port2），模块间通信至少占用 1 个模块间通信端口（Mport1～Mport8）。

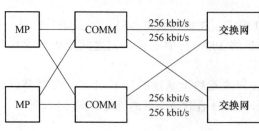

图 1.29 主控单元对 T 网的控制

主控单元对 T 网的控制如图 1.29 所示，两块主处理板 MP 主备用工作，分别经通信板 COMM 通过 256 kbit/s HW 线连接至交换网。主控单元单板组成如图 1.30 所示。3 号槽位是共享内存板 SMEM，由其决定两块主处理板 MP 板的主备工作方式，13 至 20 槽位是通信板 COMM，根据具体功能，又分为模块间通信板 MPMP 和模块内通信板 MPPP,21 号槽位是七号信令板 STB。

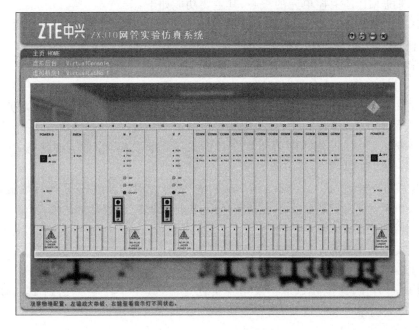

图 1.30　主控单元单板组成

如图 1.31 所示,为主控框与其他框单板连线情况,主要包括消息线(传递控制消息、管理消息、维护消息等)、时钟线(传递时钟信号)、HW 线(传递话路消息)、监控线(传递监控信号)、用户电缆线(连接用户话机和模拟用户板)、T 网接续线(连接数字交换网板和通信板)。

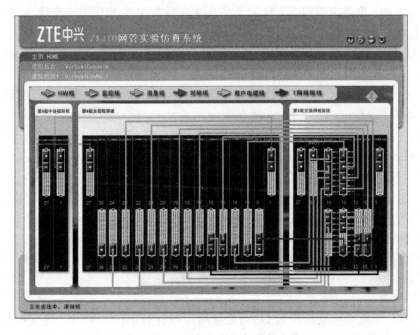

图 1.31　主控框与其他框单板连线

（1）模块处理机单板 MP

模块处理机 MP 是主控单元的核心,其主要功能如下:

① MP 提供总线接口电路,目的是为提高 MP 单元对背板总线的驱动能力,并对数据总线进行奇偶校验,总线监视和禁止。

② 分配内存地址给通信板 COMM、监控板 MON、共享内存板 SMEM 等单板,接受各单板送来的中断信号,经过中断控制器集中后发往 MP。

③ 提供 2 个 10 M 以太网接口,一路为连接后台终端服务器,另一路为扩展控制层间连线。

④ 主备状态控制,主/备 MP 在上电复位时采用竞争获得主/备工作状态,主备切换有四种方式:命令切换、人工手动切换、复位切换、故障切换。

⑤ 其他服务功能,包括 Watchdog 看门狗功能、5 ms 定时中断服务、定时计数服务、配置设定、引入交换机系统基准时钟作为主板精密时钟、节点号设置、各种功能的使能/禁止等。

⑥ 为软件程序的运行提供平台。

⑦ 控制交换网的接续,实现与各外围处理单元的消息通信。

⑧ 负责前后台数据命令的传送。

MP 处理能力强,速度快,CPU 采用奔腾处理器,其主工作频率达到 166 MHz,且带 BUSI 接口、以太网接口和硬盘,占据控制层 BCTL 四个物理槽位。

（2）通信板 COMM

通信板 COMM 的主要功能如下:

① 完成模块内、模块间通信,提供七号信令、V5 等的链路层。

② 与外围处理单元之间通信采用了 HDLC 协议,可同时处理 32 个 HDLC 信道。通信链路采用负荷分担方式,提高系统可靠性。

③ 通过 2 个 4K 字节双口 RAM 和两条独立总线与主备 MP 相连交换消息,与 MP 互相都可发中断信号。

（3）监控板 MON

监控板 MON 主要功能如下:

① MON 板能对所有不受 SP 管理的单板如电源板、光接口板、时钟板、驱动板等进行监控,并向 MP 报告。

② MON 板装有 8 个 RS485 接口和 2 个 RS232 接口,每个 RS485 接口可带 32 个被监控子单元,最多可实现 256 个对象的监控。RS232 接口备用,供系统扩展。

③ MON 板与被监控单板之间采用主从方式工作,以 MON 板为主,单板为从。MON 定时查询各被控子单元,对发来的数据进行处理,如确认异常即向 MP 发出告警信息。

④ MON 板与 MP 之间同样也可以互发中断请求信号中断对方,进行双方信息的交换。

（4）共享内存板 SMEM

共享内存板为主备 MP 提供可同时访问的 4 KB 的双端口 RAM,MP 可利用它作消息/数据交换通道。

2. 交换网单元

数字交换单元由 8 K 交换网板 DSN、交换网接口板 DSNI(提供 HW 线接口)、光接口板 FBI、同步时钟板 SYCK、Bits 接口板 CKI 组成。交换网板 DSN 是 T-T-T 网络,T 网容量为 8 K×8 K(即 8192×8192),其 HW 线速率为 8 Mbit/s,故有 64 条 8 Mbit/sHW 线组成。

　　T 网 HW 线分配如图 1.32 所示。采用双通道结构,话路接续和消息接续走不同的 T
网 HW 线。消息的接续占用 HW0 至 HW3,共 4 条 HW 线,由系统自动分配。话音通道占
用 HW4 至 HW61。其优点是消息量大、实时性好、消息通道和话音通道同在一块 T 网板
上,方便管理。数字交换单元单板组成如图 1.33 所示。

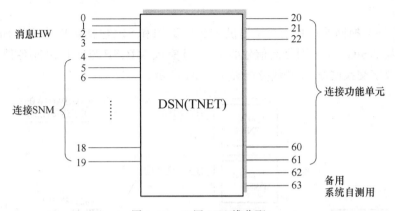

图 1.32　T 网 HW 线分配

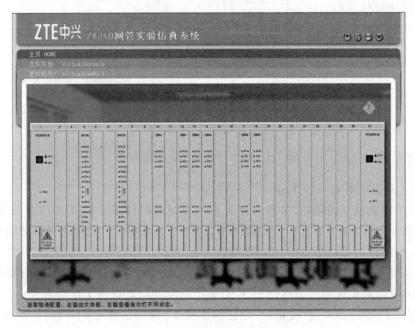

图 1.33　数字交换单元单板组成

　　交换网络主要功能包括完成本模块内话路接续的交换、与中心模块相连,完成模块间的
话路接续、完成消息的接续等。
　　(1) DSN 板
　　时隙交换网络采用复制 T 网络的方式构成一个单 T8 K×8 K 时分无阻塞交换网。8 K×
8 K 网络是由 16 片 MT90820 组成的,MT90820 是 MITEL 公司生产的单片 2 K×2 K 无阻
塞时分交换芯片,16 片 MT90820 在物理上构成一个 4×4 的交换矩阵,故可实现 64 条
8 Mbit/s PCM 总线,共 8 K×8 K 时隙的时分无阻塞交换。

两块交换网板的输出 8 Mbit/s HW 线采用高阻复用方式。交换网板主备用方式有：上电时两块板都处于备用工作状态，然后通过 386EX 判断，决定其中一块板进入主用状态，以此避免出现竞争的情况。不会有两块板进入主用状态，也不会两块板都处于备用状态。正常工作时，主备关系可以人工按键切换，主用板出现故障时通过软件自动切换。

（2）DSNI 板

DSNI 数字交换网接口板主要是提供 MP 与 T 网和 SP（包括用户单元的 SP、数字中继 DTI 和资源板 ASIG）与 T 网之间信号的接口，并完成 MP、SP 与 T 网之间各种传输信号的驱动功能。数字交换网络 HW 线分配如图 1.34 所示。

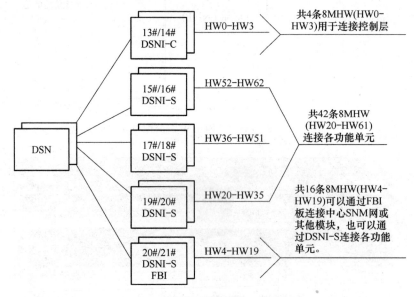

图 1.34　数字交换网络 HW 线分配

（3）同步震荡时钟板 SYCK

ZXJ10 单模块独立成局时，本局时钟由 SYCK 同步时钟单元根据由 DTI 或 BITS 提取的外同步时钟信号或原子频标进行跟踪同步，实现与上级局或中心模块时钟的同步。

同步振荡时钟板 SYCK 的主要功能有：

① 可直接接收数字中继的基准，通过 CKI 可接收 BITS 接口、原子频标的基准。

② 为保证同步系统的可靠性，SYCK 板采用两套并行热备份工作的方式。

③ ZXJ10 同步时钟采用"松耦合"相位锁定技术，可以工作于四种模式，即快捕、跟踪、保持、自由运行。

④ 本同步系统可以方便地配置成二级时钟或三级时钟，只需更换不同等级的 OCXO 和固化的 EPROM，改动做到最小。

⑤ 整个同步系统与监控板的通信采用 485 接口，简单易行。

⑥ 具有锁相环路频率调节的临界告警，当时钟晶体老化而导致固有的时钟频率偏离锁相环控制范围（控制信号超过时钟调节范围的 3/4）时发出一般性告警。

3. 用户单元

用户单元是交换机与用户之间的接口单元，主要分布在 PSM，RSM 和 RLM 模块中。

一个交换单元由两个用户机框组成,每个用户单元的容量是 960 个模拟用户或 480 个数字用户。

每块模拟用户板 ASLC 板包含 24 路模拟用户,每块数字用户板 DSLC 板包含 12 路数字用户。

用户单元提供与 T 网的连接及通信端口,一个普通用户单元占用 2 条 HW 线,2 个通信端口。用户单元实现动态时隙分配,采用 1∶1 到 4∶1 的集线比。用户单元端口如图 1.35 所示。

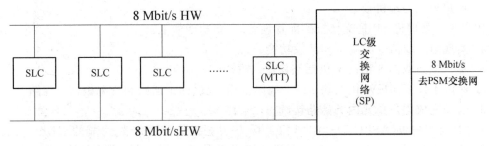

图 1.35　用户单元端口

ZXJ10 交换机用户单元分配在 1 号机框,主要包括 1 块模拟用户板 ASLC、一块多任务测试板 MTT、用户单元处理机板 SP 一对(主备用工作)。

① 模拟用户板 ASLC

模拟用户板 ASLC 的作用是连接模拟用户和交换网,具有 BORSCHT 七大功能。另外,除上述基本功能外,ASLC 还具有极性反转、16K 脉冲馈送、增益可调等功能,适用于远距离传输。ASCL 采用高集成度的 IC,每板可容 24 路模拟用户。

ALSC 面板有两个指示灯,其含义如表 1.1 所示。

表 1.1　ASLC 指示灯含义

RUN(绿灯)	FAU(红灯)	状态
1 Hz 闪	灭	正常
与红灯同步 1 Hz 闪	1 Hz 闪	上 12 路无铃流,下 12 路正常
与红灯交替 1 Hz 闪	1 Hz 闪	下 12 路无铃流,上 12 路正常
1 Hz 闪	常亮	上、下 12 路均无铃流
不闪	常亮	无时钟
10 Hz 闪		与 SP 通信中断或数据未配

② 多任务测试版 MTT

多任务测试板 MTT 是为完成用户电路(ASLC,DSLC)的内外线及用户话机的测试而设计的,其主要功能如下。

对下列项目进行在线测试:

a. 外线电气参数:对用户电路外线的绝缘电阻、馈电电压、线间电容等参数进行测试。

b. 内线功能:检测铃流输出电压、频率;检测拨号音、回铃音、忙音等信号音;检测脉冲发号、DTMF 发号及收号功能;检测线路极性等。

c. 用户话机功能:测试直流环阻测量、话机拨号脉冲或 DTMF 信号;测试用户线馈电电压大小及极性等。

　　MTT 可作为信号音源和 DTMF 接收器。这一功能主要用于当远端用户单元 RLM 与母局之间的连接发生故障时,由 SP 处理机实现本单元内用户之间的呼叫接续,对通话计次进行记录,在恢复正常后向 MP 转出。

　　MTT 为有 CID 主叫号码识别信息的话机送出主叫信息。由 SP 处理机送来的主叫信息按主叫识别格式变成 PCM 码再送到相应的 TS 上,再由 SP 接续至用户。主叫显示信息的发送通常在第一次振铃和第二次振铃间歇送出,也可以在通话时送出。

　　③ 用户单元处理机板 SP

　　用户单元处理机 SP 是交换机的前置设备,主要功能如下:

　　a. 实现用户线信令的集中和转发功能。

　　b. 提供二条双向 8 MHW 供话路使用,连接至 T 网络。

　　c. 保留 4 条 2 MHW 供两块 MTT 高阻复用,提供测试通路和资源板信号通路。

　　d. 自动完成用户单元内的话路接续。

　　e. SP 与用户板(ASLC,DSLC)、MTT 板、T 网板通信采用高效、可靠的 HDLC 方式。

　　f. SPI 与 SP 为一一对应的连接关系,其倒换与故障检测均由对应的 SP 控制。

　　g. 每个用户单元由一对 SP 管理,带 960 路 ASLC/480DSLC(两者按 2∶1 互换),时隙动态分配。

　　h. 具有热备份功能,可提供手动切换、软件切换、故障切换、复位切换,支持热拔插。

　　每个用户子单元的状态信号或故障消息由 SP 经过 HDLC 协议控制器将消息插入 PCM 码流送到 PSM 的单 T 交换网,并经半固定接续通过主控单元的 COMM 到达 MP,同样 MP 亦将消息经 COMM 送到 T 网,然后到达 SP 处理机。

　　用户单元单板组成如图 1.36 所示。

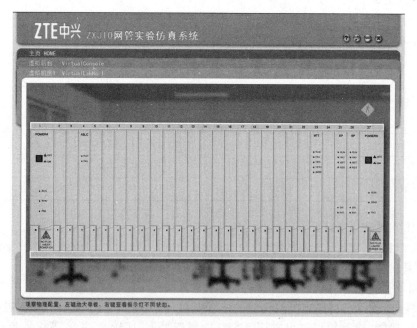

图 1.36　用户单元单板组成

4. 数字中继单元

数字中继是数字程控交换局之间或数字程控交换机与数字传输设备之间的接口设备，如图 1.37 所示。

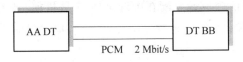

图 1.37　数字中继单元

数字中继是数字程控交换局与局之间或数字程控交换机与数字传输设备之间的接口设施，主要由数字中继板 DTI 和中继层背板 BDT 构成，在物理上与模拟信令单元共用相同机框，BDT 是 DTI 板和 ASIG 板安装连接的母板。

数字中继单元主要功能有码型变换、时钟提取、帧同步及复帧同步、信令插入及提取、检测告警、30B＋D 用户的接入等。

DTI 板每块电路板上布置四条中继出入电路（E1 接口），容量为 120 路数字中继用户。DTI 的 CPU 可以直接与 MP 经 T 网的半固定接续通过 HDLC 协议实现消息交换。每块 DTI4 个 E1 分配情况如图 1.38 所示。

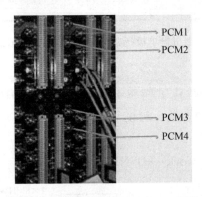

图 1.38　数字中继板 DTI 各 E1 分配

中继分为随路中继、共路中继。数字中继单元提供与 T 网的连接及通信端口，一个数字单元占用 1 条 HW 线，1 个通信端口。

5. 模拟信令单元

模拟信令单元由模拟信令板 ASIG 和 BDT 板组成，与数字中继单元共用一个机框。每个层框可安装 16 个 DTI 或 ASIG 模拟信令板。DT 与 ASIG 单元数量的配比将根据系统容量及要求具体确定。

模拟信令板 ASIG 的主要功能如下：

① DTMF 信号的接收和发送（120 路 DTMFTx/Rx，Tx：发，Rx：收）；

② MFC 多频互控信号的接收与发送（120 路 MFCTx/Rx）；

③ Tone 信号音及语音通知音的发送，语音电路可提供 80 路语音服务，总长不超过 16 分钟；

④ 为有 CID 主叫号码识别信息的话机送出主叫信息；

⑤ 会议电话功能，可召集 10 个三方会议或一个三十方会议；

⑥ 录音通知功能。

数字中继单元和模拟信令单元分配在中继机框（5 号机框），9 槽位是模拟信令板 ASIG 板，为用户提供各种信号音；12 槽位是数字中继板 DTI，提供局间中继端口。中继机框单板组称如图 1.39 所示。

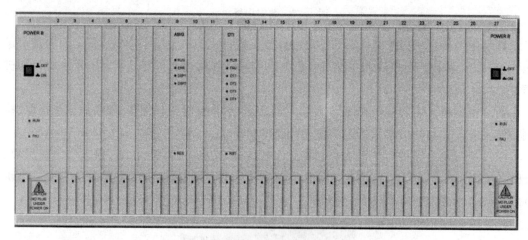

图 1.39　中继机框单板（包括数字中继单元、模拟信令单元）

6. 各单元间的连接

图 1.40 表示的是 8KPSM，其 T 网（8 K 时隙＝64 条 8MHW）64 条 HW 分配，主要用于话路消息的传递及模块间的连接。假设某一用户单元的用户 A 和另一用户单元的用户 B 通话，其话音路径为：

SP →DSNI →DSN（T-network）→DSNI →SP

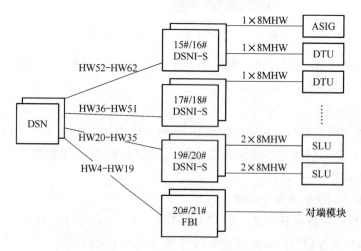

图 1.40　各单元话音通道的连接

图 1.41 表示的是在 PSM 模块中，消息通道如何在 HW 中实现传递的。

图 1.41 反映了各功能单元之间传递消息和话路信息的基本连接方式。假设：MP 想发消息给 SP，其消息路径为：

MP → COMM → DSNI-C → T-network → DSNI-S → SP

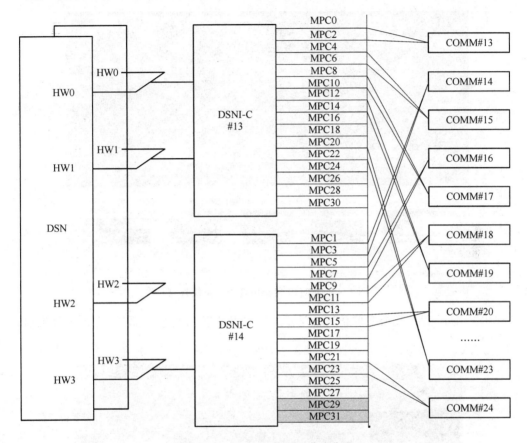

图 1.41　8KPSM 消息通道的分配

图 1.42 是交换网单元与其各子单元间的连接方式示意图。

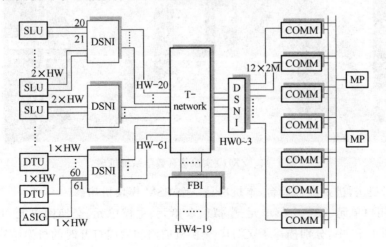

图 1.42　交换网单元与各子单元的连接方式示意图

1.2.3 ZXJ10 交换机硬件系统

双击 ZXJ10 仿真软件,进入实验仿真教学系统,如图 1.43 所示。

图 1.43 ZXJ10 实验仿真教学系统首页

单击"ZXJ10 程控交换实验仿真教学系统",打开实验仿真教学系统,进入 1 号机房,如图 1.44 所示。

图 1.44 ZXJ10 实验仿真教学系统机房

打开 1 号机房,进入虚拟后台,本机房是一个 PSM 模块机房。

PSM 由用户单元、数字中继单元、模拟信令单元、主控单元、交换网单元和同步时钟单元组成。在图 1.45 中,分别描述了 ZXJ10 交换机前门和后门打开时的机架结构。

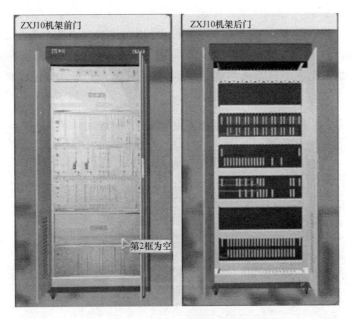

图 1.45 ZXJ10 交换机机架结构

1.3 ZXJ10 交换机本局电话互通数据配置

1.3.1 物理配置

1. 局容量配置

执行【数据管理】|【基本数据管理】|【局容量配置】操作,进入容量规划的页面。单击【全局规划】,进入全局容量规划的页面,设置全局容量规划参考配置类型为"正常全局容量配置",单击【全部使用建议值(U)】并单击【确认(O)】按钮,回到容量规划的页面。如图 1.46 所示。

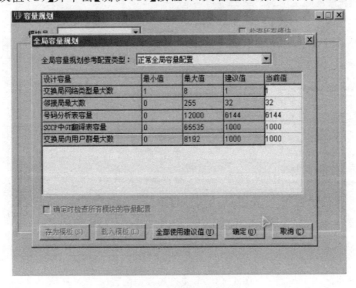

图 1.46 全局容量规划

单击【增加】按钮,进入增加模块容量规划的页面,"模块号"处键入"2"(不能用1,因为1默认分配给中心模块),按照本组 PSM 的实际容量选择"模块的参考类型",单击【全部使用建议值】,也可根据实际情况进行部分参数的修改,单击【确认】按钮,即完成了局容量数据的配置。

局容量数据配置完成后进行模块容量规划,如图 1.47 所示。这里同样单击【全部使用建议值(U)】。

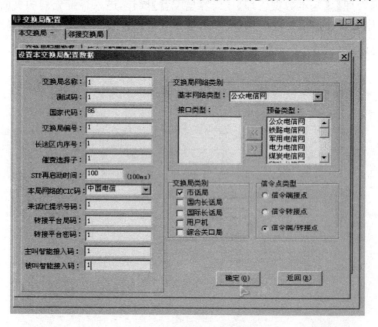

图 1.47　模块容量规划

2. 交换局配置

(1) 执行【数据管理】|【基本数据管理】|【交换局配置】操作,进入交换局配置的页面。

(2) 选择【本交换局】配置的子页面,设置本交换局的参数,如图 1.48 所示。

图 1.48　本交换局数据配置

3. 物理配置

（1）执行【数据管理】|【基本数据管理】|【物理配置】|【物理配置】操作，进入物理配置的页面。

配置顺序：先增加模块，再增加机架、机框、单板，把需要的硬件单板都增加上；然后配置通信板，增加单元（一般先增加无 HW 单元，再增加交换网单元、用户单元、数字中继单元和模拟信令单元）。

（2）单击【新增模块】，进入新增加模块页面，对于 PSM 单模块成局，设置模块号为 2；对于 PSM 多模块成局，PSM 作为网络第一级，设置模块号为 2，单击【确认(O)】按钮，返回物理配置的页面。需设置模块号为 2，然后选中"8 K 外围交换模块"，如图 1.49 所示。

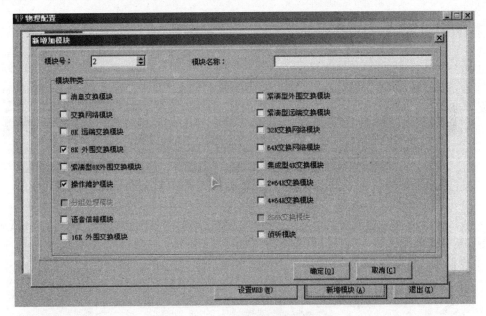

图 1.49 增加外围交换模块 PSM

选中模块 2，单击【新增机架】按钮，进入新增机架页面，机架编号从 1 开始到 48，其中母局机架从 1 到 7 编号，远端用户单元的机架编号从 11 开始，设置机架号为 1；机架类型为普通机架。单击【确定(O)】按钮回到物理配置的界面，如图 1.50 所示。

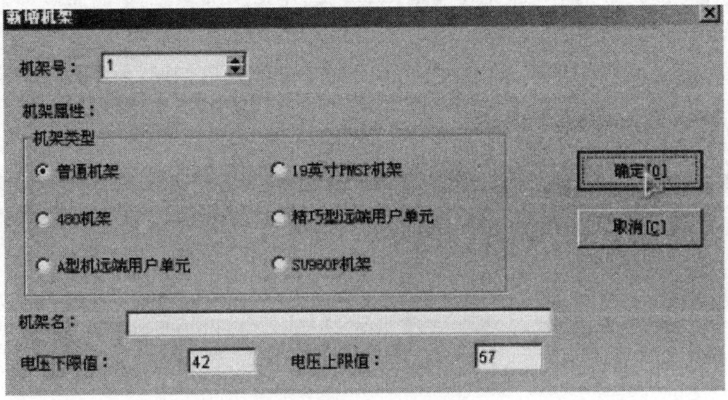

图 1.50 增加机架

选中机架 1,单击【新增机框】,进入新增机框的页面,逐个增加机框,增加完机框后,返回物理配置的页面,如图 1.51 所示。

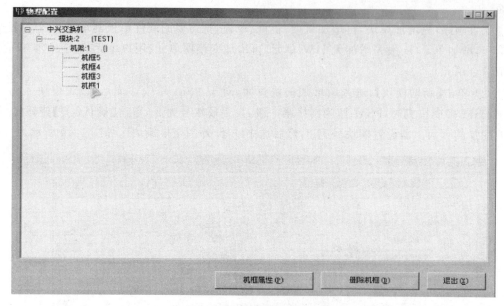

图 1.51 增加 4 个机框

按照前台各机框单板配置,分别增加单板。需注意的是,5 号机框 9 槽位的模拟信令板 ASIG 板不能增加默认电路板,需选择"插入电路板",然后选择"模拟信令板",单击【确定 (O)】按钮增加单板成功。用户框单板配置如图 1.52 所示。交换框单板配置如图 1.53 所示。主控框单板配置如图 1.54 所示。中继框单板配置如图 1.55 所示。

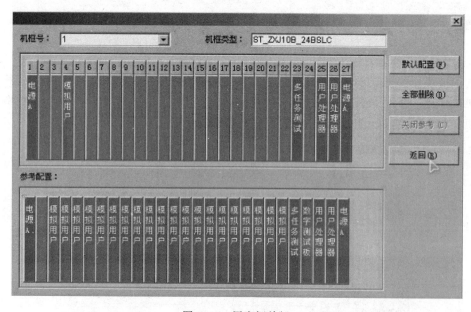

图 1.52 用户框单板

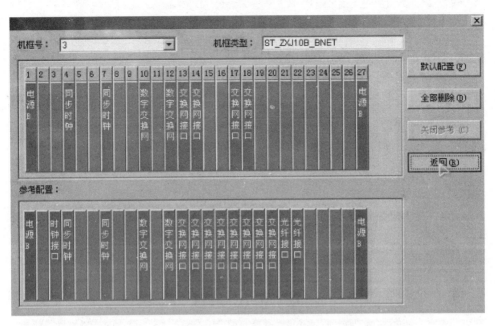

图 1.53 交换网框单板

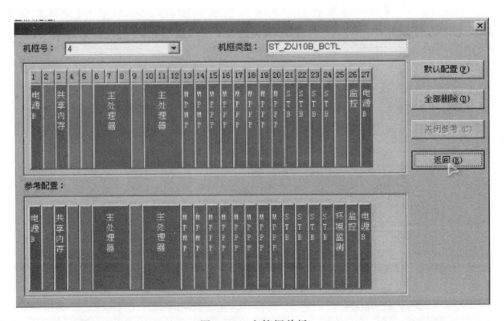

图 1.54 主控框单板

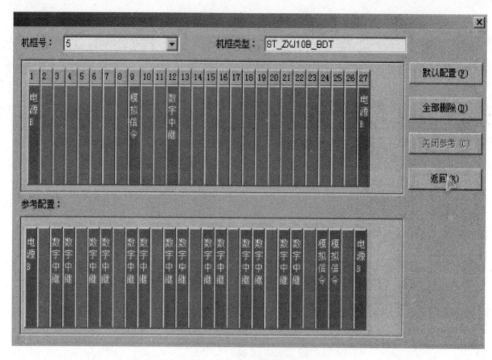

图 1.55　中继框单板

选中模块 2,单击【通信板配置】,进入通信板端口配置的页面,单击【全部默认配置(A)】,系统自动对各通信板端口进行系统默认配置。单击【返回(R)】按钮,回到物理配置的界面,如图 1.56 所示。

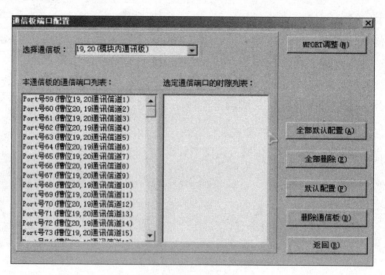

图 1.56　通信板配置

选中模块 2,单击【单元配置】,进入单元配置的页面,增加单元。

在单元配置时,要按照以下步骤进行配置,共需增加 5 个单元:

(1) 所有无 HW 单元:系统将一次性增加所有不占用 HW 的单元。

（2）交换网单元：此单元不需配置子单元和 HW 线，只需配置通信端口，端口号选"1"和"2"，如图 1.57 所示。

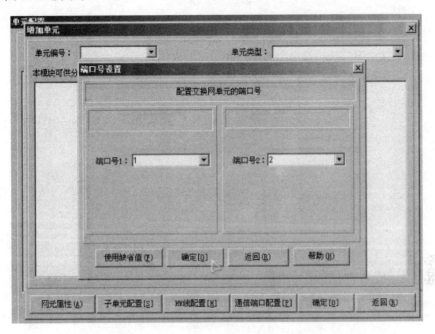

图 1.57　交换网子单元通信端口配置

（3）用户单元：此单元需配置子单元、HW 线、通信端口，配置参数分别如图 1.58、图 1.59、图 1.60 所示。

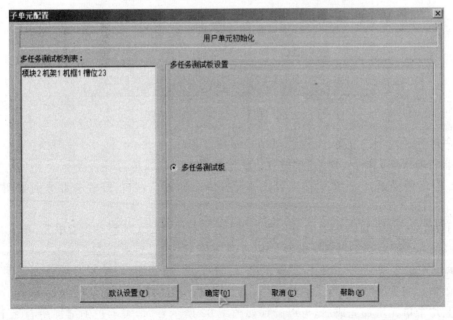

图 1.58　用户单元子单元配置

用户单元子单元配置选择【默认配置】，然后单击【确定(O)】按钮。

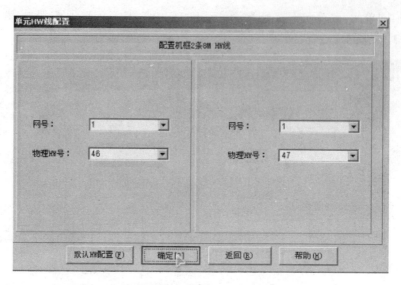

图 1.59　用户单元 HW 线配置

用户"单元 HW 线配置"网号选择"1",物理 HW 号分别选择"46"和"47"。

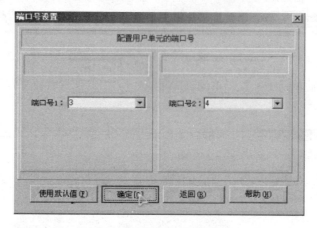

图 1.60　用户单元通信端口配置

用户单元通信端口配置,分别选择"3"和"4"号端口。

以上三项增加完毕后,单击【确定(O)】按钮,完成用户单元的增加。

(4)数字中继单元:此单元需配置子单元、HW 线、通信端口,配置参数分别如图 1.61、图 1.62、图 1.63 所示。

对于数字中继板 DT,板上的每一个 PCM 系统(PCM 线)称为一个子单元,单元内的子单元统一编号,对于 ZXJ10 交换机 DT 板,子系统编号为{1,2,3,4}。

(5)模拟信令单元:此单元需配置子单元、HW 线、通信端口,配置参数分别如图 1.64、图 1.65、图 1.66 所示。

以上几个单元增加完成后,可以看到如图 1.67 所示界面,表示正确增加所有无 HW 单元和交换网单元、用户单元、数字中继单元和模拟信令单元。

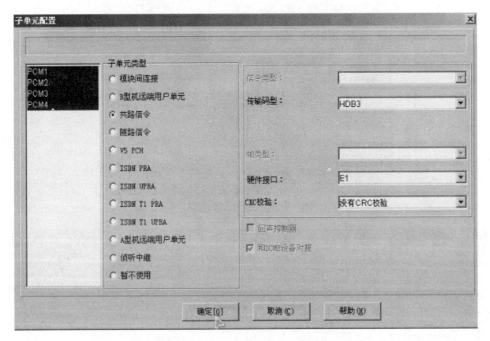

图 1.61　数字中继单元子单元配置

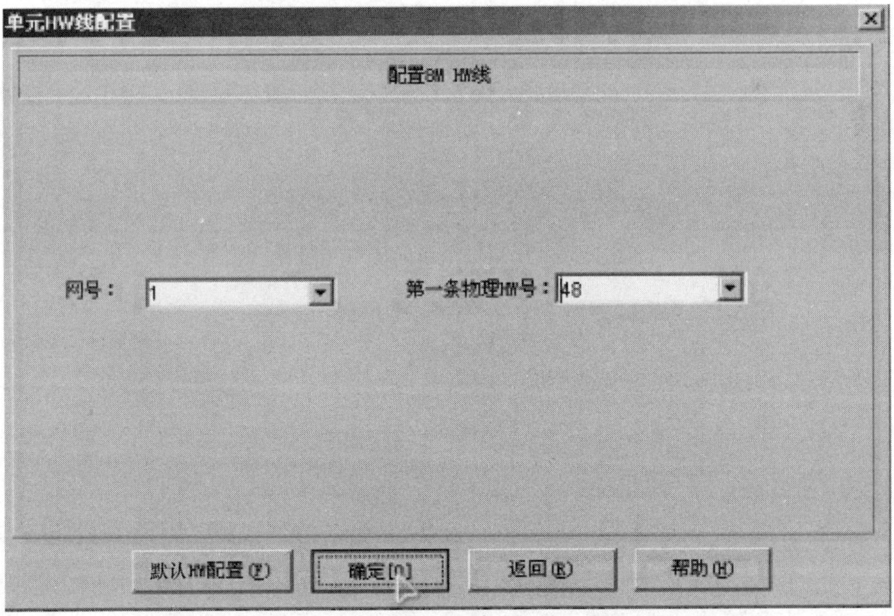

图 1.62　数字中继单元 HW 线配置

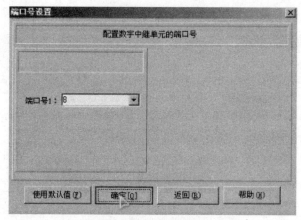

图 1.63　数字中继单元通信端口配置

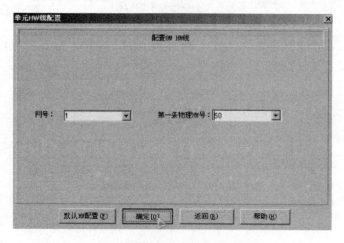

图 1.64　模拟信令单元子单元配置

图 1.65　模拟信令单元 HW 线配置

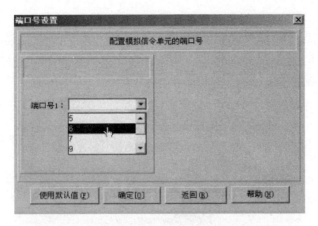

图 1.66　模拟信令单元通信端口配置

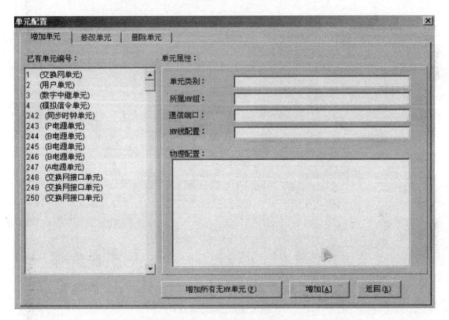

图 1.67　单元配置完成

4. 数据传送

数据传送的目的是将后台配置的数据传送到前台 MP 中,执行【数据管理】|【数据传送】操作,进入数据传送的界面,选择传送方式为"全部表",单击【发送(S)】按钮即可,如图 1.68所示。

5. 告警查看

告警查看的目的是检查刚才所做的硬件配置是否有误,执行【系统维护】|【后台告警】操作,进入告警查看的界面,选择"机架 1",如果配置无误,结果如图 1.69 所示,即可进行用户数据配置。

如果告警查看显示结果如图 1.69 所示,表示没有告警,可进行局数据配置;否则,需返回检查。

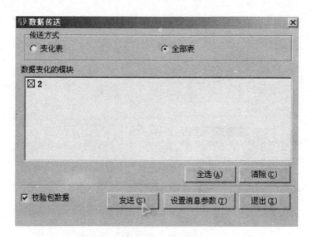

图 1.68　数据传送

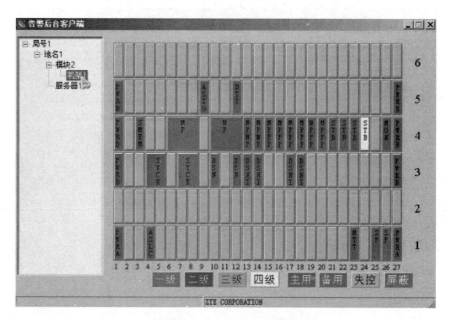

图 1.69　告警查看

1.3.2　局数据配置

1. 局数据制作

执行【数据管理】|【基本数据管理】|【号码管理】|【号码管理】操作,进入号码管理的页面。

(1)增加局号。增加局号配置如图 1.70 所示,图中局号为 666(这里需注意,电话号码结构包括局号和用户号码两部分,一般用户号码包括 4 位,剩余其他号码称为局号,如号码"6661234",局号为"666",用户号码为"1234"),号码长度 7 表示本局号码的位长为 7 位。请思考,如果局号为 4 位,号码长度为多少呢?

(2)分配百号。单击【分配百号】,打开【分配百号组】的窗口,选择刚刚创建的局号 666

和模块号 2,左侧【可以分配的百号组】框中列示出该局号可分配的若干百号,以转移键将其中一个百号如"00"转移至右侧的【可以释放的百号组】,单击【返回(R)】按钮回到号码管理的页面,百号分配完毕,如图 1.71 所示。

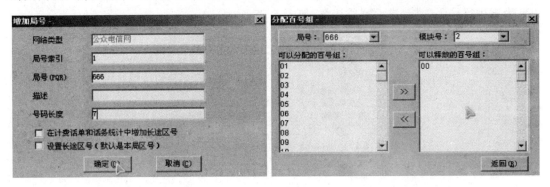

图 1.70　增加局号　　　　　　　　图 1.71　分配百号

这里需注意,百号指的是用户号码前两位,比如百号为 00,则用户号码范围是 0000～0099,共 100 个号码;如百号为 01,则用户号码范围是 0100～0199,共 100 个号码。

(3) 用户号码放号。

放号有两种办法:

① 在【可用的号码】域中选中欲放的逻辑号码,在【可用的用户线】域选中意欲使用的物理用户线,单击【放号(A)】按钮,进行放号。

② 在【放号数目】域填入意欲放号的个数,系统会默认使用当前可用的逻辑号码和物理线路,并且从最低序号开始,按要求的个数进行批量放号,如图 1.72 所示。

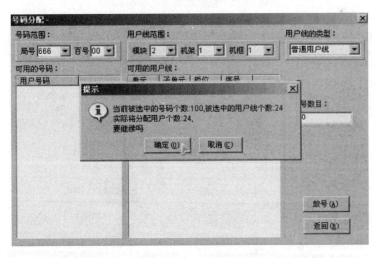

图 1.72　放号

2. 号码分析

执行【数据管理】|【基本数据管理】|【号码管理】|【号码分析】操作,进入号码分析的界面,该界面包括两个子界面:号码分析选择子和分析器入口。

(1) 增加分析器。在分析器入口的子页面,单击【增加】按钮,进入创建分析器入口的窗口。本次实验需要创建两个分析器:新业务分析器和本地网分析器,如图1.73、图1.74所示。

我们需要在号码管理中将创建的局码加进去,则交换机在收到用户所拨的号码后,才可以此为据进行号码分析,进而完成接续,如图1.75所示。

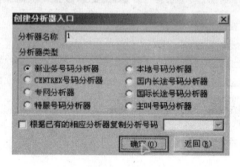

图1.73 创建新业务号码分析器

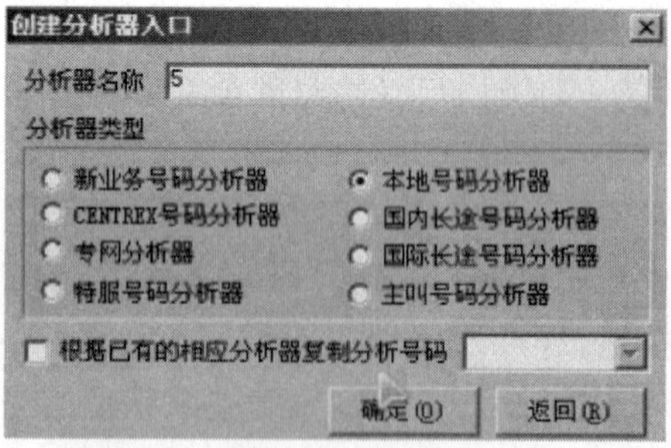

图1.74 创建本地号码分析器

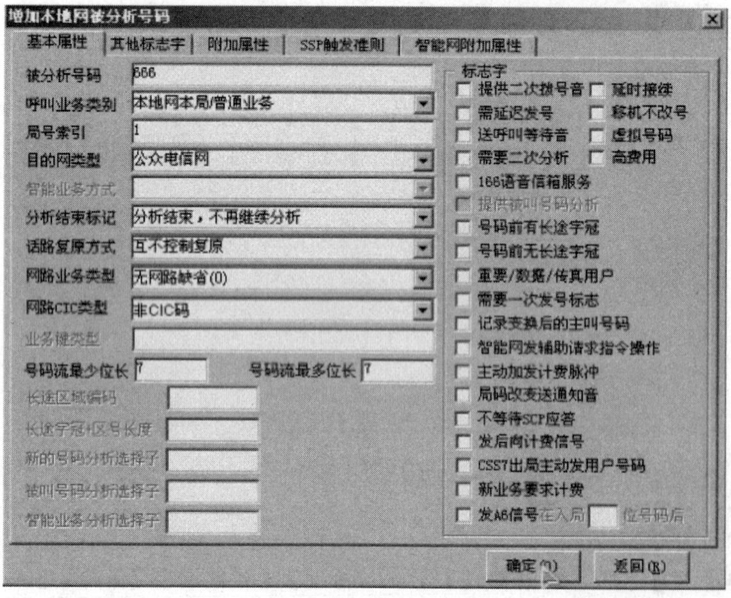

图1.75 增加本地网被分析号码

（2）增加号码分析选择子。回到号码分析选择子的子页面，单击【增加】按钮，新业务分析器和本地网分析器的入口标志分别选择刚刚创建的两个分析器的入口值（如 1 和 5），单击【确认（O）】按钮，如图 1.76 所示。

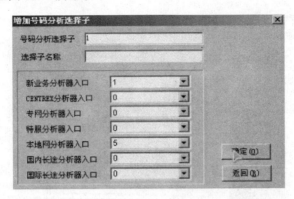

图 1.76　增加号码分析选择子

3. 用户属性

（1）用户模板定义。选择【基本属性】页签，用户类别选择"普通用户"，号码分析选择子（普通）选择"1"，去掉"未开通"标志后，单击右上角的【存储（S）】按钮，保存该用户模板，如图 1.77 所示。

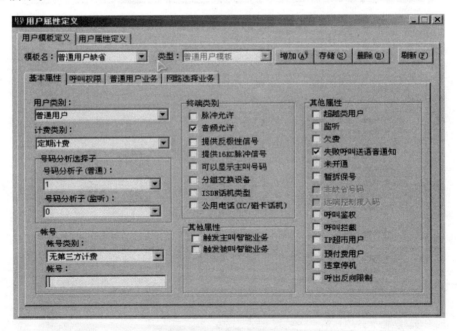

图 1.77　用户模板定义

（2）用户属性定义。选择【用户属性定义】页签，选择【需要配置的用户定位】页签，进行用户定位。号码输入方式选择"手工批量输入"，模块号选择"2"，选中局号、百号，再选中对应号码，单击右下角的【确定（O）】按钮，如图 1.78 所示。

进入到【属性配置】页面，选择刚定义好的模板"普通用户默认"（注意看号码分析选择子是否选为 1，其他属性中的"未开通"是否已去掉），单击右上角的【确定（O）】按钮，系统自动弹出属性修改的用户界面说明，单击【确定（O）】按钮，则用户的属性全部修改成功，如图 1.79 所示。

图 1.78　用户属性定义

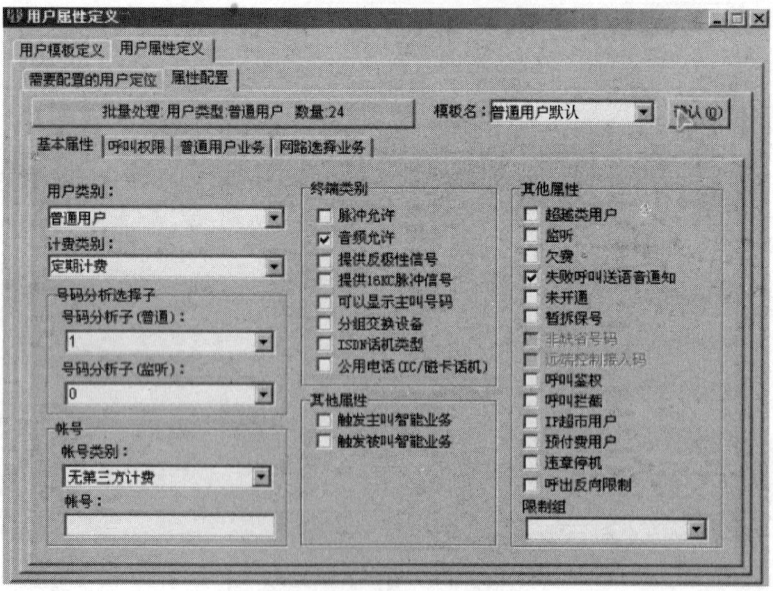

图 1.79　选择用户模板

　　选择好用户模板并单击【确定（O）】按钮后，出现【显示更改的用户属性项】窗口，如图 1.80 所示。所更改的用户属性包括号码分析子、账号类别、长途过网号等内容。

4. 数据传送

数据传送的目的是将后台配置的数据传送到前台 MP 中,执行【数据管理】|【数据传送】操作,进入数据传送的界面,选择传送方式为"全部表",单击【发送(S)】按钮,密码为括号内 6 个字母"～! @＃＄％",如图 1.81 所示。

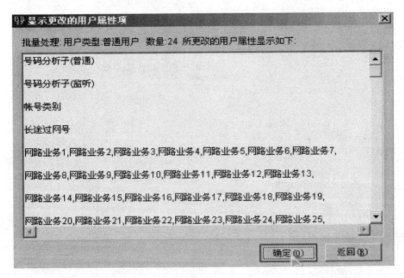

图 1.80　显示更改的用户属性项

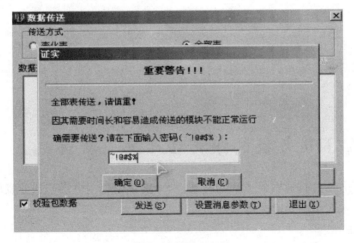

图 1.81　数据传送

5. 电话拨打测试

打开本局电话,进行电话拨打测试。需注意,三部测试电话号码分别为"01""05"和 "14",请勿拨打其他号码。如果定义的局号是"666",分配的百号是"00",则三部电话号码分别是 6660001、6660005 和 6660014,测试结果如图 1.82 所示。

图 1.82　本局电话拨打测试

1.4　ZXJ10 交换机邻局电话互通数据配置

在做好本局数据并打通本局电话的基础上,才能进行邻局电话互通数据的配置,所以做此实验的基础是 1.3 节的所有内容全部做完。

1. 物理连线

单击虚拟后台界面上的“组网图”,单击黄色框闪烁的“大梅沙端局”,沿黄色箭头单击打开“机柜”,沿黄色箭头单击“机框”,单击上排黄色箭头指示的从右数第 4 对单板,利用对接线进行物理连线,将本交换机的 E1 的 IN 与邻接交换机 E1 的 OUT 相连,本交换机 E1 的 OUT 与邻接交换机 E1 的 IN 相连。如可将其中一根连至 DTI7 IN1,另一根连至 DTI7 OUT1,如图 1.83 所示。正确连线后的局间信令流如图 1.84 所示。

2. 邻接交换局配置

执行【数据管理】|【基本数据管理】|【交换局配置】操作。

(1) 在交换局配置界面中,进入设置本交换局信令点配置数据子页面,信令网类别选中“公网”,单击【确定(O)】按钮,设置本交换局信令点配置数据如图 1.85 所示。

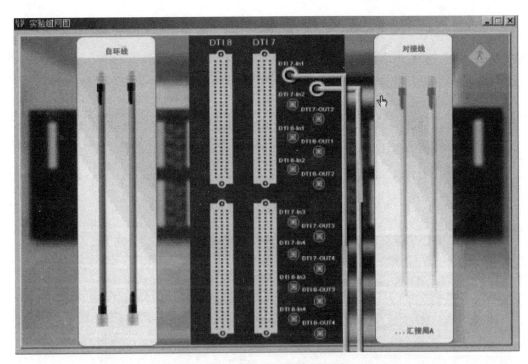

图 1.83　邻局电话互通物理连线

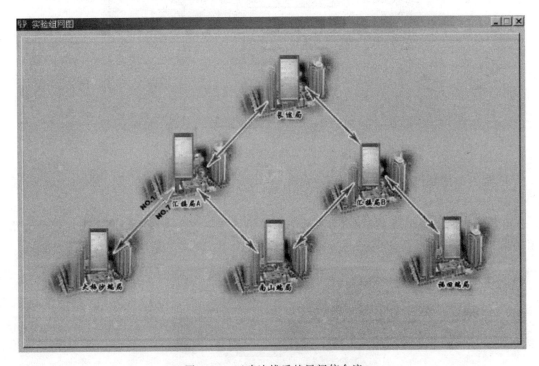

图 1.84　正确连线后的局间信令流

（2）在交换局配置界面中，进入邻接交换局子页面，单击【增加（A）】按钮，进入增加邻接交换局界面。邻接交换局配置结果如图 1.86 所示。

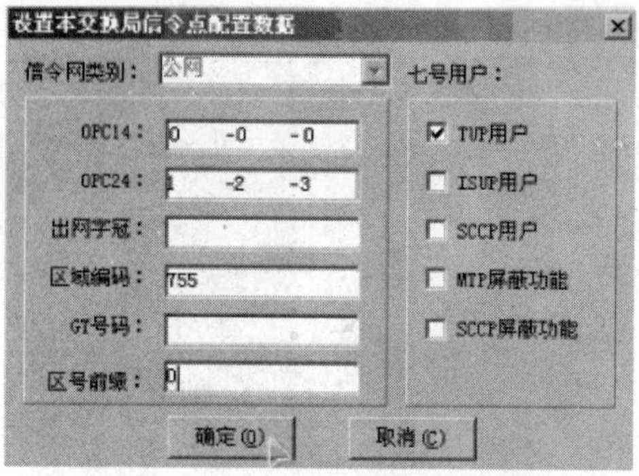

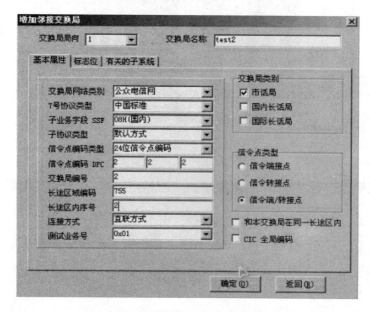

图 1.85　本交换局信令点配置数据

图 1.86　邻接交换局数据配置

3. 信令数据制作

（1）增加信令链路组

在信令链路组子页面,单击【增加（A）】按钮,进入增加信令链路组页面。增加信令链路组结果如图 1.87 所示。

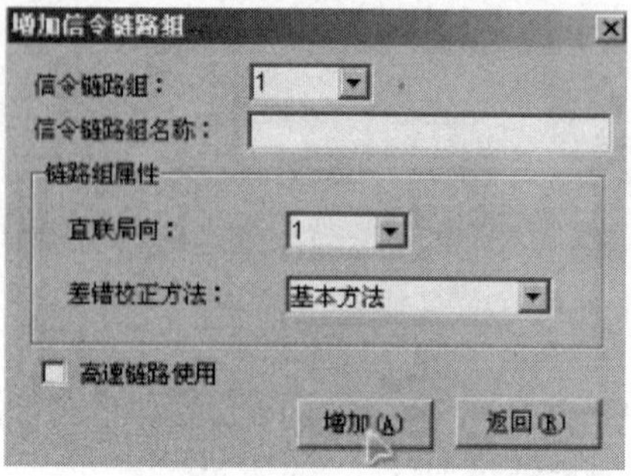

图 1.87　增加信令链路组

（2）增加信令链路

在信令链路子页面，单击【增加(A)】按钮，进入增加信令链路页面。

设置"信令链路号"为 1，"链路组号"为 1，"链路编码"为 0，"模块号"为 2，则系统列示出"信令链路可用的通信信道"和"信令链路可用的中继电路"，选择 STB 板提供的信道 1 和 DT 板第一个子单元 PCM1 的 TS1，如图 1.88 所示，标黑的部分即为要增加的信令链路，单击【增加(A)】按钮，即在信令链路组 1 中增加了一条信令链路，单击【返回(R)】按钮，提示"要立即重排链路吗"，单击【确定(O)】按钮。

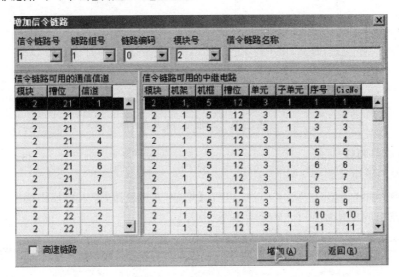

图 1.88　增加信令链路

（3）增加信令路由

在信令路由子页面，单击【增加(A)】按钮，进入增加信令路由页面，如图 1.89 所示。

（4）增加信令局向

在信令局向子页面，单击【增加(A)】按钮，进入增加信令局向页面，如图 1.90 所示。

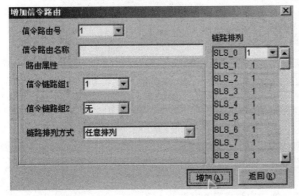

图 1.89　增加信令路由

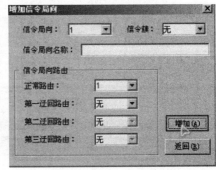

图 1.90　增加信令局向

（5）增加 PCM 系统

在 PCM 系统子页面，单击【增加(A)】按钮，进入增加 PCM 系统页面，如图 1.91 所示。

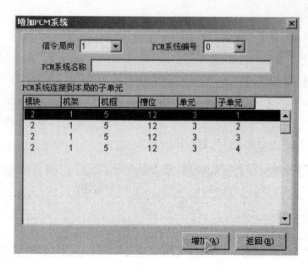

图 1.91 增加 PCM 系统

4. 中继数据制作

(1) 增加中继电路组

在中继电路组页面选择"基本属性",单击【增加(A)】按钮,进入增加中继组界面。中继电路组的创建如图 1.92 所示。

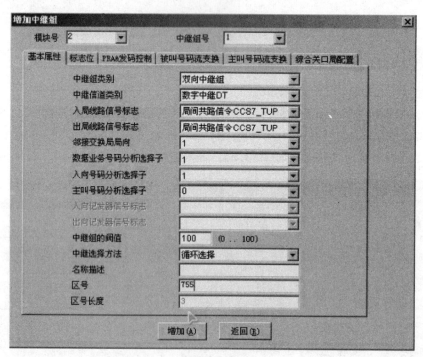

图 1.92 增加中继电路组

(2) 中继电路分配

在中继电路分配页面,单击【分配(M)】按钮,进入中继电路分配界面。中继电路分配如图 1.93 所示。

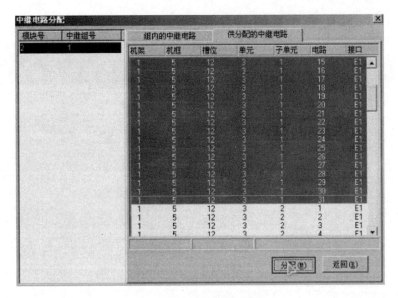

图 1.93　中继电路分配

（3）增加出局路由

在出局路由子页面，单击【增加（A）】按钮，进入增加出局路由界面。

增加出局路由如图 1.94 所示。

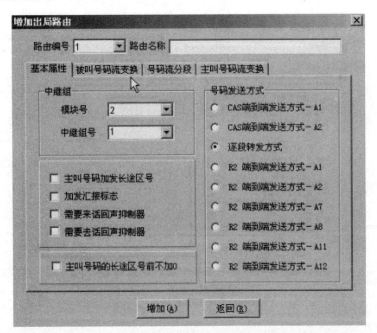

图 1.94　增加出局路由

（4）增加出局路由组

在出局路由组子页面，单击【增加（A）】按钮，进入增加出局路由组界面。

增加出局路由组如图 1.95 所示。

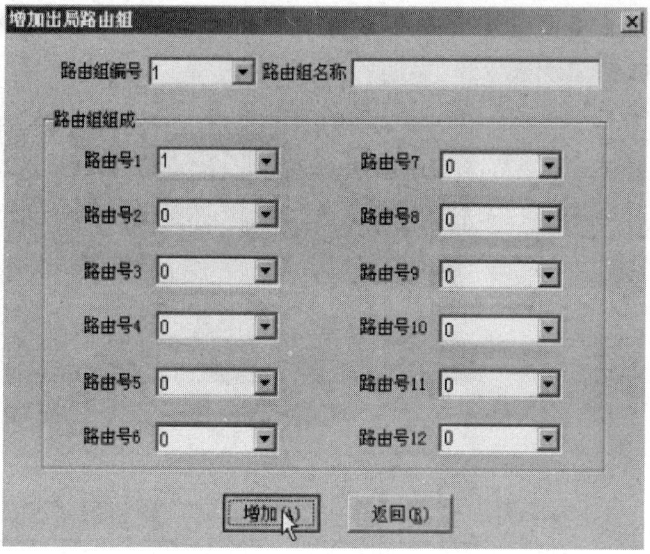

图 1.95　增加出局路由组

（5）增加出局路由链

在出局路由链子页面，单击【增加（A）】按钮，进入增加出局路由链界面。增加出局路由链如图 1.96 所示。

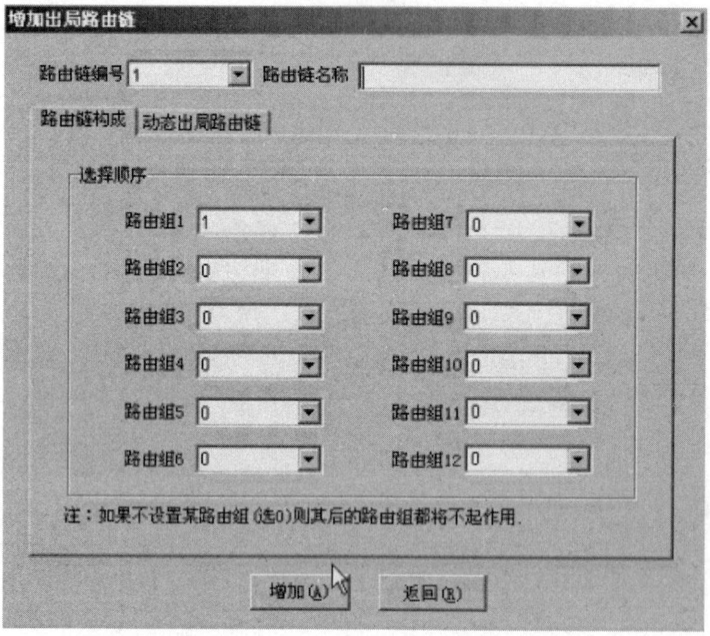

图 1.96　增加出局路由链

（6）增加出局路由链组

在路由链组子页面，单击【增加（A）】按钮，进入增加路由链组界面。增加中继组如图 1.97 所示。

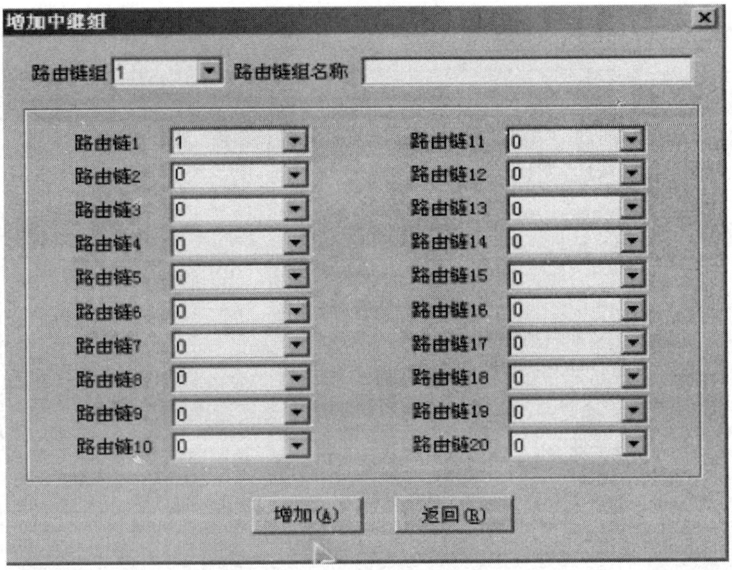

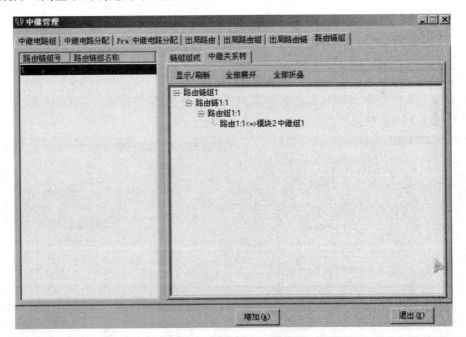

图 1.97　增加中继组

　　进入路由链组下中继关系树子页面,选中左边路由链组号 1,单击"显示/刷新",再单击"全部展开",则显示出创建的中继关系树,如图 1.98 所示。

图 1.98　中继关系树

5．号码分析

　　执行【数据管理】|【基本数据管理】|【号码管理】|【号码分析】操作,增加被分析号码,这里被分析号码必须用 999,因为 999 是已规划好的对局的局号。数据配置如图 1.99所示。

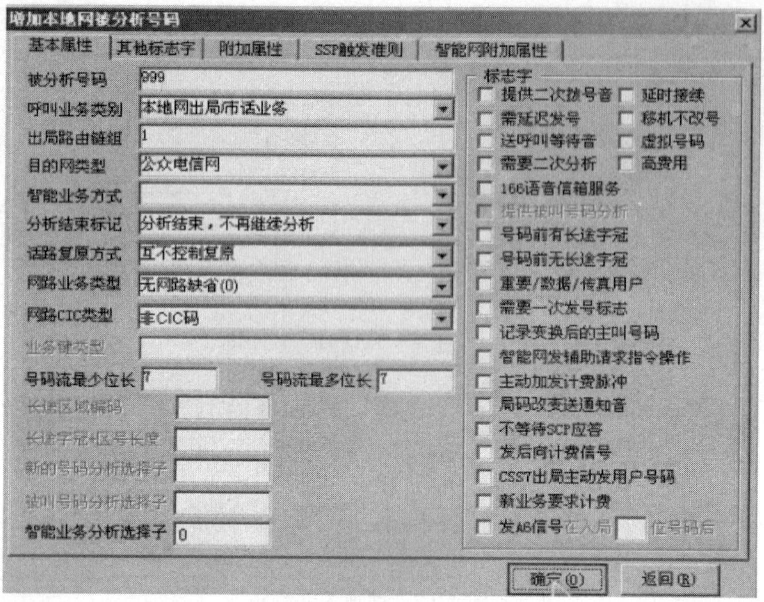

图 1.99　增加本地网被分析号码

6. 数据传送

7. 拨打电话测试

打开本局电话和对局电话,进行电话拨打测试。需注意,三部本局测试电话号码分别为"01""05"和"14",三部对局测试电话号码分别为"01""02"和"03",请勿拨打其他号码。如果定义的本局局号是"666",对局局号是"999",分配的百号是"00",则三部本局电话号码分别是 6660001、6660005 和 6660014,三部对局电话号码分别是 9990001、9990002 和 9990003,测试结果如图 1.100 所示。

图 1.100　邻局电话互通测试

8. 七号信令跟踪设置

（1）执行【业务管理】|【七号信令跟踪】操作，进入七号，V5 维护页面。

（2）执行【信令跟踪】|【七号跟踪设置】操作，有三个跟踪依据，"根据链路""根据号码"和"根据局向"，任选其中一种即可。

① 若执行【信令跟踪】|【七号跟踪设置】|【根据链路】操作，进入跟踪数目设置界面，单击下拉菜单，设置跟踪链路数为 1，单击【确认（O）】按钮，打开【七号信令跟踪设置】对话框，设置信令链路号为 1，业务类型为 TUP 消息，单击【确认（O）】按钮，完成信令跟踪设置，如图 1.101 所示。

图 1.101　七号信令跟踪设置

② 若执行【信令跟踪】|【七号跟踪设置】|【根据号码】操作，进入 TUP、ISUP 跟踪设置界面，设置号码类型为主叫用户号码，并在【用户号码】域键入该号码，单击【确认（O）】按钮，完成信令跟踪设置。

（3）单击绿色开始跟踪图标，即进入跟踪状态。

（4）拨打出局号码，可看到信令跟踪窗口出现一系列信令消息，根据这些信令消息判断接续情况，如图 1.102 所示。

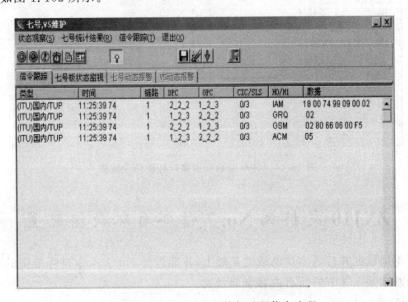

图 1.102　邻局电话互通拨打过程信令流程

被叫摘机应答的信令流程如图 1.103 所示。

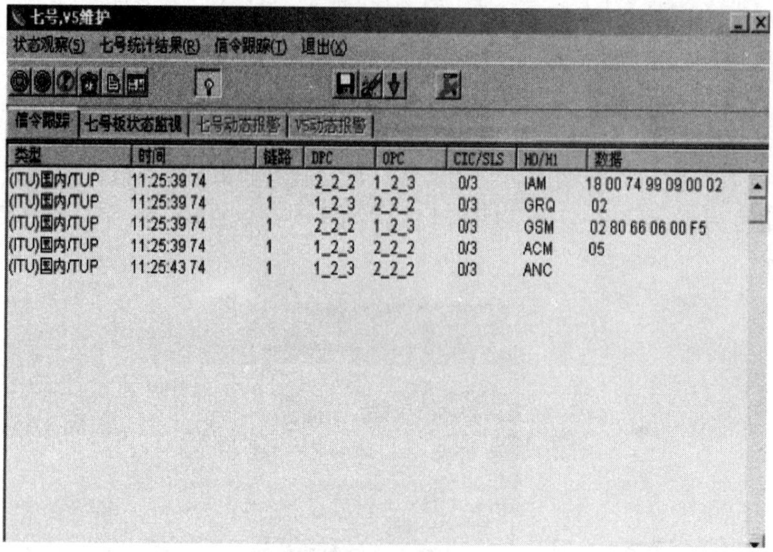

图 1.103　邻局电话互通被叫摘机应答信令流程

被叫挂机信令流程如图 1.104 所示。

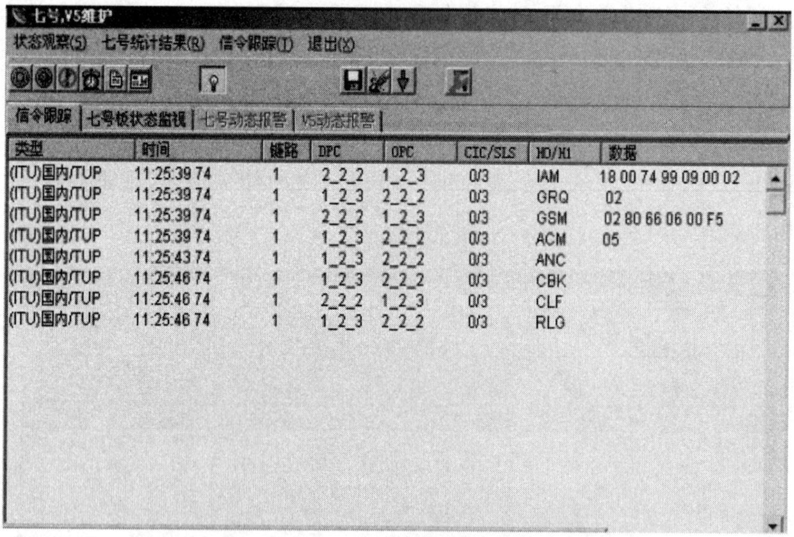

图 1.104　邻局电话互通被叫挂机信令流程

1.5　ZXJ10 交换机 No.7 信令自环数据配置

在做好本局数据并打通本局电话的基础上,才能进行 No.7 信令自环数据的配置,所以做此实验的基础是 1.3 节的所有内容全部做完。

1. 物理连线

单击虚拟后台界面上的"组网图",单击黄色框闪烁的"大梅沙端局",沿黄色箭头单击

"机柜",沿黄色箭头单击"机框",单击上排黄色箭头指示的从右数第 4 对单板,进行物理连线,如图 1.105 所示。

　　注意:此机框为第五机框,数字中继框,本机房是机房 1,数字中继框 DTI 单板位于 12 槽位,ZXJ10 交换机背板和槽位的对应关系为 3N 和 3N+1,所以 N=4。

图 1.105　自环物理连线位置图

　　每块 DTI 板有 4 个输入口 IN 和 4 个输出口 OUT。自环线的其中一根将第一个 PCM IN 与第二个 PCM OUT 相连,另外一根将第一个 PCM OUT 与第二个 PCM IN 相连,连接图如图 1.106 所示。

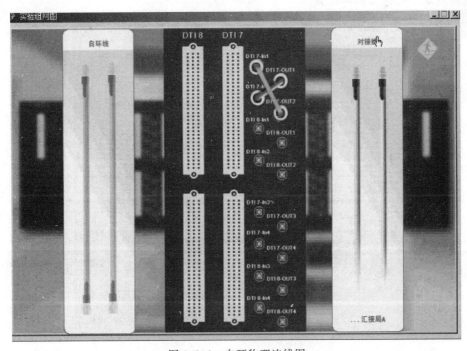

图 1.106　自环物理连线图

2. 邻接交换局配置

执行【数据管理】|【基本数据管理】|【交换局配置】操作。

(1) 在交换局配置界面中,进入本交换局子页面,选择【信令点配置数据】页签,单击【设置(S)】按钮,进入设置本交换局信令点配置数据界面。信令点配置数据如图 1.107 所示。

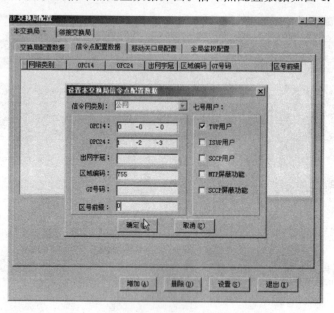

图 1.107　设置本局信令点配置数据

(2) 在交换局配置界面中,进入邻接交换局子页面,单击【增加(A)】按钮,进入增加邻接交换局界面。邻接交换局配置如图 1.108 所示。

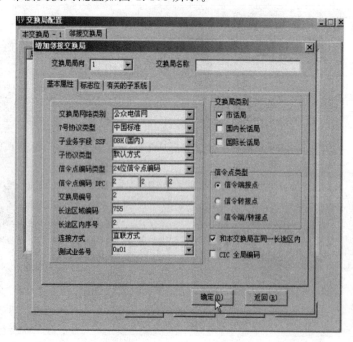

图 1.108　邻局数据配置

3. 信令数据制作

执行【数据管理】|【七号数据管理】|【共路 MTP 数据】操作,进入七号信令 MTP 管理页面,如图 1.109 所示。

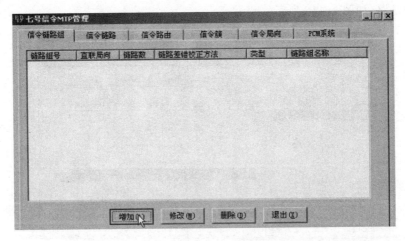

图 1.109　七号信令 MTP 管理的 6 个页面

（1）增加信令链路组

在信令链路组子页面,单击【增加 (A)】按钮,进入增加信令链路组页面,如图 1.110 所示。

（2）增加信令链路

在信令链路子页面,单击【增加(A)】按钮,进入增加信令链路页面。增加信令链路如图 1.111 所示。

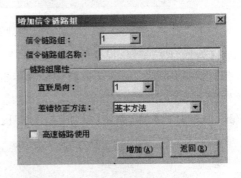

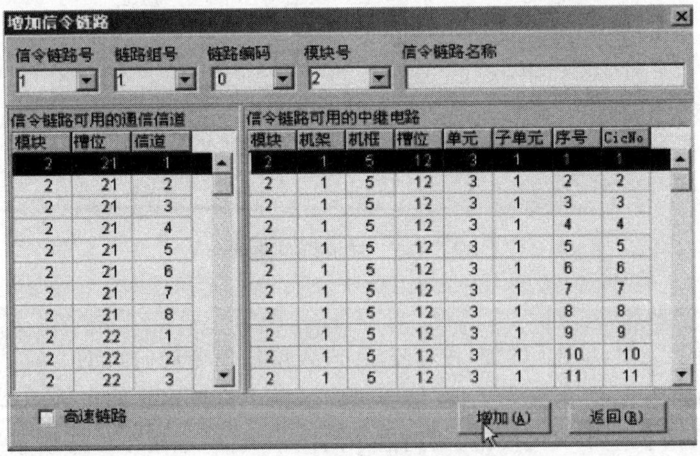

图 1.110　增加信令链路组

图 1.111　增加信令链路

　　由于自环需要两条占用相同时隙的信令链路环起来，因此需要在该信令链路组中再增加一条信令链路。选择 STB 板提供的信道 2 和 DT 板第二个子单元 PCM2 的 TS1，系统自动将信令链路号置为 2，链路编码置为 1，单击【增加(A)】按钮，则又在信令链路组 1 中增加了一条信令链路，如图 1.112 所示。

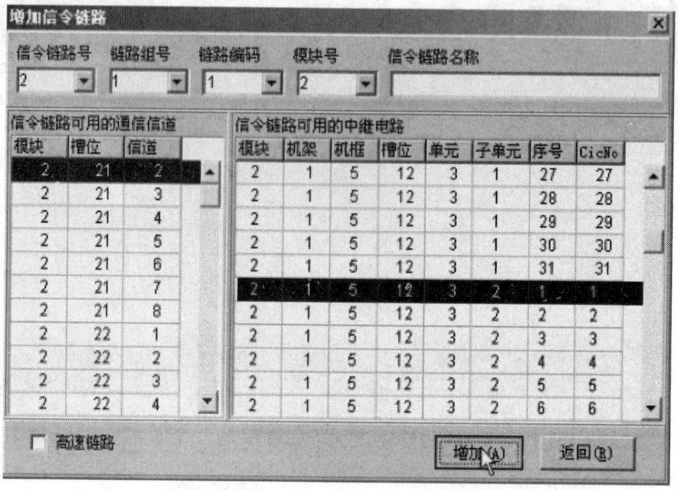

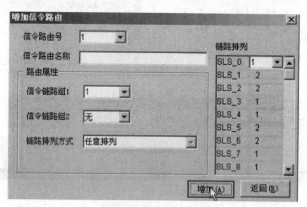

图 1.112　增加第二条信令链路

　　单击【返回(R)】按钮，提示"要立即重排链路吗"，单击【确定(O)】按钮，回到信令链路子页面，选中相应的链路号，确认链路编码和中继电路号是否正确。

　　(3) 增加信令路由

　　在信令路由子页面，单击【增加(A)】按钮，进入增加信令路由页面，如图 1.113 所示。

图 1.113　增加信令路由

　　(4) 增加信令局向

　　在信令局向子页面，单击【增加(A)】按钮，进入增加信令局向页面。

　　设置信令局向为 1，信令簇为无，在信令局向路由中设置正常路由为 1，第一迂回路由为无，单击【增加(A)】【返回(R)】按钮，回到信令局向子页面，如图 1.114 所示。

　　(5) 增加 PCM 系统

　　在 PCM 系统子页面，单击【增加(A)】按钮，进入增加 PCM 系统页面。

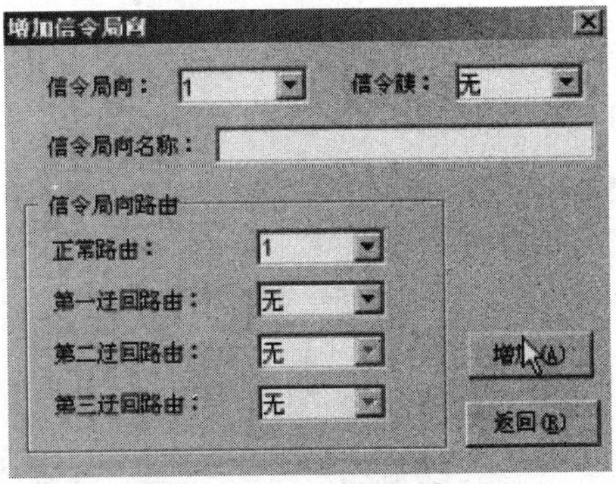

图 1.114　增加信令局向

设置信令局向为 1，PCM 系统编号为 0，系统会列示出"PCM 系统连接到本局的子单元"的列表，选中其中的第一个 PCM（子单元 1），单击【增加（A）】按钮，如图 1.115 所示。

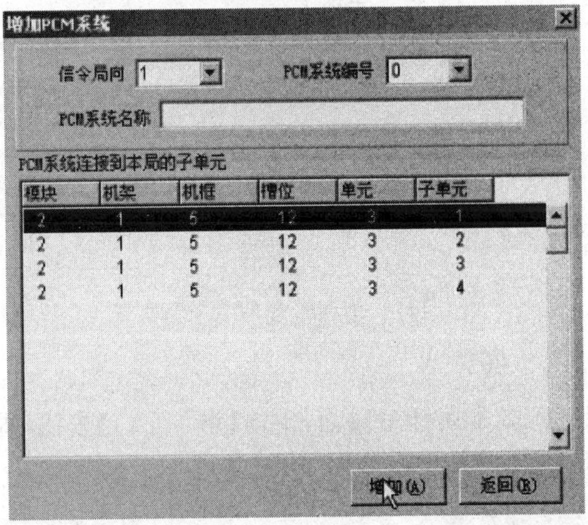

图 1.115　增加第一个 PCM 系统

由于自环采用了两个 PCM，需要在同一信令局向下再增加一个 PCM 系统，如图 1.116 所示。

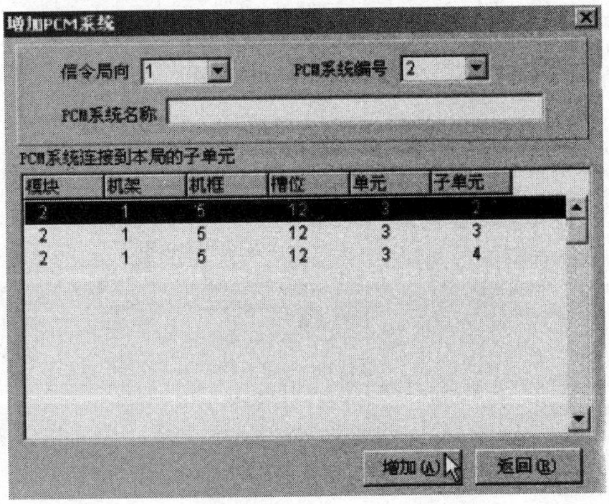

图 1.116　增加第二个 PCM 系统

4. 中继数据制作

执行【数据管理】|【基本数据管理】|【中继管理】操作,进入中继管理页面,如图 1.117 所示,其中为"Pra 中继电路分配"不用配置。

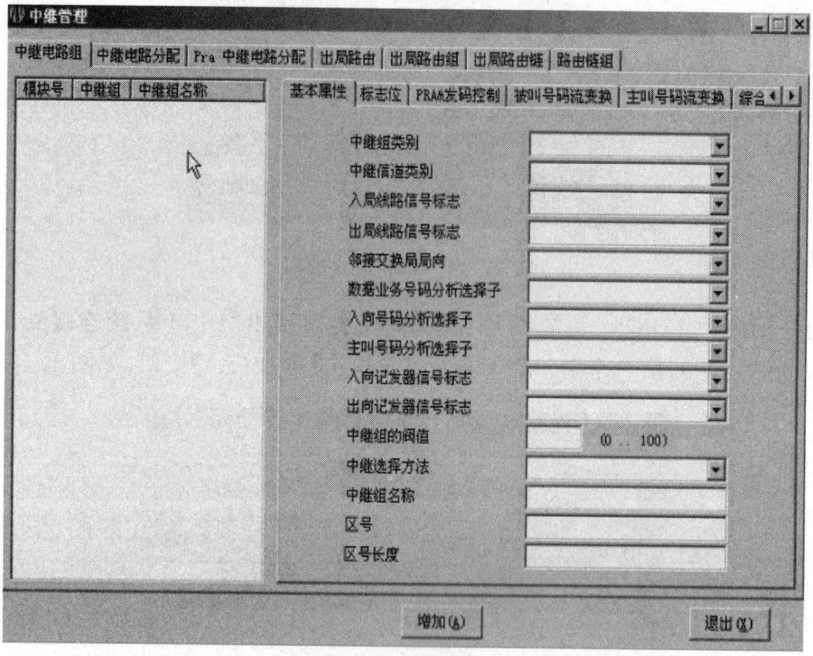

图 1.117 中继管理的 7 个子页面

(1)增加中继电路组

在中继电路组页面进入基本属性子页面,单击【增加(A)】按钮,进入增加中继组界面。中继电路组的创建如图 1.118 所示。

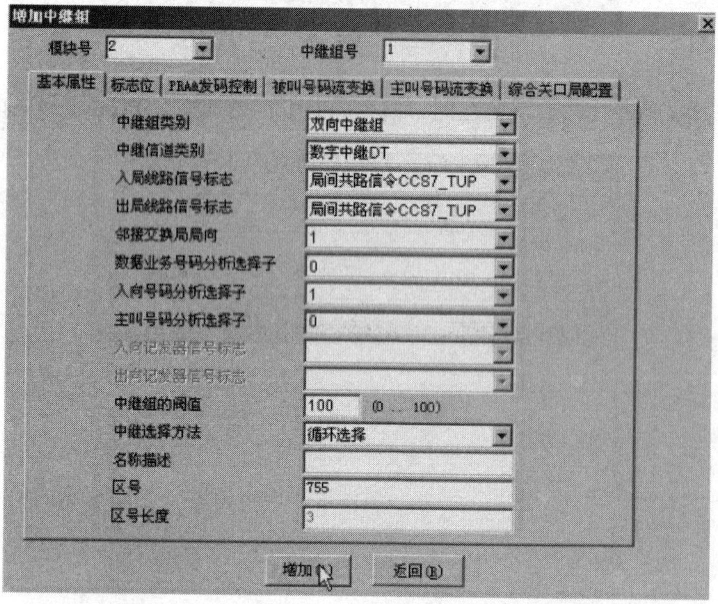

图 1.118 增加中继组基本属性数据配置

（2）中继电路分配

在中继电路分配页面，单击【分配(M)】按钮，进入中继电路分配界面。将子单元为 1 和 2 的全部分配出去。中继电路分配如图 1.119 所示。

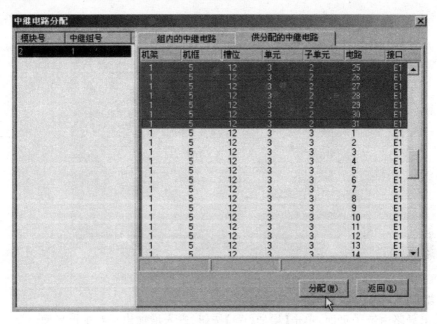

图 1.119　分配的中继组内的中继电路

（3）增加出局路由

进入出局路由子页面，单击【增加(A)】按钮，进入增加出局路由界面（注：222 为本局局号）。

出局路由制作如图 1.120 所示。进行出局号码流变换，注意图中 222 定义为本局局号。

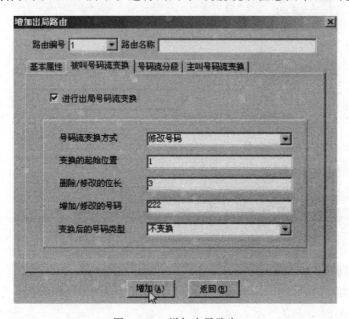

图 1.120　增加出局路由

（4）增加出局路由组

进入出局路由组子页面，单击【增加（A）】按钮，进入增加出局路由组界面。

增加出局路由组如图 1.121 所示。

图 1.121　增加出局路由组

（5）增加出局路由链

进入出局路由链子页面，单击【增加（A）】按钮，进入增加出局路由链界面。

出局路由链制作如图 1.122 所示。

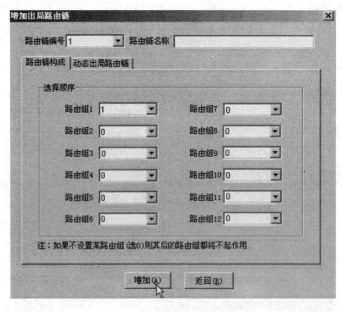

图 1.122　增加出局路由链

（6）增加出局路由链组

进入路由链组子页面，单击【增加（A）】按钮，进入增加路由链组界面。

增加中继组如图 1.123 所示。

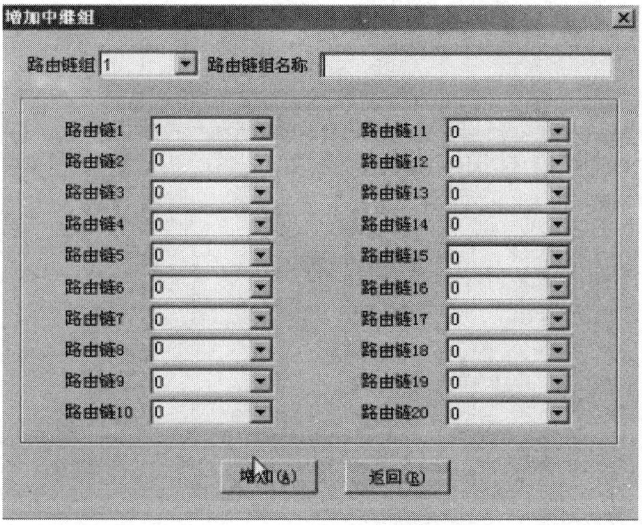

图 1.123　增加中继组

5. 号码分析

执行【数据管理】|【基本数据管理】|【号码管理】|【号码分析】操作,进入号码分析的界面。增加本地网被叫分析号码如图 1.124 所示(**注**:888 为自环变换的局号,即出局局号)。

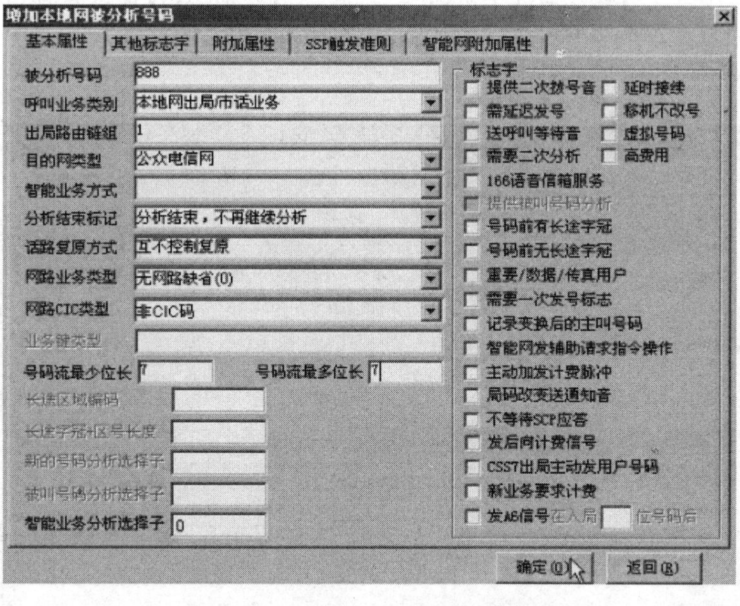

图 1.124　增加本地网被分析号码

6. 动态数据管理

执行【数据管理】|【动态数据管理】|【动态数据管理】操作,进入 No.7 管理接口页面。

(1) No.7 自环请求

进入 No.7 自环请求子页面,在【No.7 中继线自环】域设置 PCM 线 1 为"模块 2 单元 3 子单元 1",PCM 线 2 为"模块 2 单元 3 子单元 2",单击【请求自环(L)】,则系统列示出被自环的两个 PCM 线,实现了话路的自环申请。

No. 7 中继自环如图 1.125 所示。

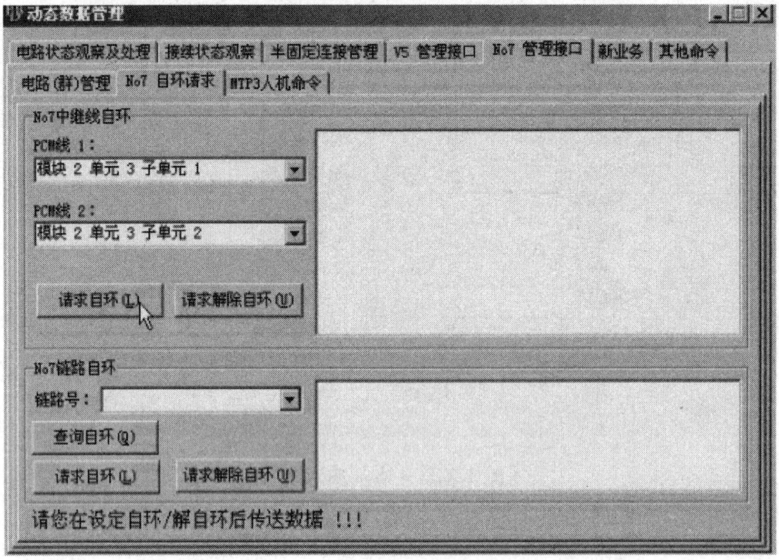

图 1.125　请求 No.7 中继自环

在【No.7 链路自环】域分别选中链路号"1"和"2",分别单击【请求自环(L)】【查询自环(Q)】,系统列示出信令的自环情况,实现了信令的自环请求。

No. 7 链路自环如图 1.126 所示。

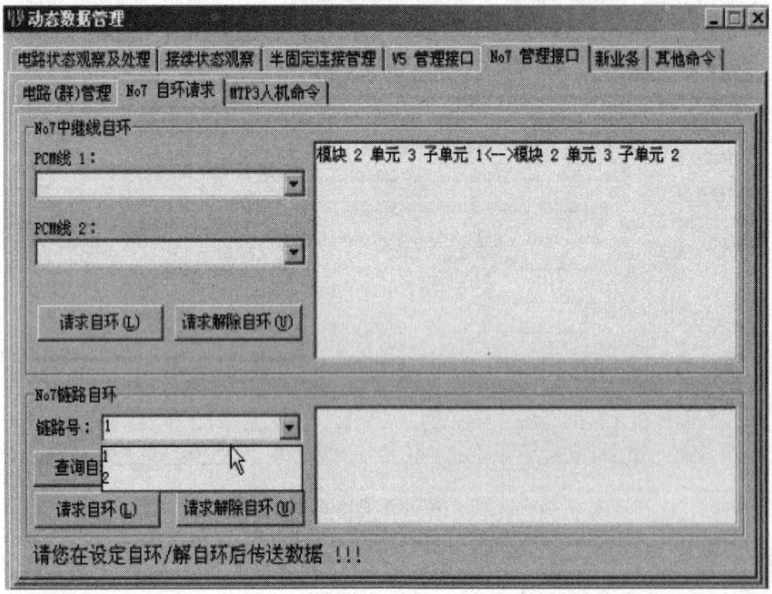

图 1.126　请求 No.7 链路自环

(2) MTP 人机命令

① 进入 MTP 人机命令子页面,在【链路操作】域中设置链路序号分别为 1 和 2,单击

【激活此链路(A)】,系统会在【返回结果】域显示链路 1/2 激活成功,如图 1.127 所示(**注意:先单击【去活此链路(D)】,再单击【激活此链路(A)】**)。

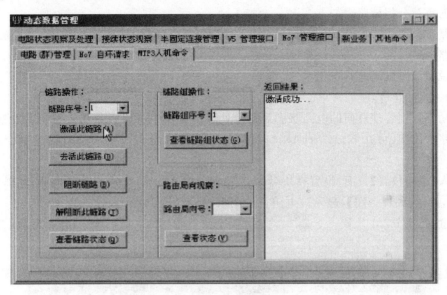

图 1.127　链路操作图

②　待链路操作正常后,在【链路组操作】域设置链路组序号为 1 后,单击【查看链路组状态(G)】,如果【返回结果】域显示如图 1.128 所示,则说明链路组状态正常。

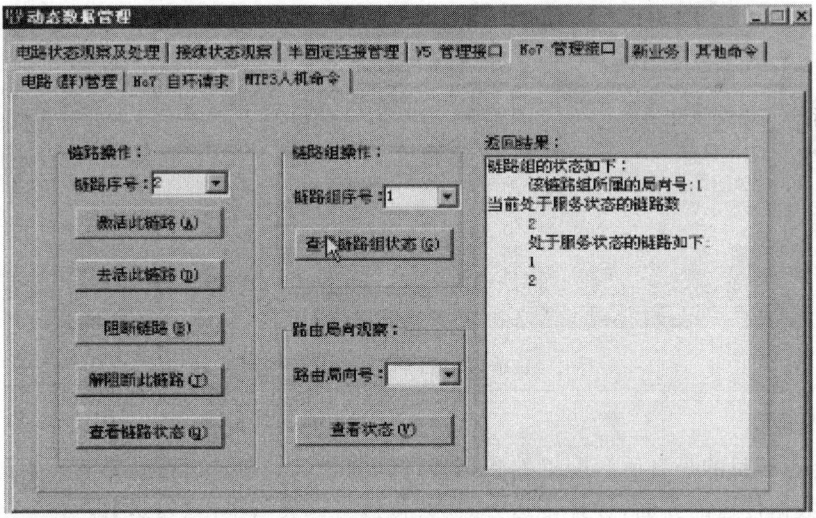

图 1.128　链路组操作返回结果图

③　待链路组操作正常后,在【路由局向观察】域中设置路由局向号为 1,单击【查看状态(V)】,如果【返回结果】域显示

路由组 1 状态如下:

路由可达

优先级别:0

负荷分担的链路组如下：

链路组1

当前负荷分担链路表如下：

链路1

链路2

则说明该路由局向状态正常。

（3）电路（群）管理

在动态数据管理页面的电路状态观察及处理子页面中可以查看中继群等的状态，如果中继电路为闭塞，可在 No.7 管理接口页面的电路（群）管理子页面进行信令解闭和硬件解闭。

进入【逻辑位置】页面，设置模块号为2，单元号为3，子单元号为3，电路号为2，电路个数为30，单击【硬件解闭】，显示该电路已解闭塞，如图 1.129 所示。

注意： 每个 PCM 的第一个时隙（电路）用于帧同步，解闭从第二个时隙（电路）开始，一个 PCM 中去除帧同步时隙和用于信令链路的时隙，还有 30 个作为话路。

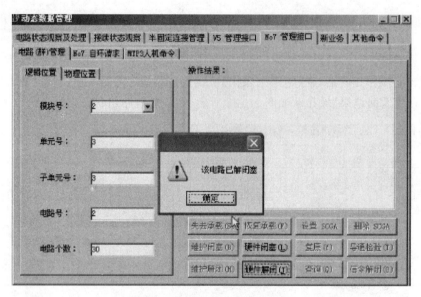

图 1.129　电路（群）管理硬件解闭

7. 数据传送

数据传送的目的是将后台配置的数据传送到前台 MP 中，执行【数据管理】|【数据传送】操作，进入数据传送的界面，选择传送方式为"传送全部表"，单击【发送】即可。

8. 拨打电话测试

打开本局电话，进行电话拨打测试。需注意，三部测试电话号码分别为"01""05"和"14"，请勿拨打其他号码。如果定义的局号是"222"，分配的百号是"00"，则三部电话号码分别是 2220001、2220005 和 2220014，自环配置将"888"局号进行号码流变换为"222"，测试结果如图 1.130 所示。

9. No.7 信令系统自环信令跟踪

No.7 信令系统自环数据配置成功后，进行本局电话拨打测试，同时进行信令跟踪。

根据七号信令跟踪设置步骤，打开七号信令跟踪窗口，单击绿色开始跟踪图标，开始跟踪。

打开本局电话，共三部电话，用其中一部电话拨打另一部 ，如用 2220005 电话作为主叫用户，拨打 8880001 电话号码，则在 2220001 电话机上显示 2220005，如图 1.130 所示（**注意：**自环将局号 222 进行号码流转换为局号 888）。

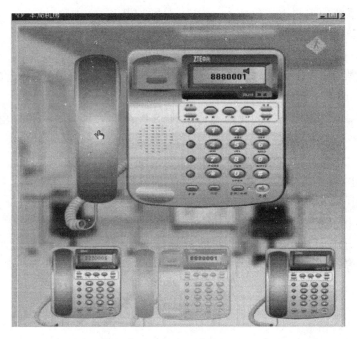

图 1.130　自环电话拨打测试

主叫摘机，拨打被叫电话号码，拨通后，被叫摘机，并挂机，然后主叫挂机，进行一系列操作后，信令流程如图 1.131 所示。

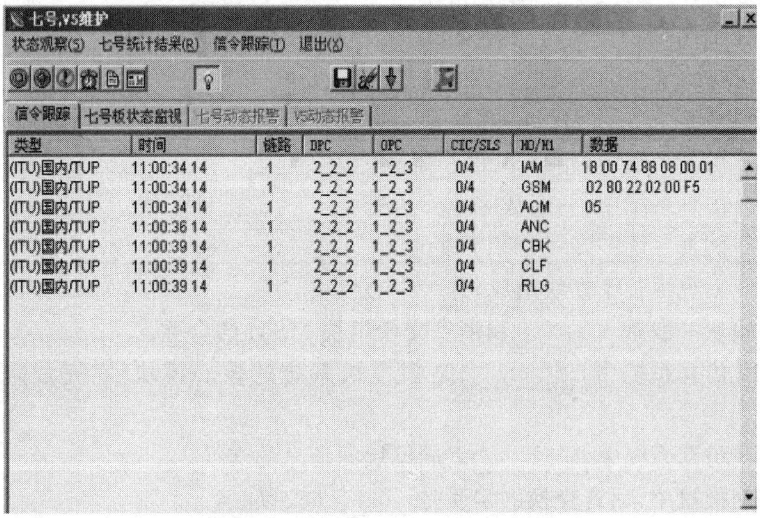

类型	时间	链路	DPC	OPC	CIC/SLS	H0/H1	数据
(ITU)国内/TUP	11:00:34 14	1	2_2_2	1_2_3	0/4	IAM	18 00 74 88 08 00 01
(ITU)国内/TUP	11:00:34 14	1	2_2_2	1_2_3	0/4	GSM	02 80 22 02 00 F5
(ITU)国内/TUP	11:00:34 14	1	2_2_2	1_2_3	0/4	ACM	05
(ITU)国内/TUP	11:00:36 14	1	2_2_2	1_2_3	0/4	ANC	
(ITU)国内/TUP	11:00:39 14	1	2_2_2	1_2_3	0/4	CBK	
(ITU)国内/TUP	11:00:39 14	1	2_2_2	1_2_3	0/4	CLF	
(ITU)国内/TUP	11:00:39 14	1	2_2_2	1_2_3	0/4	RLG	

图 1.131　自环信令跟踪流程

习　题

一、填空题

1. 处理机冗余配置的目的是为了提高系统的_____性。

2. 控制子系统的控制方式包括_____、分散控制和_____。

3. T 接线器由话音存储器 SM 和_____组成。

4. S 接线器由电子交叉点矩阵和_____组成。

5. T 接线器按照控制存储器 CM 对话音存储器 SM 的控制方式,分为顺序写入、控制读出和_____两种工作方式。

6. 根据控制存储器控制输入线还是输出线,S 接线器有_____和输出控制两种工作方式。

7. ZXJ10 中,一个用户单元占用_____个模块内通信端口。

8. ZXJ10 中,一个数字中继单元占用_____个模块内通信端口。

9. ZXJ10 中,一个模拟信令单元占用_____个模块内通信端口。

10. ZXJ10 仿真系统中,两块 MP 板主备用设置由_____板完成。

11. ZXJ10 仿真系统中,_____板能对所有不受 SP 管理的单板如电源板、光接口板、时钟板、驱动板等进行监控,并向 MP 报告。

12. ZXJ10 中,MP 的助手是_____板。

13. T 网容量为 4 K×4 K(即 4096×4096),其 HW 线速率为 8 Mbit/s,应有_____条 8 Mbit/s HW 线组成。

14. ZXJ10 仿真系统中,_____板提供 MP 与 T 网和 SP(包括用户单元的 SP、数字中继 DTI 和资源板 ASIG)与 T 网之间信号的接口,并完成 MP、SP 与 T 网之间各种传输信号的驱动功能。

15. ZXJ10 中,一个普通用户单元占用_____条 HW 线,_____个通信端口。

16. 连接模拟用户和交换网,具有 BORSCHT 七大功能的是_____板。

17. 对于 ZXJ10 系统,每块模拟用户板 ASLC 板包含_____路模拟用户,每块数字用户板 DSLC 板包含_____路数字用户。

18. ZXJ10 仿真系统中,用户单元完成话务集中的是_____板。

19. ZXJ10 仿真系统中,一个数字单元占用_____条 HW 线,_____个通信端口。

20. ZXJ10 仿真系统中,每块 DTI 板包含_____个 E1,包含_____个话音通路。

21. ZXJ10 系统由若干模块组成,分为中心模块、_____和_____。

22. 中心模块一般是_____和消息交换模块 MSM 的合称。

23. ZXJ10 仿真系统中,_____是多模块系统的核心模块,它完成跨模块呼叫的连接。

24. ZXJ10 仿真系统中,_____完成模块间消息的交换。

25. 程控交换机中,话音交换的实质是_____交换。

26. 在 TST 网络中,时分复用线为二次群母线,如果前向内部时隙选择的是 TS7,采用反相法时,后向内部时隙应选择_____。

27. 电话号码 6660001 中,666 称为_____,00 称为_____。

28. MPPP 称为_____通信板,MPMP 称为_____通信板。

29. DPC 称为_____,OPC 称为_____。

30. ZXJ10 系统由中心模块、_____和_____组成。

31. ZXJ10 功能单元主要包括主控单元、_____、用户单元、_____和_____。

二、选择题

1. 以下不属于程控交换机控制子系统的是_____。

A. CPU　　　　　B. 输入输出设备　　　C. 存储器　　　　　D. 中继器

2. 控制子系统的核心是_____。

A. CPU　　　　　B. 输入输出设备　　　C. 存储器　　　　　D. 中继器

3. 在 ZXJ10 程控仿真软件中,外围交换模块 PSM 的模块号不能为_____。

A. 1　　　　　　B. 2　　　　　　　C. 3　　　　　　　D. 4

4. 下列对自环制作的方法描述错误的是_____。

A. 将两个 PCM 收发连接

B. 需做一条 No.7 链路

C. 中继管理做出局号码流变换

D. 动态数据管理对 No.7 链路和中继线进行自环请求

5. PCM30/32 系统中,用于传送同步消息的是_____。

A. TS0　　　　　B. TS16　　　　　C. TS1　　　　　　D. TS31

6. T 接线器采用输入控制方式时,如果要将 T 接线器的输入复用线时隙 10 的内容 A 交换到输出复用线的时隙 20。则控制存储器的填写方式为_____。

A. 控制存储器的 10 号单元写入 A　　　　B. 控制存储器的 10 号单元写入 20

C. 控制存储器的 20 号单元写入 A　　　　D. 控制存储器的 20 号单元写入 10

7. 设 S 接线器有 8 条输入复用线和 8 条输出复用线,复用线的复用度为256,则该 S 接线器的控制存储器有_____组。

A. 8　　　　　　B. 16　　　　　　C. 64　　　　　　D. 256

8. 设 S 接线器有 8 条输入复用线和 8 条输出复用线,复用线的复用度为256,则该 S 接线器每组控制存储器的存储单元数有_____个。

A. 8　　　　　　B. 16　　　　　　C. 64　　　　　　D. 256

9. ZXJ10 仿真软件配置过程中,增加模块时,模块号不能选择_____。

A. 1　　　　　　B. 2　　　　　　　C. 3　　　　　　　D. 4

10. 以下不属于 ZXJ10 程控交换机话路子系统的是_____。

A. 交换网单元　　B. 用户单元　　　C. 数字中继单元　　D. 主控单元

11. 在模拟用户电路七大功能中,C 指的是_____。

A. 馈电　　　　　B. 过压保护　　　C. 振铃　　　　　D. 编译码

12. 在模拟用户电路七大功能中,B 指的是_____。

A. 馈电　　　　　B. 过压保护　　　C. 振铃　　　　　D. 编译码

13. 在模拟用户电路七大功能中,R 指的是_____。

A. 馈电　　　　　B. 过压保护　　　C. 振铃　　　　　D. 编译码

14. 在模拟用户电路七大功能中,S 指的是_____。

A. 馈电   B. 监视   C. 振铃   D. 编译码

15. 在模拟用户电路七大功能中,T 指的是_____。

A. 馈电   B. 测试   C. 振铃   D. 编译码

16. 在模拟用户电路七大功能中,O 指的是_____。

A. 馈电   B. 过压保护   C. 振铃   D. 编译码

17. 在模拟用户电路七大功能中,H 指的是_____。

A. 混合电路(二、四线转换)   B. 过压保护

C. 振铃   D. 编译码

18. 程控交换机的组成包括硬件系统和_____。

A. 软件系统   B. 话路部分   C. 控制部分   D. 交换网络

19. PCM30/32 系统也称为_____。

A. E1   B. T1   C. D1   D. S1

20. PCM24 系统也称为_____。

A. E1   B. T1   C. D1   D. S1

21. 在 ZXJ10 仿真系统中,给电话机提供拨号音、忙音等信号音的是_____。

A. DSN 板   B. ASLC 板   C. DTI 板   D. ASIG 板

22. 在 ZXJ10 仿真系统中,给电话机提供振铃信号的是_____。

A. DSN 板   B. ASLC 板   C. DTI 板   D. ASIG 板

23. 我国国内信令点编码采用的二进制位数是_____。

A. 14   B. 24   C. 48   D. 64

24. 国际信令点编码采用的二进制位数是_____。

A. 14   B. 24   C. 48   D. 64

三、判断题

1. T 接线器的功能是完成不同时分复用线时隙交换。 _____

2. T-S-T 网络由两级 S 接线器一级 T 接线器组成。 _____

3. T 接线器中,控制存储器的容量与话音存储器的容量一般不相同。 _____

4. 对于 T-S-T 网络,两级 T 接线器的控制方式一般不同。 _____

5. 一般情况下,S 接线器的入线数＝出线数＝控制存储器 CM 的个数。 _____

6. 信令设备是控制子系统的核心。 _____

7. 空间接线器功能是完成同一时分线上不同时隙的信息交换。 _____

8. 程控电话网中电话机由程控交换机的数字交换网络供电。 _____

9. ZXJ10 的用户单元的每块模拟用户板包含 24 路模拟用户,每块数字用户板包含 12 路数字用户。 _____

10. 一般情况下,PSM 和上级的连接方式是通过时分复用线。 _____

11. 程控交换机的核心是交换网络。 _____

12. PSM 称为中心交换模块。 _____

13. DSNI-C 主要提供 MP 与 T 网的接口。 _____

14. DSNI-S 主要提供 SP 与 T 网的接口。 _____

15. 局向是标志它局到本局的来话方向。

16. 中继管理中需从小到大依次配置出局路由、出局路由组、出局路由链和出局路由链组。

四、综合题

1. 某一次群复用线,要完成 TS10 和 TS25 的话音交换,请分别画出输入控制和输出控制下的 SM 和 CM。

2. 下图为输出控制的 S 接线器,(1)至(8)分别对应 4 个 CM(分别对应 1 和 18 单元)的内容,请填空(1)至(8)。

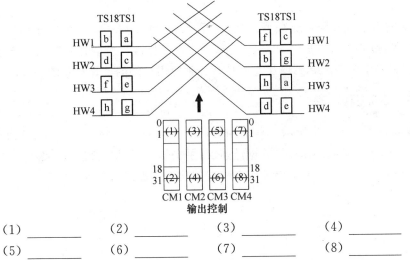

输出控制

(1) _____　　(2) _____　　(3) _____　　(4) _____
(5) _____　　(6) _____　　(7) _____　　(8) _____

3. 假设某一用户单元的用户 A 和另一用户单元的用户 B 通话,请说明其话音路径。(画图或文字说明)

4. 假设 MP 想发消息给 SP,请说明消息路径(画图或文字说明)。

5. ZXJ10 交换机功能单元主要包含哪些?

6. 如果 T 网容量为 8 K×8 K,其 HW 线速率为 8 Mbit/s,请计算共有多少条 8 Mbit/s HW 线组成。

第2章　IP通信设备运行与维护

2.1　IP通信网络结构

IP通信网络结构遵循OSI模型结构,国际标准化组织(ISO)在1978年提出了开放系统互连参考模型(OSI/RM),并于1983年春颁布为国际标准。所谓开放系统是指遵循OSI参考模型和相关协议标准能够实现互连的具有各种应用目的的计算机系统。

2.1.1　OSI模型

OSI参考模型如图2.1所示。它采用分层结构化技术,将整个网络的通信功能分为7层,由低层至高层分别是:物理层、数据链路层、网络层、运输层、会话层、表示层、应用层。每一层都有特定的功能,并且上一层利用下一层的功能所提供的服务。

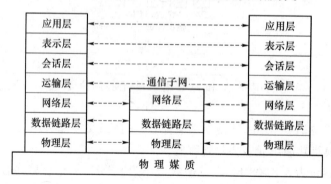

图2.1　OSI参考模型

当一帧数据通过物理层传送到目标主机的物理层时,该主机的物理层把它递交到上层——数据链路层。数据链路层负责去掉数据帧的帧头部DH和尾部DT(同时还进行数据校验)。如果数据没有出错,则递交到上层——网络层。同样,网络层、传输层、会话层、表示层、应用层也要做类似的工作。最终,原始数据被递交到目标主机的具体应用程序中。OSI参考模型中的数据封装过程如图2.2所示。

2.1.2　TCP/IP通信网络结构

TCP/IP也分为不同的网络层次结构,每一层负责不同的通信功能。但TCP/IP协议简化了层次结构,只有4层,由下而上分别为网络接口层、网际层、运输层、应用层,TCP/IP与OSI模型对照如图2.3所示。在TCP/IP模型中并不存在与OSI中的物理层与数据链路层相对应的部分,相反,由于TCP/IP的主要目标是致力于异构网络的互联互通,所以在OSI中的物理层与数据链路层相对应的部分没有做任何限定。

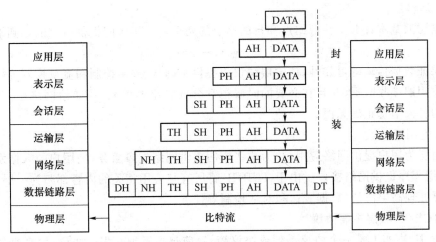

图 2.2　OSI 参考模型中的数据封装过程

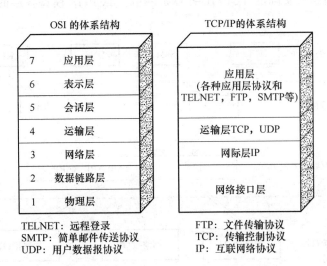

TELNET: 远程登录　　　　　　FTP: 文件传输协议
SMTP: 简单邮件传送协议　　　TCP: 传输控制协议
UDP: 用户数据报协议　　　　　IP: 互联网络协议

图 2.3　TCP/IP 模型与 OSI 模型对照

1. TCP/IP 模型各层的功能

（1）网络接口层

网络接口层是 TCP/IP 模型的最底层，该层负责接收从网络层交来的 IP 数据报，并将 IP 数据报通过底层物理层发送至选定的网络层，或者从底层物理层上接收物理帧，抽出 IP 数据报，交给网络层。

网络接口层使采用不同技术和网络硬件之间能够互连，它包括属于操作系统的设备驱动器和计算机网络接口卡，以处理具体的硬件物理接口。

（2）网际互联层

网际互联层（IL-Internet Layer）又称 IP 层，主要功能是处理来自传输层的分组，将分组形成的数据包（IP 数据包），并为该数据包进行路由选择，最终将数据包从源主机发送到目的主机，TCP/IP 模型的网络层在功能上非常类似于 OSI 参考模型中的网络层，即检查网络拓扑结构，以决定传输报文的最佳路由。

（3）运输层

传输层的基本任务是在源结点和目的结点的两个对等实体间提供可靠的端到端的数据通信。

为保证数据传输的可靠性，传输层协议也提供了确认、差错控制和流量控制等机制。传输层从应用层接收数据，并且在必要的时候把它分成较小的单元，传递给网络层，并确保到达对方的各段信息正确无误。

（4）应用层

应用层为用户提供网络应用，并为这些应用提供网络支撑服务，把用户的数据发送到低层，为应用程序提供网络接口。由于 TCP/IP 将所有与应用相关的内容都归为一层，所以在应用层要处理高层协议、数据表达和对话控制等任务。

2. TCP/IP 各层主要协议

TCP/IP 事实上是一个协议系列或协议簇，目前包含了 100 多个协议，用来将各种计算机和数据通信设备组成实际的 TCP/IP 计算机网络。TCP/IP 模型各层的一些重要协议如图 2.4 所示。

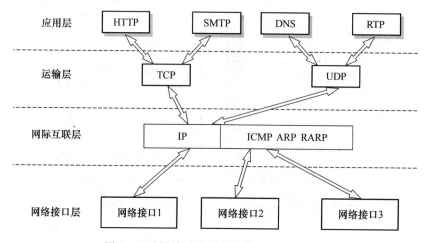

图 2.4　沙漏计时器形状的 TCP/IP 协议簇

（1）网络接口层协议

这是 TCP/IP 的最底层，TCP/IP 的网络接口层中包括 Ethernet、令牌环、帧中继、ISDN和分组交换网 X.25 等各种物理网协议。当各种物理网被用作传送 IP 数据包的通道时，就可以认为是属于这一层的内容。

（2）网络互联层协议

网络层所执行的主要功能是处理来自传输层的报文，将分组形成 IP 数据包，并为该数据包进行路径选择，最终将数据包从源主机发送到目的主机，其地位类似于 OSI 参考模型的网络层，向上提供不可靠的数据包传输服务。

网络互联主要协议有四个，分别是 IP 协议、ARP 协议、RARP 协议和 ICMP 协议。

（3）传输层协议

传输层提供应用程序之间（即端到端）的通信。

该层可以提供两种不同的协议：即传输控制协议 TCP 协议和用户数据报协议 UDP 协议。

（4）应用层协议

TCP/IP 模型的应用层是最高层，但与 OSI 的应用层有较大的区别。实际上，TCP/IP 模型应用层的功能相当于 OSI 参考模型的会话层、表示层和应用层 3 层的功能。

在 TCP/IP 模型的应用层中，定义了大量的 TCP/IP 应用协议，其中最常用的协议包括文件传输协议（FTP）、超文本传输协议（HTTP）、简单邮件传输协议（SMTP）、远程登录（TELNET），常见的应用支撑协议包括域名服务（DNS）和简单网络管理协议（SNMP）等。

3. TCP/IP 模型与 OSI 标准模型的比较

除了有很多相似之处外，这两个模型也有很多不同，如图 2.5 所示。下面讨论两个参考模型的主要差别。

（1）服务、接口和协议

OSI 参考模型有三个主要的概念，即服务、接口和协议。OSI 参考模型最大的贡献是将服务、接口和协议这三个概念之间明确化。

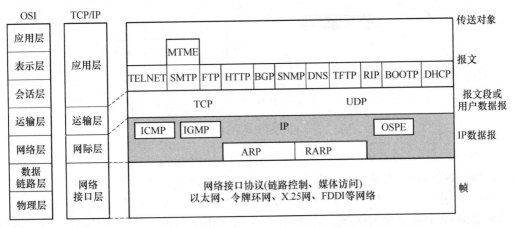

图 2.5　TCP/IP 协议簇与 OSI 参考模型各层的对应关系

OSI 模型中的协议比 TCP/IP 参考模型的协议更具有隐蔽性，在技术发生变化时能够相对比较容易地替换，这也是把协议分层的主要目的之一。

（2）模型与协议的关系

OSI 参考模型的产生在协议发明之前。这意味着该模型没有偏向于任何特定的协议，因此通用性强。

而 TCP/IP 却正好相反，首先出现的是协议，模型实际上是对已有协议的描述，因此不会出现协议不能匹配模型的情况，它们匹配得相当好。唯一的问题是该模型不适合于描述除 TCP/IP 模型之外的任何其他协议。

（3）层次的划分

在 OSI 和 TCP/IP 两个参考模型之间，最明显的差别是层的数量不同。OSI 模型为 7 层，而 TCP/IP 模型只有 4 层。如图 2.5 所示，OSI 和 TCP/IP 层次间的对应关系可总结为"低二高三，中间两层一一对应"，即 OSI 的低两层（物理层和数据链路层）对应 TCP/IP 的最底层（网络接口层），OSI 的高三层（会话层、表示层和应用层）对应 TCP/IP 的最高层（应用层），OSI 的网络层对应 TCP/IP 的网络层，OSI 的运输层对应 TCP/IP 的运输层。

2.2 基本交换机配置

以太网交换机的工作原理如图 2.6 所示,以太网交换机的 1、4、11、19 号端口各连接了一台计算机,这些计算机独占交换机端口提供的信道带宽;18 号端口通过一个 HUB 连接了两台计算机,这两台计算机共享交换机端口提供的信道带宽。

交换机的三个功能:地址学习、帧的转发/过滤、回路防止。

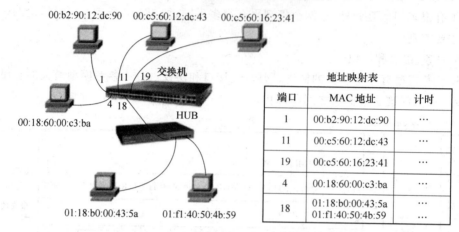

图 2.6 以太网交换机的工作原理

(1) 地址学习。通过地址学习动态地建立和维护一个端口/MAC 地址映射表。以太网交换机接收数据帧后,根据源 MAC 地址在地址映射表内建立源 MAC 地址和交换机端口的对应关系,并启动一个计时。如果该映射关系已经存在于地址映射表内,则刷新计时。如果计时溢出,则删除该映射关系。这样,在交换机内建立和维护着一个动态的端口/MAC 地址映射表,当一台计算机从一个端口转移到其他端口时,交换机也不会错误地转发数据帧。

(2) 帧的转发/过滤。以太网交换机通过端口/MAC 地址映射表维护正确的转发关系。以太网交换机接收到数据帧后,根据目的 MAC 地址在地址映射表内查找对应的端口,然后从该端口将数据帧转发出去。如果在地址映射表内查找不到目的 MAC 地址对应的端口,会将数据帧转发到其他所有端口。

(3) 回路防止。对于共享带宽的端口,交换机具有数据帧过滤功能。交换机检查目的 MAC 地址对应的端口,如果是数据帧来自源端口,交换机不执行转发。如图 2.6 所示,如果 18 号端口上的两台计算机之间通信,交换机虽然能接收到该端口上的数据帧,但不会转发。

2.2.1 局域网概述

交换机是组成局域网的核心设备。

1. 冲突域、广播域及广播域的分割

集线器组成的网络位于一个冲突域,交换机的一个端口就是一个冲突域,交换机的所有端口位于一个广播域,广播域的分割需要路由器或三层交换机。

（1）广播域

交换式以太网是一个局域网，网络内所有的计算机都属于一个 IP 网络。在网络层中有很多广播报文，例如 ARP 广播、RIP 广播等。网络层的广播报文都是针对一个网络（组播除外）的。例如，IP 地址中目的主机地址全"1"的报文是对特定网络的广播，目的地址是 255.255.255.255 的报文是对本网络的广播。一个局域网属于一个 IP 网络，网络层的广播报文会发送到局域网内的每个主机。一个广播报文能够传送到的主机范围称作一个广播域。可见 IP 地址中具有相同网络号的网络属于一个广播域。

在以太网内，以太网帧封装一个广播报文时，目的 MAC 地址字段使用 FF:FF:FF:FF:FF:FF，即目的 MAC 地址是广播地址，因此网络内的所有主机都要接收该数据帧。在交换式以太网中，交换机会将广播帧转发到所有端口。如果交换机有级联，广播帧会转发到其他的交换机上，IP 网络内的所有主机都会收到广播帧。

一个广播报文需要传到广播域内的所有主机，一个广播域内的主机数量越多，网络内的广播报文越多。网络内的大量的广播报文会严重影响网络带宽，降低网络效率，严重时造成网络不能进行正常的通信。改善这种情况的办法就是分割广播域，将广播范围缩小，减小广播报文的影响范围。

一个广播域属于一个 IP 网络，或者说属于具有同一 IP 网络地址的网络。分割广播域的方法就是将一个大的 IP 网络分割成若干小的 IP 网络，减少网络内的主机数量。

（2）分割广播域

① 路由器分割广播域

利用路由器可以将一个大的广播域分割成多个小的广播域，如图 2.7 所示。

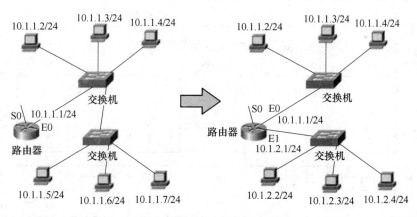

图 2.7　利用路由器分割广播域

在图 2.7 中左边两个交换机上的计算机属于同一个 IP 网络，网络地址都是 10.1.1.1/24，所以是一个广播域；右边将两个交换机分别连接在路由器的 E0 口和 E1 口上，各自为一个 IP 网络，网络地址分别是 10.1.1.1/24 和 10.1.2.1/24，所以各自为一个广播域。

② VLAN 分割广播域

VLAN 的中文名为"虚拟局域网"。VLAN 是一种将局域网设备从逻辑上划分成一个个网段，网络中的站点不拘泥于所处的物理位置，而可以根据需要灵活地加入不同的逻辑子网中的一种网络技术。

VLAN 用交换机连接的局域网原理上只能属于同一 IP 网络,使用软件"虚拟"的方法,通过对交换机端口的配置,将部分主机划分在一个 IP 网络中,这些主机可以连接在不同的交换机上。通过"虚拟"方式划分出来的局域网各自构成一个广播域,VLAN 之间在没有路由支持时不能进行通信,这样就完成了广播域的分割。

通过 VLAN 技术,连接在一台交换机上的计算机可以属于不同的 IP 网络,如图 2.8 所示。连接在不同交换机上的计算机可以属于同一个 IP 网络,如图 2.9 所示。所以也可以把 VLAN 定义为一组不被物理网络分段或不受传统的 LAN 限制的逻辑上的设备或用户。

VLAN 和传统的局域网没有什么区别,一个 VLAN 属于一个 IP 网络,每个 VLAN 是一个广播域。对于一个 VLAN 的广播帧,它不会转发到不属于该 VLAN 的交换机端口上。VLAN 之间没有路由的设置也不能进行通信。

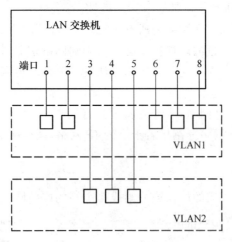

图 2.8　一个交换机上划分了两个 VLAN

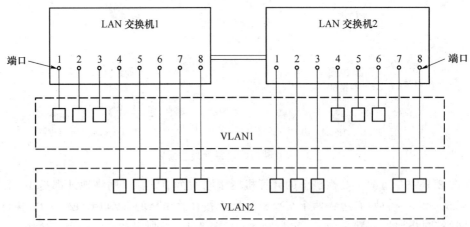

图 2.9　两个 VLAN 分布在两个级联连接的交换机上

2. 多层交换机

(1) 二层交换机

通常意义上,LAN 交换机是二层网络设备,它定义于 OSI 模型的物理层和链路层,在第 2 层中继(转发)MAC 层的包。

　　LAN 交换机工作在 OSI 模型的第 2 层,是独立于协议的,其操作在本质上对终端用户透明,即交换机不需对 MAC 层目的地址进行修改就可转发或泛洪第 2 层的包。在网络中增加 LAN 交换机,既不需要对自身进行任何配置,也不需要对任何终端系统进行配置。

　　(2) 三层交换机

　　三层交换机通常被定义为转发三层和三层以上数据包的设备,它具有 LAN 交换机的一切功能并较传统路由器具有一些过滤功能。三层交换机一般本质上是二层交换机但使用一些三层知识进行转发决定。此类交换机的关键部件是所有的通信都依据 MAC 层地址在第二层完成,包在通过交换机时,除了必要的介质类型转换外,设备不对包进行操作;其三层服务依据于它能够将某些 MAC 层广播理解为特定的第三层功能,然后利用包中三层部分的信息决定将包发送到何处。例如,交换机识别 IP、ARP 协议并理解终端用户和 IP 网络的第三层地址,它能够截取网络中 IP 设备所发送的 ARP 包并使用第三层信息(目标 IP 地址)将数据包只转发给此终端用户。复合式三层交换机不会终结经过它的 MAC 层会话,可看作为一种 LAN 交换机,它在大规模交换式网络的广播流量管理方面非常实用。当前,很多厂家的三层交换机均采用这种方式。

　　(3) 多层交换机

　　多层交换机是指组合了二、三和四层交换技术的交换机,其主要思想是"路由一次,交换多次"。

　　多层交换是一种功能,它决定传输不仅仅依据 MAC 地址(第二层网桥)或源/目标 IP 地址(第三层路由),而且依据 TCP/UDP(第四层) 应用端口号。第四层交换功能就像是虚 IP,指向物理服务器。

　　在 IP 世界,业务类型由终端 TCP 或 UDP 端口地址来决定,在第四层交换中的应用区间则由源端和终端 IP 地址、TCP 和 UDP 端口共同决定。

2.2.2　交换机基本配置仿真

　　本书使用思科的 Packet Tracer5.3 模拟器进行交换机、路由器等设备的仿真配置维护。

1. Cisco 交换机常用命令

Cisco 交换机常用命令如表 2.1 所示。

表 2.1　Cisco 交换机常用命令

序号	命令
1	用户模式:
	switch>
2	特权模式:
	switch>enable
	switch#
3	全局配置模式:
	switch#config terminal
	switch(config)#

续表

序号	命令
4	接口配置模式： switch(config)#interface f0/1 switch(config-if)#
5	line 模式： switch(config)#line console 0 switch(config-line)#
6	更改交换机主机名： switch(config)#hostname benet benet(config)#
7	配置进入特权模式的明文口令： switch(config)#enable password 123
8	删除进入特权模式的明文口令： switch(config)#no enable password
9	配置进入特权模式的加密口令： switch(config)#enable secret 456
10	删除进入特权模式的加密口令： switch(config)#no enable secret
11	查看交换机配置： switch#show running-config
12	配置 console 口令： switch(config)#line console 0 switch(config-line)#password 123 switch(config-line)#login
13	配置交换机 IP 地址： switch(config)#interface vlan 1 switch(config-if)#ip address 192.168.0.2 255.255.255.0 switch(config-if)#no shutdown
14	删除交换机接口 IP 地址： switch(config-if)#no ip address
15	配置交换机默认网关： switch(config)#ip default-gateway 192.168.0.1
16	查看交换机的 MAC 地址表： switch#show mac-address-table

序号	命令
17	查看思科交换机相邻设备的详细信息：
	switch♯show cdp neighbors detail
18	保存交换机配置：
	1：switch♯copy running-config startup-config
	2：switch♯write
19	恢复交换机出厂配置：
	switch♯erase startup-config
	switch♯reload
20	创建 VLAN：
	switch♯vlan database
	switch(vlan)♯vlan 30
	switch(vlan)♯exit
21	VLAN 重命名：
	switch(vlan)♯vlan 20 name benet
	VLAN 20 modified：
	Name：benet
22	删除 VLAN：
	switch(vlan)♯no vlan 20
	Deleting VLAN 2...
	switch(vlan)♯exit
23	将端口加入到 VLAN：
	switch(config)♯interface f0/2
	switch(config-if)♯switchport access vlan 30
24	验证 VLAN 配置信息：
	switch♯show vlan brief
	switch♯show vlan-switch
25	删除 VLAN 中的端口：
	1：switch(config-if)♯no switchport access vlan 3
	switch(config-if)♯end
	2：switch(config-if)♯default interface f0/2
	Building configuration...
	Interface FastEthernet0/2 set to default configuration
	switch(config)♯end

续表

序号	命令
26	同时将多个端口加入 VLAN 并验证：
	switch(config)#interface rangef0/3-10
	switch(config-if-range)#switchport access vlan 3
	switch(config)#end
	switch#show vlan-switch
27	配置 VLAN TRUHK：
	switch(config)#interface f0/15
	switch(config-if)#switchport mode trunk
28	从 TRUNK 中添加某个 VLAN：
	switch(config)#interface f0/15
	switch(config.if)#switchport trunk allowed vlan add 3
	switch(config-if)#end
29	从 TRUNK 中删除某个 VLAN：
	switch(config)#interface f0/15
	switch(config-if)#switchport trunk allowed vlan remove 3
	switch(config-if)#end
30	验证接口模式(检查中断端口允许的 VLAN 列表)：
	switch#show interface f0/15 switchport
31	查看用过的命令：
	switch#show history

2. 构建交换机网络

（1）打开 Cisco Packet Tracer。

（2）添加交换机

单击 Cisco Packet Tracer 主界面左下角 Switch 图标，选择 Cisco Switch 2950-24 交换机并将其拖入拓扑图窗口。

（3）添加计算机

单击 Cisco Packet Tracer 主界面左下角 End Devices 图标，选择合适的计算机并将其拖入拓扑图窗口。

（4）设备连线

交换机和 PC 术语不同类型设备，需用直通线连接。同一交换机组建 VLAN 拓扑结构如图 2.10 所示。

3. 配置设备

PC0 设置 IP 地址 192.168.1.11，子网掩码 255.255.255.0。

PC1 设置 IP 地址 192.168.1.12，子网掩码 255.255.255.0。

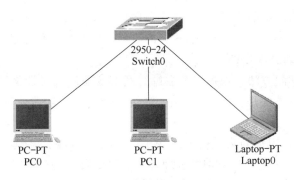

图 2.10　交换机基本配置

Laptop0 设置 IP 地址 192.168.2.13,子网掩码 255.255.255.0。

4. 验证网络运行情况

(1) 验证计算机 PC 互通情况

ping 192.168.1.12,PC0 可以 ping 通 PC1,说明在二层交换机组成的网络中相同同网段 IP 地址的通信终端可以进行信息交换。

ping 192.168.2.13,PC0 不能 ping 通 Laptop0,说明在二层交换机组成的网络中不同网段 IP 地址的通信终端不能进行信息交换。

(2) 查看交换机运行情况

查看交换机端口。

switch# show Interface

2.2.3　虚拟局域网 VLAN

1. VLAN 的划分

(1) 据端口来划分 VLAN

许多 VLAN 厂商都利用交换机的端口来划分 VLAN 成员。被设定的端口都在同一广播域中。例如,一个交换机的 1,2,3,4,5,端口被定义为虚拟网 AAA,同一交换机的 6,7,8 端口组成虚拟网 BBB。这样做允许各端口之间的通信,并允许共享性网络的升级。但是,这种划分模式将虚拟网限制了一台交换机上。

第二代网络端口 VLAN 技术允许跨越多个交换机的多个不同端口换分 VLAN,不同交换机上的若干个端口可以组成同一个虚拟网。以交换机端口来划分网络成员,其配置过程简单明了。因此,从目前来看,这种根据端口来划分 VLAN 的方式仍然是最常用的一种方式。

(2) 根据 MAC 地址划分

这种划分 VLAN 的方法是根据每个主机的 MAC 地址来划分,即对每个 MAC 地址的主机都配置它属于哪个组。这种划分 VLAN 方法的最大优点就是当用户物理位置移动时,即从一个交换机换到其他的交换机时,VLAN 不用重新配置,所以,可以认为这种根据 MAC 地址的划分方法是基于用户的 VLAN,这种方法的缺点是初始化时,所有的用户都必须进行配置,如果有几百个甚至上千个用户的话,配置是非常累的。

而且这种划分的方法也导致了交换机执行效率的降低,因为在每一个交换机的端口都可能存在很多个 VLAN 组的成员,这样就无法限制广播包了。另外,对于使用笔记本电脑的用户来说,他们的网卡可能经常更换,这样,VLAN 就必须不停地配置。

(3) 根据网络层划分 VLAN

这种划分 VLAN 的方法是根据每个主机的网络层地址或协议类型(如果支持多协议)划分的,虽然这种划分方法是根据网络地址,比如 IP 地址,但它不是路由,与网络层的路由毫无关系。

这种方法的优点是用户的物理位置改变了,不需要重新配置所属的 VLAN,而且可以根据协议类型来划分 VLAN,这对网络管理者来说很重要,还有,这种方法不需要附加的帧标签来识别 VLAN,这样可以减少网络的通信量。

(4) 根据 IP 组播划分 VLAN

IP 组播实际上也是一种 VLAN 的定义,即认为一个组播组就是一个 VLAN,这种划分的方法将 VLAN 扩大到了广域网,因此这种方法具有更大的灵活性,而且也很容易通过路由器进行扩展,当然这种方法不适合局域网,主要是效率不高。

(5) 基于规则的 VLAN

基于规则的 VLAN 也称为基于策略的 VLAN。这是最灵活的 VLAN 划分方法,具有自动配置的能力,能够把相关的用户连成一体,在逻辑划分上称为"关系网络"。网络管理员只需在网络管理软件中确定划分 VLAN 的规则(或属性),那么当一个站点加入网络中时,将会被"感知",并被自动地包含进正确的 VLAN 中。同时,对站点的移动和改变也可自动识别和跟踪。

(6) 按用户定义、非用户授权划分 VLAN

基于用户定义、非用户授权来划分 VLAN,是指为了适应特别的 VLAN 网络,根据具体的网络用户的特别要求来定义和设计 VLAN,而且可以让非 VLAN 群体用户访问VLAN,但是需要提供用户密码,在得到 VLAN 管理的认证后才可以加入一个 VLAN。

以上划分 VLAN 的方式中,基于端口的 VLAN 端口方式建立在物理层上,MAC 方式建立在数据链路层上,网络层和 IP 广播方式建立在第三层上。

2. Trunk

Trunk 是端口汇聚的意思,通过配置软件的设置,将 2 个或多个物理端口组合在一起成为一条逻辑的路径从而增加在交换机和网络节点之间的带宽,将属于这几个端口的带宽合并,给端口提供一个几倍于独立端口的独享的高带宽。

Trunk 是一种封装技术,它是一条点到点的链路,链路的两端可以都是交换机,也可以是交换机和路由器,还可以是主机和交换机或路由器。

(1) Trunk 用于与服务器相连,给服务器提供独享的高带宽。

(2) Trunk 用于交换机之间的级联,通过牺牲端口数来给交换机之间的数据交换提供捆绑的高带宽,提高网络速度,突破网络瓶颈,进而大幅提高网络性能。

3. 两种链路类型

在交换网络中,有两种链路类型:接入链路和中继链路。

(1) 接入链路。

接入链路(Access Link)只是 VLAN 的成员,连接到这个端口上的设备完全不知道存在 VLAN 这个东西。设备只是根据配置在该设备上的第三层信息,认为它是网络或子网的一部分。接入链路是属于一个并且只属于一个 VLAN 的端口。这个端口不能从另外一个 VLAN 接收或发送信息,除非该信息经过了路由。

接入链路是用来将非 VLAN 标识的工作站或者非 VLAN 成员资格的 VLAN 设备接入一个 VLAN 交换机端口的一个 LAN 网段,它不能承载标记数据。

(2) 中继链路。

中继链路(Trunk Link)是只承载标记数据(即具有 VLANID 标签的数据包)的干线链路,只能支持那些理解 VLAN 帧格式和 VLAN 成员资格的 VLAN 设备。中继链路常用来将一台交换机连接到其他交换机或路由。

2.2.4　VLAN 运行配置仿真

某企业有两个主要部门:人力资源部和策划部,同一部门的主机在同一个局域网上,在人力资源部的办公室里有一个策划部的人员,为了控制广播活动,为了各部门的资料安全性,不同部门间禁止通信,根据 VLAN 的特点和性质来完成此次的配置。

1. VLAN 配置拓扑结构

跨交换机 VLAN 的网络拓扑结构如图 2.11 所示。

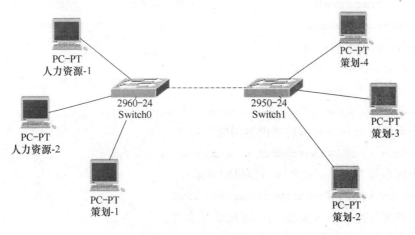

图 2.11　网络拓扑结构

2. 虚拟局域网 VLAN 配置

(1) 建立实验拓扑图。

(2) 交换机端口连线配置,如表 2.2 所示。

表 2.2　交换机端口连线配置

Switch0		Switch1	
FROM	TO	FROM	TO
F0/1	人力资源-1	F0/1	策划-2
F0/2	人力资源-2	F0/2	策划-3
F0/3	策划-1	F0/3	策划-4
F0/11	Switch1 F0/11	F0/11	Switch0 F0/11

（3）各主机设备 IP 地址如表 2.3 所示。

表 2.3　主机设备 IP 地址配置

PC 主机	IP 地址	子网掩码
人力资源-1	192.168.1.1	255.255.255.0
人力资源-2	192.168.1.2	255.255.255.0
策划-1	192.168.1.3	255.255.255.0
策划-2	192.168.1.4	255.255.255.0
策划-3	192.168.1.5	255.255.255.0
策划-4	192.168.1.6	255.255.255.0

（4）Switch0、Switch1 上增加 VLAN2、VLAN3。

Switch>

Switch>enable

Switch#config terminal

Switch(config)#vlan 2

Switch(config)#vlan 3

（5）配置交换机端口 VLAN

① Switch0 的 F0/1 接口划分到 VLAN2。

Switch(config)#interfacefastethernet　0/1

该命令可缩写为 int f0/1，后续内容用缩写形式。

Switch(config-if)#switchport mode access

该命令可缩写为 sw m a，后续内容用缩写形式。

Switch(config-if)#switchport access vlan 2

该命令可缩写为 sw a v 2，后续内容用缩写形式。

② Switch0 的 F0/2 设置：

Switch(config)#int f0/2

Switch(config-if)#sw m a

Switch(config-if)#sw a v 2

Switch0 的 F0/3 设置：

Switch(config)#int f0/3

Switch(config-if)#sw m a

Switch(config-if)#sw a v 3

同理设置 Switch1 的 f0/1、f0/2 接口、f0/3 接口。

③ 设置 Switch0 的 F0/11 端口（与 Switch1 连接）为 Trunk。

Switch(config)#intf0/11

Switch(config-if)#sw m t

同理设置 Switch1 各个端口数据。

3. VLAN 运行验证

（1）同 VLAN 连通性测试

使用 ping 指令测试同一个 VLAN 下各个端口的连通性。

① VLAN 2 测试

测试人力资源-1 与人力资源-2 之间的连通性，结果可以 ping 通。

② VLAN 3 测试

测试人力策划-1 与策划-2、策划-3、策划-4 之间的连通性，结果可以 ping 通。

结论：相同 VLAN 下不同计算机可以传递信息

（2）不同 VLAN 连通性测试

① 测试人力资源-1 与策划-1 之间的连通性，结果无法 ping 通。

② 测试策划-2 和测试人力资源-2，结果无法可以 ping 通。

结论：不同 VLAN 下不同计算机不能传递信息。

（3）查看交换机运行情况

① 查看交换机接口。

Switch#show interface

② 查看交换机 VLAN。

Switch#show VLAN

【配置练习 2.1】完成图 2.12 中 VLAN 的划分及配置。

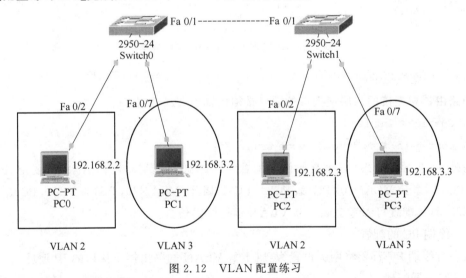

图 2.12　VLAN 配置练习

2.2.5　VLAN 间路由配置仿真

要实现 VLAN 间的通信，需在主机上配置默认网关，对于非本地的通信，主机会自动寻找默认网关，并把报文交给默认网关转发而不是直接发给目的主机。

VLAN 间通信可以借助路由器或三层交换机。

1. 单臂路由实现 VLAN 间通信

二层交换机和路由器之间相连的端口使用 VLAN Trunking，使多个 VLAN 共享同一条物理连接到路由。

采用单臂路由,即在路由器上设置多个逻辑子接口,每个子接口对应于一个 VLAN。由于物理路由接口只有一个,各子接口的数据在物理链路上传递要进行标记封装。Cisco 设备支持 ISL 和 802.1q 协议,华为设备只支持 802.1q。

单臂路由实现 VLAN 间通信拓扑结构如图 2.13 所示,图中,交换机上有 3 个 VLAN,分别是 VLAN10、VLAN20 和 VLAN30,通过路由器实现 3 个 VLAN 间的通信。交换机 S1、S2、S3 间通过 Trunk 链路级联,交换机 S1 通过 Trunk 链路与路由器相连,通过单臂路由实现跨 VLAN 的通信。

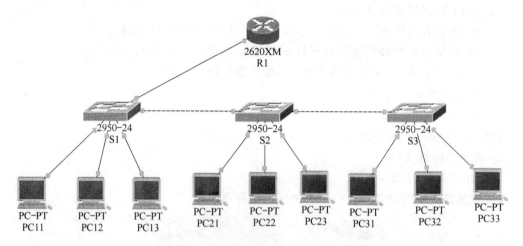

图 2.13　单臂路由实现 VLAN 间通信

（1）二层交换机的配置

与路由器相连接的二层交换机的端口必须设置为 Trunk 端口。

S1(Config)#int f0/5

S1(Config-if)#switchport mode trunk

另外,需在 S1、S2、S3 三个交换机上配置 VLAN10、VLAN20、VLAN30。要求,PC11、PC21、PC31 属于 VLAN10,PC12、PC22、PC32 属于 VLAN20,PC13、PC23、PC33 属于 VLAN30,具体配置可参考 2.2.4 节 VLAN 运行配置仿真。

（2）终端 PC 的配置

每一台终端 PC 都要将网关设置为:属于本 VLAN 的路由器子接口的 IP 地址。

（3）路由器配置

R1(config)#intf0/0

R1(config-if)#no shutdown

激活端口,使所有逻辑子端口成为 UP 状态。

① 创建第一个子端口:对应 VLAN10

R1(config)#intf0/0.1　　//建立子接口

配置子接口,这是配置单臂路由的关键,这个接口是个逻辑接口,并不是实际存在的物理接口,但是功能却和物理接口是一样的。

R1(config-subif)♯encapsulation dot1Q 10//封装所属的 VLAN

为这个接口配置 802.1q 协议,最后面的 10 是 VLAN 号,这也是关键部分(这里要先封装协议,再配置 IP 地址)。

R1(config-subif)♯ip address 192.168.10.100 255.255.255.0//配置所属 VLAN 的 IP 地址

为该接口划分 IP 地址和子网掩码。

② 创建第二个子端口:对应 VLAN20

R1(config)♯int f0/0.2

R1(config-subif)♯encapsulation dot1Q 20

R1(config-subif)♯ip address 192.168.20.100 255.255.255.0

③ 创建第三个子端口:对应 VLAN30

R1(config)♯intf0/0.3

R1(config-subif)♯encapsulation dot1Q 30

R1(config-subif)♯ip address 192.168.30.100 255.255.255.0

(4) PC 机 IP 地址配置

注意各 PC 机 IP 地址及默认网关必须配置正确,网关必须是所在 VLAN 的 IP 地址。

做完上述配置后,通过 PC 间的 ping 命令验证配置结果的正确性,所有 PC 间都应该是互通的。

2. 三层交换机实现 VLAN 间通信

三层交换机实现 VLAN 间通信网络拓扑如图 2.14 所示。图中,S1、S2、S3 为二层交换机,设置了 VLAN10、VLAN20、VLAN30 三个 VLAN。S2 通过 Trunk 链路与三层交换机相连。

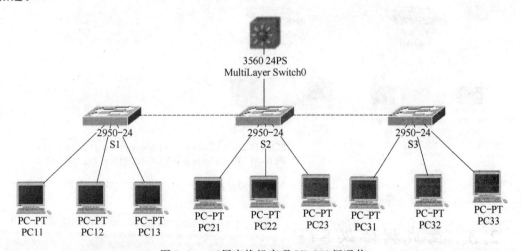

图 2.14　三层交换机实现 VLAN 间通信

在 3 个二层交换机已划分好 VLAN10、VLAN20、VLAN30 的基础上,进行下述配置。

(1) 三层交换机的配置

① 创建相应的 VLAN

Switch(Config)♯vlan 10

```
Switch(Config)♯vlan 20
Switch(Config)♯vlan 30
```

② 创建 VLAN 接口并设置 IP 地址

```
Switch(Config)♯interface vlan 10
Switch(Config-If)♯ip address 192.168.10.100 255.255.255.0
Switch(Config)♯interface vlan 20
Switch(Config-If)♯ip address 192.168.20.100 255.255.255.0
Switch(Config)♯interfacevlan 30
Switch(Config-If)♯ip address 192.168.30.100 255.255.255.0
```

③ 设置 Trunk 端口

与二层交换机相连接的三层交换机的端口必须设置为 Trunk 端口。

```
Switch(Config)♯Int f0/1
Switch(Config-if)♯Switchport mode trunk
```

（2）二层交换机的配置

与三层交换机连接的二层交换机的端口也必须设置为 Trunk 端口。

```
Switch(Config)♯Int f0/5
Switch(Config-if)♯Switchport mode trunk
```

（3）终端 PC 的配置

每一台终端 PC 都要将网关设置为：属于本 VLAN 的三层交换机 VLAN 接口的 IP 地址。

【配置练习 2.2】分别用路由器和三层交换机完成图 2.15 中 VLAN 间的通信。

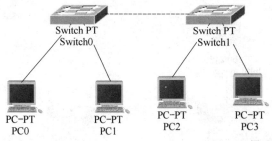

PC0、PC2属于VLAN 10；VLAN 10地址：192.168.1.0/24
PC1、PC3属于VLAN 20；VLAN 20地址：192.168.2.0/24

图 2.15　VLAN 间路由练习

2.3　生成树协议 STP

为了提高系统的可靠性，在交换机间往往会连接备份链路。如图 2.16 所示，SW1 和 SW2 之间有两条线路相连，它们之间任何一条链路出现故障另外一条线路可以马上顶替出现故障的那条链路，这样可以很好地解决单链路故障引起的网络中断，但是也会形成环路，带来以下的问题。

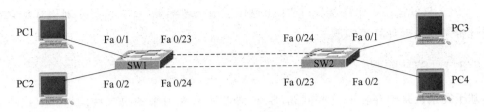

图 2.16　生成树协议 STP

（1）广播风暴

以太网交换机传送的第二层数据帧不像路由器传送的第三层数据包有 TTL（Time to Live），如果有环路存在第二层帧不能被适当地终止，他们将在交换机之间永无止境地传递下去。结合交换机的工作原理，来看一下图 2.16 中广播风暴是如何形成的。

① PC1 发出一个广播帧（可能是一个 ARP 查询），SW1 收到这个广播帧，SW1 将这个广播帧从除接收端口的其他端口转发出去（即发往 Fa0/2、Fa0/23、Fa0/24）。

② SW2 从自己的 Fa0/23 和 Fa0/24 都会收到 SW1 发过来的相同的广播帧，SW2 再将这个广播帧从除接收端口外的所有其他接口发送出去（SW2 将从 Fa0/23 接收的广播帧发往其他三个端口 Fa0/24、Fa0/1、Fa0/2，从 Fa0/24 接收到的也会发往其他三个端口 Fa0/23、Fa0/1、Fa0/2）。

③ 这样这个广播帧又从 Fa0/23 以及 Fa0/24 传回了 SW1，SW1 再用相同的方法传回 SW2，除非物理线路被破坏，否则 PC1～4 将不停地接收到广播帧，最终造成网络的拥塞甚至瘫痪。

（2）MAC 地址表不稳定

广播风暴除了会产生大量的流量外，还会造成 MAC 地址表的不稳定。

① PC1 发出的广播帧到达 SW1，SW1 将根据源 MAC 进行学习，SW1 将 PC1 的 MAC 和对应端口 Fa0/1 写入 MAC 缓存表中。

② SW1 将这个广播帧从除接收端口之外的其他端口转发出去，SW2 接收到两个来自 SW1 的广播（从 Fa0/23 和 Fa0/24），假设 Fa0/23 首先收到这个广播帧，SW2 根据源 MAC 进行学习，将 PC1 的 MAC 和接收端口 Fa0/23 存入自己的 MAC 缓存表，但是这时候又从 Fa0/24 收到了这个广播帧，SW1 将 PC1 的 MAC 和对应的 Fa0/24 接口存入自己的 MAC 缓存表。

③ SW2 分别从自己的这两个接口再将这个广播帧发回给 SW1，这样 PC1 的 MAC 地址会不停地在两台交换机的 Fa0/23 和 Fa0/24 之间变动，MAC 地址缓存表也不断地被刷新，影响交换机的性能。

（3）重复帧复制

冗余拓扑除了会带来广播风暴以及 MAC 地址的不稳定，还会造成重复的帧复制。

① 假设 PC1 发送一个单播帧给 PC3，这个单播帧到达 SW1，假设 SW1 上还没有 PC3 的 MAC 地址，根据交换机的原理，对未知单播帧进行泛洪转发，即发往除接收端口外的所有其他端口（Fa0/2、Fa0/23、Fa0/24）。

② SW2 分从自己的 Fa0/23 和 Fa0/24 接收到这个单播帧，SW3 知道 PC3 连接在自己的 Fa0/1 接口上，所以 SW1 将这两个单播帧都转发给 PC3。

③ PC1 只发送了一个单播帧,PC3 却收到了两个单播帧,这会给某些网络环境比如流量统计带来不精确计算等问题。

2.3.1　STP 原理

基于冗余链路中存在的这些问题,STP 被设计出来用来解决这些问题。生成树协议 STP 是一个用于在局域网中消除环路的协议。运行该协议的交换机通过彼此交互信息而发现网络中的环路,并适当对某些端口进行阻塞以消除环路。由于局域网规模的不断增长,STP 已经成为当前最重要的局域网协议之一。

STP 并非思科私有协议,STP 为 IEEE 标准协议,并且有多个协议版本,版本与协议号的对应关系如下:

Common Spanning Tree (CST) = IEEE 802.1d

Rapid Spanning Tree Protocol (RSTP) = IEEE 802.1w

Per-VLAN Spanning-Tree plus (PVST +) = Per-VLAN EEE 802.1d

Rapid PVST + = Per-VLAN IEEE 802.1w

Multiple Spanning Tree Protocol (MSTP) = IEEE 802.1s

STP 通过拥塞冗余路径上的一些端口,确保到达任何目标地址只有一条逻辑路径,STP 借用交换桥接数据单元(Bridge Protocol Data Unit,BPDU)来阻止环路,BPDU 中包含桥 ID(Bridge ID,BID)用来识别是哪台计算机发出的 BPDU。在 STP 运行的情况下,虽然逻辑上没有了环路,但是物理线上还是存在环路的,只是物理线路的一些端口被禁用以阻止环路的发生,如果正在使用的链路出现故障,STP 重新计算,部分被禁用的端口重新启用来提供冗余。

STP 使用生成树算法(Spanning Tree Algorithm,STA)来决定交换机上的哪些端口被堵塞用来阻止环路的发生,STA 选择一台交换机作为根交换机,称作根桥(Root Bridge),以该交换机作为参考点计算所有路径。

STP 将一个环形网络生成无环拓扑的步骤如下。

① 选择根交换机(Root Bridge)

选择根交换机的依据是网桥 BID(Bridge ID)。网桥 ID 是唯一的,交换机之间选择 BID 值最小的交换机作为网络中的根网桥。

图 2.17 中,在同一个三层网络中需要选举,即一个广播域内要选举,并且一个网络中只能选举一台根交换机。Birdge ID 中优先级最高(即数字最小)的为根交换机,优先级范围为 0~65535,如果优先级相同,则 MAC 地址越小的为根交换机。

首先要知道什么是 BID,因为根交换机的选举是基于 BID 的。BID 由三部分组成:优先级、发送交换机的 MAC 地址、扩展系统 ID(Extended System ID,可选项),如图 2.18 所示。

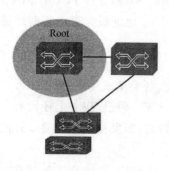

图 2.17　根交换机的选取

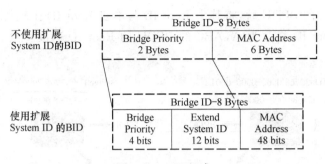

图 2.18　BID 组成

　　BID 一共 8 个字节,其中优先级 2 个字节,MAC 地址 6 个字节。在不使用 Extended System ID 的情况下,BID 由优先级域和交换机的 MAC 地址组成,针对每个 VLAN,交换机的 MAC 地址都不一样,交换机的优先级可以是 0～65535。在使用 Extended System ID 的情况下每个 VLAN 的 MAC 地址可以相同。值得一提的是,现在的交换机普遍使用 Extended System ID。拥有最小 BID 的交换机被选举成为根交换机。

　　在同一个广播域中的所有交换机都参与选举根交换机,当一台交换机启动时,它假设自己是根交换机,并默认每隔 2 s 发送一次"次优 BPDU"帧,BPDU 帧中的 Root ID(根交换机的 BID)和本机的 BID 相同。在一个广播域中的交换机互相转发 BPDU 帧,并且从接收到的 BPDU 中读取 Root ID,如果读取到的 Root ID 比本交换机的 BID 小,交换机更新 Root ID 为这个较小的 Root ID,然后继续转发修改后的 BPDU;如果接收的 BPDU 中的 Root ID 比本交换机的 BID 大,那么继续将自己的 BID 作为 Root ID 向外发送 BPDU,直到最后在同一个生成树实例中拥有一致的 Root ID,这个 Root ID 对应了这个广播域中某台交换机的 BID(并且这个 BID 一定是这个广播域最小的),这台交换机就被选作根交换机。

　　根交换机的选取过程如图 2.19、图 2.20 所示。

　　启动时,所有交换机假定自己就是根交换机,发出的 BPDU 中 Root ID＝Bridge ID,如图 2.19 所示。

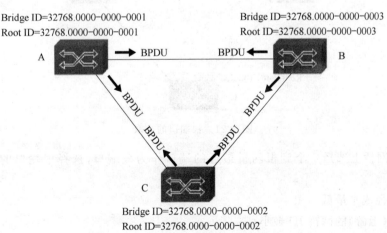

图 2.19　每个交换机都假定自己是根交换机

B 和 C 收到 A 的 BPDU 后,将其中 Root ID 与本机 Root ID 比较,由于 A 的值最小,所以 B 和 C 将 Root ID 修改为 A,ABC 的 BPDU 的 Root ID 达成一致,A 成为唯一根交换机。

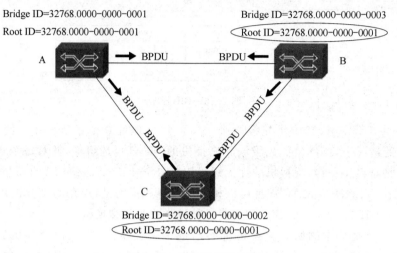

图 2.20　根交换机的选取

② 选择根端口(Root Ports)

所有非根交换机都要选举,非根交换机上选举的根端口就是普通交换机去往根交换机的唯一链路,选举规则为到根交换机的 Path Cost 值最小的链路,如果多条链路到达根交换机的 Path Cost 值相同,则选举上一跳交换机 Bridge ID 最小的链路,如果是经过的同一台交换机,则上一跳交换机 Bridge ID 也是相同的,再选举对端端口优先级最小的链路,如果到达对端的多个端口优先级相同,最后选举交换机对端端口号码最小的链路。根端口的选取如图 2.21 所示。

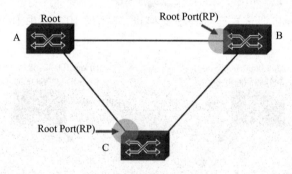

图 2.21　根端口的选取

在非根网桥上选择一个到根网桥最近的端口作为根端口,选择根端口的依据有以下几个:

- 根路径成本最低;
- 直连(上游)的网桥 ID 最小;
- 端口(上游)ID 最小。

根交换机 A 发送 Root Path Cost＝0 的 BPDU,B 从 Port1 收到后将 Port1 端口的路径

耗费值与收到的 BPDU 的 Root Path Cost 相加,得到的值作为 B 发给其他端口 BPDU 的 Root Path Cost 值,如图 2.22 所示。

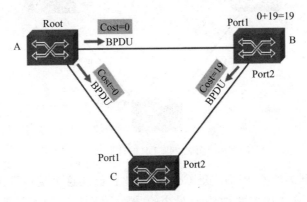

图 2.22　Root path cost 值的计算

C 交换机两个端口 Port1 和 Port2 都收到了 BPDU,各自端口耗费＋各自收到 BPDU 的 Cost,哪个端口算出来的值小哪个就是 RP。若相同则比较端口优先级,小的是 RP;还相同则比较端口号,小的是 RP,如图 2.23 所示。

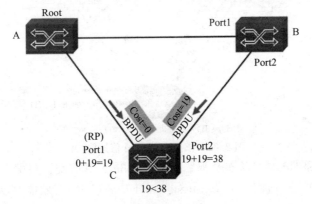

图 2.23　RP 的选取

③ 选择指定端口(Designated Ports)

在每个二层网段都要选举,也就是在每个冲突域需要选举,简单地理解为每条连接交换机的物理线路的两个端口中,有一个要被选举为指定端口,每个网段选举指定端口后,就能保证每个网段都有链路能够到达根交换机,选举规则和选举根端口一样,即:到根交换机的 Path Cost 值最小的链路,如果多条链路到达根交换机的 Path Cost 值相同,则选举上一跳交换机 Bridge ID 最小的链路,如果是经过的同一台交换机,则上一跳交换机 Bridge ID 也是相同的,再选举对端端口优先级最小的链路,如果到达对端的多个端口优先级相同,最后选举交换机对端端口号码最小的链路。

在 STP 选出根交换机,根端口以及指定端口后,其他所有端口全部被 Block,为了防止环路,所以 Block 端口只有在根端口或指定端口失效的时候才有可能被启用。

选择指定端口(Designated Port),所有物理网段都会选出到根交换机最近的端口为指定端口。三个网段将会选出三个 DP。

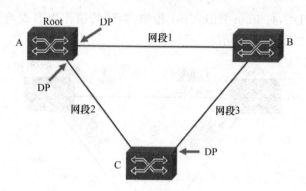

图 2.24　DP 的选取

若从某端口收到的所有 BPDU 里 Cost 值都比自己从这个端口发出的 BPDU Cost 值大,即本端口是这个网段 BPDU 里 Cost 最小的,那么本端口就是该网段的 DP;若最小值有两个以上,则比较 Bridge ID,较小者成为该网段的 DP。

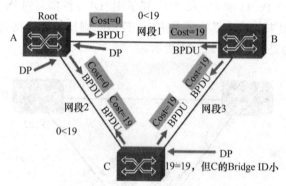

Bridge ID＝32768.0000－0000－0002

图 2.25　依据端口 Cost 值选取 DP

所有 RP 端口和 DP 端口状态全都置为 forwarding,具有交换机端口的所有功能。既不是 RP 也不是 DP 的端口被称为 Non-designated Port(NDP),状态置为 blocking,只能收发 BPDU。

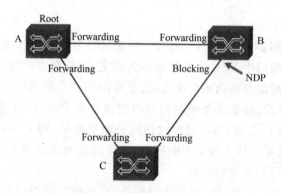

图 2.26　最终生成 STP 树

至此,生成树就确定下来了。

STP 算法的端口状态及功能如表 2.4 所示。

表 2.4　STP 算法端口状态及功能

端口状态	功能
Disabled	该端口不能运行,因为设备故障或者网络管理员的操作而导致。所有没有插线的端口,均为 Disabled,选为禁用的端口,其状态也为 Disabled
Blocking	端口只能发送和接收 BPDU
Listening	设置了一个定时器而且端口正在静静地等待一段时间 Forward Delay,以使其他交换机能够发现新的拓扑结构,端口继续接收和发送 BPDU
Learning	Listening 时间过后,定时器被重新设置为 Forward Delay,端口开始学习 MAC 地址信息,并将其添加到过滤数据库中,端口继续发送和接收 BPDU
Forwarding	端口已准备好接收和转发帧,端口继续学习添加到过滤数据库中的 MAC 地址信息,并且能够发送和接收 BPDU

STP 算法过程的定时器,在根交换机中配置的下列三个参数将决定所有非根交换机的对应参数,如表 2.5 所示。

表 2.5　STP 算法中的定时器

定时器	主要目的	默认值
Hello Time	根交换机发送配置 BPDU 之间的时间间隔	2 s
Forward Delay	侦听和学习状态的持续时间	15 s
Max Age	BPDU 经过的最大跳数	20

2.3.2　STP 配置

当交换机之间有多个 VLAN 时 Trunk 线路负载会过重,这时需要设置多个 Trunk 端口,但这样会形成网络环路,生成树协议 STP 可以解决这个问题。

STP 配置网络拓扑如图 2.27 所示。

1. SwitchA 配置如下

```
SwitchA # vlan database
SwitchA(vlan) # vtp domain tzt
SwitchA(vlan) # vtp server
SwitchA(vlan) # vlan 2 name VLAN2
SwitchA(vlan) # vlan 3 name VLAN3
SwitchA(vlan) # vlan 4 name VLAN4
SwitchA(vlan) # exit
SwitchA # configure terminal
SwitchA(config) # interface f0/1
                //配置 SwitchA 的 F0/1 端口为 Trunk 模式,允许所有 VLAN 通过
SwitchA(config-if) # switchport mode trunk
SwitchA(config-if) # switchport trunk allowed vlan all
```

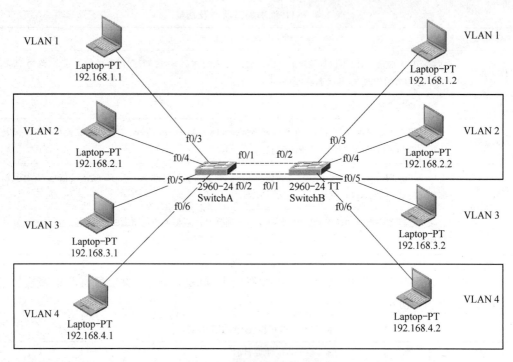

图 2.27 STP 配置网络拓扑图

```
SwitchA(config-if)#exit
SwitchA(config)#interface f0/2
                //配置 SwitchA 的 F0/2 端口为 Trunk 模式,允许所有 VLAN 通过
SwitchA(config-if)#switchport mode trunk
SwitchA(config-if)#switchport trunk allowed vlan all
SwitchA(config-if)#end
SwitchA#configure terminal    //将模型图中 SwitchA 对应端口划分到各 VLAN 中
SwitchA(config)#interface f0/4
SwitchA(config-if)#switchport mode access
SwitchA(config-if)#switchport access vlan 2
SwitchA(config-if)#exit
SwitchA(config)#interface f0/5
SwitchA(config-if)#switchport mode access
SwitchA(config-if)#switchport access vlan 3
SwitchA(config-if)#exit
SwitchA(config)#interface f0/6
SwitchA(config-if)#switchport mode access
SwitchA(config-if)#switchport access vlan 4
SwitchA(config-if)#exit
SwitchA(config-if)#end
SwitchA#write
```

```
SwitchA#show vlan //查看 VLAN 信息
VLAN Name              Status    Ports
---- --------------    ------    --------------------------------
1    default           active    Fa0/3, Fa0/8, Fa0/9, Fa0/10
                                 Fa0/11, Fa0/12, Fa0/13, Fa0/14
                                 Fa0/15, Fa0/16, Fa0/17, Fa0/18
                                 Fa0/19, Fa0/20, Fa0/21, Fa0/22
                                 Fa0/23, Fa0/24, Gig1/1, Gig1/2
2    VLAN2             active    Fa0/4
3    VLAN3             active    Fa0/5
4    VLAN4             active    Fa0/6
5    VLAN5             active    Fa0/7
```

在交换机 SwitchA 设置各 VLAN 在 Trunk 端口的 STP 值。

```
SwitchA(config)#interface f0/1
SwitchA(config-if)#spanning-tree vlan 1 port-priority 16
SwitchA(config-if)#spanning-tree vlan 2 port-priority 16
SwitchA(config-if)#exit
SwitchA(config)#interface f0/2
SwitchA(config-if)#spanning-tree vlan 3 port-priority 16
SwitchA(config-if)#spanning-tree vlan 4 port-priority 16
SwitchA(config-if)#end
SwitchA#copy running-config startup-config
```

2. SwitchB 配置如下

在交换机 SwitchB 上配置 VTP Client 学习 VLAN 信息并配置 VLAN Trunk。

```
SwitchB#vlan database
SwitchB(vlan)#vtp domain tzt
SwitchB(vlan)#vtp client
SwitchB(vlan)#exit
SwitchB#configure terminal
SwitchB(config)#interface f0/1
SwitchB(config-if)#switchport mode trunk
SwitchB(config-if)#switchport trunk allowed vlan all
SwitchB(config-if)#exit
SwitchB(config)#interface f0/2
SwitchB(config-if)#switchport mode trunk
SwitchB(config-if)#switchport trunk allowed vlan all
SwitchB(config-if)#exit
SwitchB#write
```

在交换机 SwitchB 把端口归属各相应的 VLAN。

```
SwitchB#configure terminal
SwitchB(config)#interface f0/4
SwitchB(config-if)#switchport mode access
SwitchB(config-if)#switchport access vlan 2
SwitchB(config-if)#exit
SwitchB(config)#interface f0/5
SwitchB(config-if)#switchport mode access
SwitchB(config-if)#switchport access vlan 3
SwitchB(config-if)#exit
SwitchB(config)#interface f0/6
SwitchB(config-if)#switchport mode access
SwitchB(config-if)#switchport access vlan 4
SwitchB(config-if)#end
SwitchB#write
SwitchB#show vlan
```

VLAN	Name	Status	Ports
1	default	active	Fa0/3, Fa0/7.Fa0/8, Fa0/9, Fa0/10
			Fa0/11, Fa0/12, Fa0/13, Fa0/14
			Fa0/15, Fa0/16, Fa0/17, Fa0/18
			Fa0/19, Fa0/20, Fa0/21, Fa0/22
			Fa0/23, Fa0/24, Gig1/1, Gig1/2
2	VLAN2	active	Fa0/4
3	VLAN3	active	Fa0/5
4	VLAN4	active	Fa0/6

在交换机 SwitchC 设置各 VLAN 在 Trunk 端口的 STP 值。

```
SwitchB(config)#interface f0/1
SwitchB(config-if)#spanning-tree vlan 1 port-priority 16
SwitchB(config-if)#spanning-tree vlan 2 port-priority 16
SwitchB(config-if)#exit
SwitchB(config)#interface f0/2
SwitchB(config-if)#spanning-tree vlan 3 port-priority 16
SwitchB(config-if)#spanning-tree vlan 4 port-priority 16
SwitchB(config-if)#end
SwitchB#copy running-config startup-config
```

查看配置情况：

```
SwitchA#show interfaces trunk
```

Port	Mode	Encapsulation	Status	Native vlan
Fa0/1	on	802.1q	trunking	1

Fa0/2	on	802.1q	trunking	1

Port	Vlans allowed on trunk
Fa0/1	1-1005
Fa0/2	1-1005

Port	Vlans allowed and active in management domain
Fa0/1	1,2,3,4,
Fa0/2	1,2,3,4,

Port	Vlans in spanning tree forwarding state and not pruned
Fa0/1	1,2
Fa0/2	3,4,

3. STP 配置练习

请完成图 2.28 的配置。

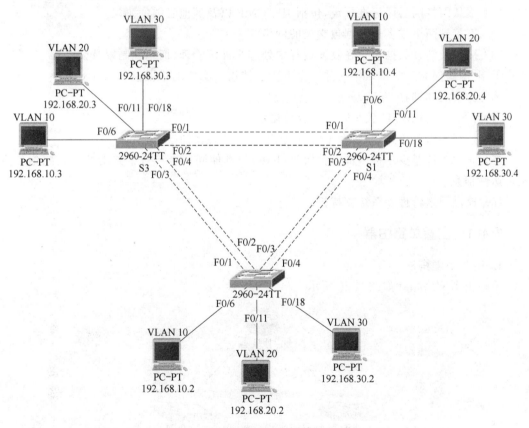

图 2.28　STP 配置练习

2.4　基本路由器配置

　　路由器是互联网的主要节点设备,通过路由决定数据的转发。转发策略称为路由选择 (routing),这也是路由器名称的由来(router,转发者)。作为不同网络之间互相连接的枢纽,路由器系统构成了基于 TCP/IP 的国际互联网络 Internet 的主体脉络。路由器是有源的智能网络节点,能够参与网络管理。路由器通常动态维护路由表来反映当前的网络拓扑。路由器通过与网络上其他路由器交换路由和链路信息来维护路由表,路由器是连接 IP 网的核心设备。

路由器是工作在 OSI 参考模型第 3 层的数据包转发设备。路由器通过转发数据包来实现网络互连。虽然路由器可以支持多种协议(例如 TCP/IP、IPX/SPX、AppleTalk 等协议),但是在我国绝大多数路由器运行 TCP/IP 协议。

路由器通常连接两个或多个 IP 子网的逻辑端口,至少拥有一个物理端口。路由器根据收到的数据包中的网络层地址以及路由器内部维护的路由表决定输出端口以及下一跳地址,并且重写链路层数据包头实现数据包的转发。

路由器是 IP 网上最核心的设备,通过一条条光纤电缆将全世界连接在一起,因此路由器在网上处于至关重要的位置。通常路由器的主要功能可以概括如下:

(1) 服从因特网协议标准规定,包括 IP、ICMP 以及其他必需的协议。

(2) 连接到两个或多个数据包交换的网络。

(3) 接收及转发数据包。在收发过程中处理缓冲区管理、拥塞控制以及公平性。

① 出现错误时应能辨认错误并产生 ICMP 错误及必要的错误消息。

② 丢弃存在时间(TTL)域为 0 的数据包。

③ 当下一网络 MTU 较小时将部分数据包分段。

(4) 按照路由表信息,为每个 IP 数据包选择下一跳目的地。

(5) 通常支持至少一种内部网关协议(IGP)与其他同一自治域中路由器交换路由信息及可达性信息。

(6) 提供网络管理和系统支持机制。

2.4.1 配置单路由器

1. 仿真环境搭建

单路由器网络拓扑如图 2.29 所示。

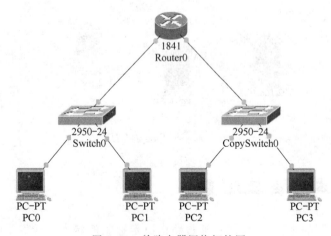

图 2.29 单路由器网络拓扑图

2. 网络设备配置

（1）配置计算机 IP 地址、网关

按照表 2.6 给计算机端口设备配 IP 地址、网关。

表 2.6　设备 IP 地址配置

PC 主机	端口	IP 地址	子网掩码	网关
PC0	网口	192.168.1.11	255.255.255.0	192.168.1.1
PC1	网口	192.168.1.12	255.255.255.0	192.168.1.1
PC2	网口	192.168.2.11	255.255.255.0	192.168.2.1
PC3	网口	192.168.2.12	255.255.255.0	192.168.2.1
Router0	F0/0	192.168.1.1	255.255.255.0	
Router0	F0/1	192.168.2.1	255.255.255.0	

（2）配置路由器端口 IP 地址

按照表 2.6 配置路由器端口 IP 地址。

Router(config)♯int f0/0

Router(config-if)♯ip add 192.168.1.1 255.255.255.0

Router(config)♯no shut

Router(config)♯int f0/1

Router(config-if)♯ip add 192.168.2.1 255.255.255.0

Router(config)♯no shut

3. 单路由器网络运行验证

（1）同 IP 网段连通性测试

使用 ping 指令测试同一个 IP 网段下各个端口的连通性。

① 192.168.1/24 网段测试

PC0 与 PC1 之间的连通性，结果可以 ping 通。

② 192.168.2/24 网段测试

PC2 与 PC3 之间的连通性，结果可以 ping 通。

结论：相同 IP 网段下计算机可以传递信息。

（2）不同 IP 网段连通性测试

使用 ping 指令测试不同 IP 网段下各个端口的连通性。

① 测试 PC0 与 PC2 之间的连通性，结果可以 ping 通。

② 测试 PC1 与 PC3，结果可以 ping 通。

结论：有路由器情况下，不同 IP 网段下计算机可以传递信息。

2.4.2　静态路由配置

静态路由是非自适应性路由计算协议，是由管理人员手动配置的，不能根据网络拓扑的变化而改变。因此，静态路由非常简单，适用于非常简单的网络。

1. 静态路由及配置

静态路由一般由管理员根据网络拓扑手工配置,特点包括以下几个方面。

(1) 网络简单,无开销;

(2) 拓扑发生变化,不能自动感知拓扑变化,需要管理员人工干预。

静态路由应用于小型网络,适用于拓扑结构简单的网络、环境稳定的网络。

静态路由配置命令:

router(config)♯ip route[网络号][子网掩码][下一跳路由器的 IP 地址/本地接口]

静态路由配置如图 2.30 所示,标出了路由器 A 的静态路由配置命令。

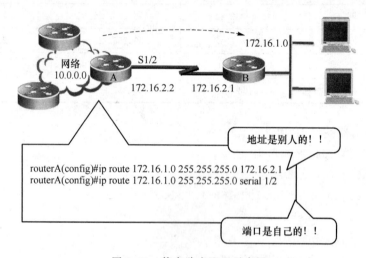

图 2.30　静态路由配置示意图

可见,静态路由描述转发路径的方式有两种:(1)指向下一跳路由器直连接口的 IP 地址(即将数据包交给 X.X.X.X);(2)指向本地接口(即从本地某接口发出)。

静态路由配置步骤:

(1) 为参与连接的路由器接口配置 IP 地址并激活;

(2) 确定本路由器有哪些直连网段的路由信息;

(3) 确定网络中有哪些属于本路由器的非直连网段;

(4) 添加本路由器的非直连网段相关的路由信息。

2. 默认路由及配置

当所有已知路由信息都查不到数据包如何转发时,按默认路由的信息进行转发。

使用默认路由后,Stub Network(末端网络)可以到达路由器以外的网络。在 Stub Router(连接 Stub Network 的路由器)上通常配置默认路由,这也是大多数企业在接入 Internet 时所采用的配置。

默认路由配置:

0.0.0.0/0 可以匹配所有的 IP 地址,属于最不精确的匹配。

配置默认路由:

router(config)♯ip route0.0.0.0 0.0.0.0[转发路由器的 IP 地址/本地接口]

默认路由配置如图 2.31 所示,标出了默认路由的配置命令。

查看路由表：

router♯Show ip route

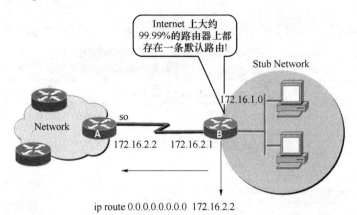

图 2.31　默认路由配置示意图

静态路由练习一

网络拓扑图由 3 台路由器、3 台交换机以及 6 台计算机组成，路由器之间通过串口线连接，路由器与交换机以及交换机与计算机之间通过直通线相连，如图 2.32 所示。

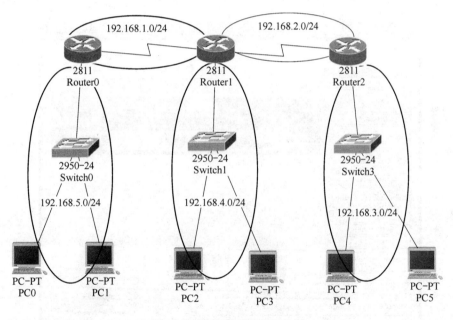

图 2.32　静态路由网络拓扑图

（1）添加路由器串口

双击 Router0 图标，打开 Router0 物理配置面板，如图 2.33 所示，关闭 Router0 电源（Router0 面板右下开关），选择模块组（modules）中 WIC 模块，拖动到 2811 路由器面板对应槽位，如图 2.34 所示。

同理添加路由器 Router1，Router2，并为路由器添加串口。

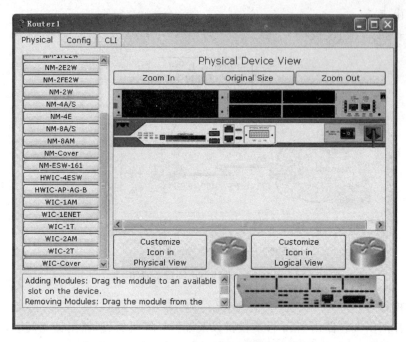

图 2.33 Router 物理界面

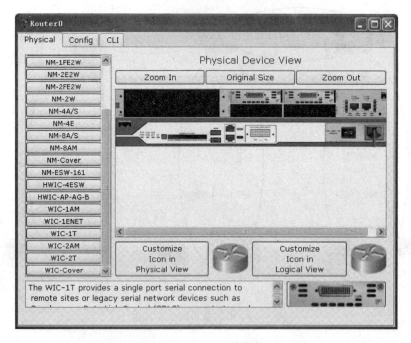

图 2.34 Router0 添加串口

（2）添加交换机和计算机。

（3）按照图 2.32 静态路由网络拓扑图,为设备连线。

2. 网络设备配置

（1）配置计算机网卡接口 IP 地址

PC0：网关：192.168.5.1；IP 地址：192.168.5.2；子网掩码：255.255.255.0

PC1：网关：192.168.5.1；IP 地址：192.168.5.3；子网掩码：255.255.255.0

PC2：网关：192.168.4.1；IP 地址：192.168.4.2；子网掩码：255.255.255.0

PC3：网关：192.168.4.1；IP 地址：192.168.4.3；子网掩码：255.255.255.0

PC4：网关：192.168.3.1；IP 地址：192.168.3.2；子网掩码：255.255.255.0

PC5：网关：192.168.3.1；IP 地址：192.168.3.3；子网掩码：255.255.255.0

（2）配置路由器

① 配置路由器 FastEthernet 接口 IP 地址。

Router(config)♯int f0/0

Router(config-if)♯ip add 192.168.5.1 255.255.255.0

Router(config)♯no shut

Router(config)♯int f0/1

Router(config-if)♯ip add 192.168.4.1 255.255.255.0

Router(config)♯no shut

Router(config)♯int f0/2

Router(config-if)♯ip add 192.168.3.1 255.255.255.0

Router(config)♯no shut

② 配置路由器 Serial 口 IP 地址。

Router(config)♯interface Serial0/3/0

Router(config-if)♯no shutdown

Router(config-if)♯clock rate 64000

Router(config-if)♯ip address 192.168.1.1 255.255.255.0

同理，设置 Router1 的 Serial0/2/0、Serial0/3/0 口 IP 地址、时钟速率。

同理，设置 Router2 的 Serial0/3/0 IP 地址、时钟速率。

（3）设置各路由器的静态路由

① 配置 Router0 路由器静态路由。

第一条 网络：192.168.4.0；掩码：255.255.255.0；下一跳：192.168.1.2

Router0(config)♯ip route 192.168.4.0 255.255.255.0 192.168.1.2

第二条 网络：192.168.3.0；掩码：255.255.255.0；下一跳：192.168.1.2

Router0(config)♯ip route 192.168.3.0 255.255.255.0 192.168.1.2

第三条 网络：192.168.2.0；掩码：255.255.255.0；下一跳：192.168.1.2

Router0(config)♯ip route 192.168.2.0 255.255.255.0 192.168.1.2

② 配置 Router1 路由器静态路由，同上。

第一条　网络：192.168.5.0；掩码：255.255.255.0；下一跳：192.168.1.1

Router1(config)♯ip route 192.168.5.0 255.255.255.0 192.168.1.1

第二条　网络：192.168.3.0；掩码：255.255.255.0；下一跳：192.168.2.2

Router1(config)♯ip route 192.168.3.0 255.255.255.0 192.168.2.2

③ 配置 Router2 路由器静态路由,同上。

第一条　网络:192.168.5.0;掩码:255.255.255.0;下一跳:192.168.2.1

　　Router2(config)♯ip route 192.168.5.0 255.255.255.0 192.168.2.1

第二条　网络:192.168.4.0;掩码:255.255.255.0;下一跳:192.168.2.1

　　Router2(config)♯ip route 192.168.4.0 255.255.255.0 192.168.2.1

第三条　网络:192.168.1.0;掩码:255.255.255.0;下一跳:192.168.2.1

　　Router2(config)♯ip route 192.168.1.0 255.255.255.0 192.168.2.1

3. 验证网络运行情况

(1) 网络设备连通性测试

① 计算机

PC0 ping Router0 F0/0 端口、Router0 S0/3/0 端口、PC3、PC5。

PC2 ping PC0,PC5;PC4 ping PC0,PC3。

② 路由器

Router0(config)♯ping 192.168.3.3

Router0(config)♯ping 192.168.2.2

(2) 查看路由

查看 PC0 和 PC5 之间的路由。

PC0 tracert 192.168.3.3,如图 2.35 所示。

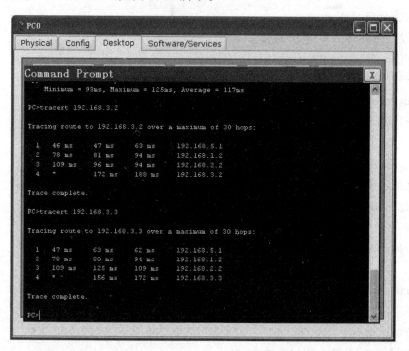

图 2.35　查看 PC0 与 PC5 之间的路由

(3) 查看路由器工作状态

Router♯show ip route

静态路由练习二

分别用静态路由和静态路由＋默认路由两种方法配置如图 2.36 所示网络。

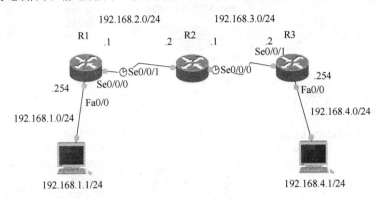

图 2.36 静态路由配置示例

方法 1：采用静态路由配置

R1(config)＃ip route 192.168.3.0 255.255.255.0 192.168.2.2

R1(config)＃ip route 192.168.4.0 255.255.255.0 192.168.2.2

R3(config)＃ip route 192.168.2.0 255.255.255.0 192.168.3.1

R3(config)＃ip route 192.168.1.0 255.255.255.0 192.168.3.1

R2(config)＃ip route 192.168.1.0 255.255.255.0 192.168.2.1

R2(config)＃ip route 192.168.4.0 255.255.255.0 192.168.3.2

或

R1(config)＃ip route 192.168.3.0 255.255.255.0 s0/0/0

R1(config)＃ip route 192.168.4.0 255.255.255.0 s0/0/0

R3(config)＃ip route 192.168.2.0 255.255.255.0 s0/0/1

R3(config)＃ip route 192.168.1.0 255.255.255.0 s0/0/1

R2(config)＃ip route 192.168.1.0 255.255.255.0 s0/0/1

R2(config)＃ip route 192.168.4.0 255.255.255.0 s0/0/0

方法 2：采用静态路由＋默认路由配置

R1(config)＃ ip route0.0.0.0 0.0.0.0 192.168.2.2

R3(config)＃ ip route0.0.0.0 0.0.0.0 192.168.3.1

R2(config)＃ip route 192.168.1.0 255.255.255.0 192.168.2.1

R2(config)＃ip route 192.168.4.0 255.255.255.0 192.168.3.2

或

R1(config)＃ ip route0.0.0.0 0.0.0.0 s0/0/0

R3(config)＃ ip route0.0.0.0 0.0.0.0 s0/0/1

R2(config)＃ip route 192.168.1.0 255.255.255.0 s0/0/1

R2(config)＃ip route 192.168.4.0 255.255.255.0 s0/0/0

【配置练习 2.3】分别用静态路由和静态路由＋默认路由两种方法配置如图 2.37 所示网络。

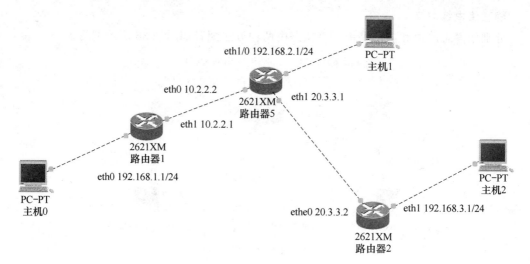

图 2.37　静态路由练习一

【配置练习 2.4】分别用静态路由和静态路由＋默认路由两种方法配置如图 2.38 所示网络。

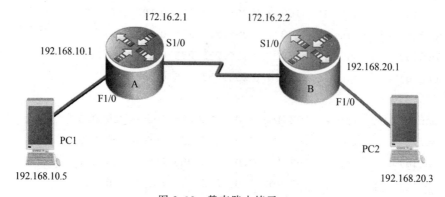

图 2.38　静态路由练习二

2.5　动态路由配置运行维护

IP 网的路由选择协议包括内部网关协议 IGP(Interior Gateway Protocol)和外部网关协议 EGP(External Gateway Protocol)。

内部网关协议 IGP：在一个自治系统内部使用的路由选择协议。目前这类路由选择协议使用得最多，如 RIP 和 OSPF 协议。

外部网关协议 EGP：若源站和目的站处在不同的自治系统中，当数据报传到一个自治系统的边界时，就需要使用一种协议将路由选择信息传递到另一个自治系统中，这样的协议就是外部网关协议 EGP。在外部网关协议中目前使用最多的是 BGP-4。

本书主要介绍内部网关协议 RIP 和 OSPF。

2.5.1　配置动态路由 RIP

动态路由协议采用自适应路由算法，能够根据网络拓扑的变化而重新计算最佳路由。由于路由的复杂性，路由算法也是分层次的，通常把路由协议（算法）划分为自治系统 AS 内的 IGP 与自治系统之间的 BGP 路由协议。

1. RIP 含义

路由选择信息协议（Routing Information Protocol，RIP）是一个纯距离矢量（distance vector）算法协议，属于 IGP，以跳数作为计算标准，被广泛用于当前的互联网络环境中。

RIP 用于中小型网络。RIP Version 1 是有类路由协议，通过广播更新路由消息；RIP Version2 支持无类路由协议，支持 VLSM，通过组播更新路由消息。

- RIPv1：有类距离矢量路由协议
- 不支持非连续子网；
- 不支持 VLSM；
- 路由更新不发送子网掩码；
- 路由更新采用广播。
- RIPv2：无类距离矢量路由协议（带增加功能）
- 更新中包含下一跳地址；
- 使用组播地址发送更新；
- 可选择使用检验功能。

RIP 协议作为第一个内部网关协议，具有如下特征：

（1）是一个距离矢量算法协议。

（2）以跳数作为衡量到目标距离的度量值。数据包到达目的地址必须通过的路由数称为跳数。跳数越少，该路由越好。该路由经常被用作描述到达目的地址的跳数，其工作原则是：

① 最大跳数为 15；

② 路由更新信息默认为每 30 s 更新一次；

③ 最大能在 6 条相同开销（Cost）的路径上进行负载均衡（默认为 4）；

④ 要求所管辖内部网络使用统一的固定长度网络掩码。

每个路由每隔 30 s 更新一次路由信息，如果在 180 s 内未收到从目的路由器的响应包，他将认为该路由不可达。若在 240 s 内仍没有响应包，此路由器将会把有关该路径及该路由器的相关信息从路由表中删除。

2. RIP 配置

（1）启动 RIP 进程

Router(config)♯router rip

（2）定义关联网络

Router(config-router)♯network 网络号

网络号指的是本路由器接口 IP 所在的网络，RIP 对外通告本路由器关联网络和通过 RIP 从邻居学习的网络，RIP 只向关联网络所属接口通告和接收路由信息。

（3）RIP 配置实例

RIP 配置过程如图 2.39 所示。

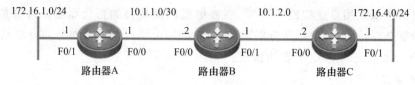

图 2.39 RIP 配置实例

路由器 A 配置命令：

RouterA(config)♯router rip

RouterA(config-router)♯version 2

RouterA(config-router)♯network 172.16.0.0

RouterA(config-router)♯network10.0.0.0

路由器 B、C 配置与 A 类似。

3. RIP 配置实例

图 2.40 中由四台路由器和三台 PC 机组成的一个小型局域网，其中 PCB 连接到路由器 RB 上，PC 连接到路由器 RD 上，PCD 到路由器 RC 上，路由器 RB、RD、RC 通过路由器 RA 连通。

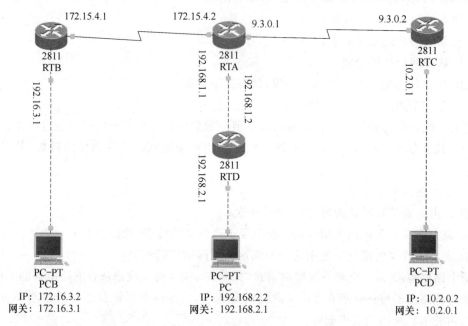

图 2.40 RIP 网络拓扑结构

① 配置路由器 RTB 路由

RTB(config)♯router rip

RTB(config)♯network 172.16.0.0

RTB(config)♯network 172.15.0.0

② 配置路由器 RTA 路由

RTA(config)♯router rip

RTA(config)#network 172.15.0.0

RTA(config)#network 9.0.0.0

RTA(config)#network 192.168.1.0

③ 配置路由器 RTC 路由

RTC(config)#router rip

RTC(config)#network 9.0.0.0

RTC(config)#network 10.0.0.0

④ 配置路由器 RTD 路由

RTD(config)#router rip

RTD(config)#network 192.168.1.0

RTD(config)#network 192.168.2.0

各路由器添加路由情况如图 2.41 所示。

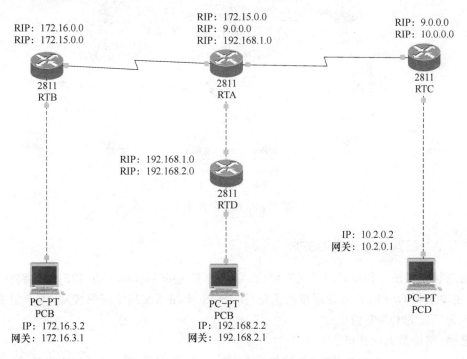

图 2.41　RIP 网络设置图

验证网络运行情况

(1) 网络设备连通性测试

① 计算机

PC0 ping Router0 F0/0 端口、Router0 S0/3/0 端口、PC1、PC2。

② 路由器

Router0 ping 通测试,Router0 ping 通测试。

(2) 查看路由

查看 PC0 和 PC2 之间的路由,使用 tracert 命令。

（3）查看路由器工作状态

查看路由器工作状态，双击路由器 Router0 图标，出现 Router0 对话框，选择 CLI 选项，进入 ios 命令行窗口。

验证 RIP 的配置

Router♯ show ip rip

显示路由表的信息

Router♯ show ip route

显示 RIP 的工作过程

Router♯ debug ip rip

【配置练习 2.5】配置图 2.42 所示 RIP 路由。对于划分子网的网络，需配置 RIP version 2。

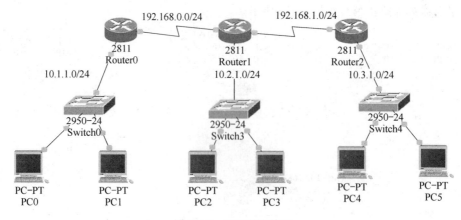

图 2.42　RIP 配置练习

2.5.2　配置动态路由 OSPF

链路状态算法又称最短路径优先协议，它基于 Edsger Dijkstra 的 SPF（最短路径优先）算法，主要包括 OSPF（开放最短路径优先）和 IS-IS（中间系统到中间系统）。本节主要介绍应用较为广泛的 OSPF 协议。

链路：路由器上的接口。

链路状态：有关接口的信息，具体包括 IP 地址、子网掩码、网络类型、链路开销、相邻路由器。

链路状态协议原理如下：

（1）路由器找到自己邻居；

（2）每个路由器向邻居发送数据包（Link State Advertisement，LSA），包含了自己的路径成本；

（3）LSA 扩散，每个路由器都得到相同拓扑结构的数据库；

（4）由 SPF 算法计算网络可达性，建立 SPF 树，以自己为树根；

（5）创建路由表，列出最优路径列表，维护其他拓扑结构和状态细节数据库。

1. 链路状态路由过程

链路状态路由计算过程如图 2.43 所示,具体过程如下:

(1) 每台路由器了解与其直连的网络;

(2) 每台路由器负责"问候"直连网络中的相邻路由器;

(3) 每台路由器创建一个链路状态数据包(LSP),其中包含与该路由器直连的每条链路的状态;

(4) 每台路由器将 LSP 泛洪到所有邻居,然后邻居将收到的所有 LSP 存储到数据库中;

(5) 每台路由器使用数据库构建一个完整的拓扑图并计算通向每个目的网络的最佳路径。

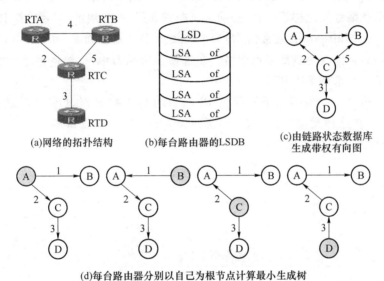

(a)网络的拓扑结构   (b)每台路由器的LSDB   (c)由链路状态数据库生成带权有向图

(d)每台路由器分别以自己为根节点计算最小生成树

图 2.43 链路状态路由计算过程

距离矢量和链路状态协议比较如表 2.7 所示。

表 2.7 距离矢量和链路状态协议比较

路由协议	创建拓扑图	路由器自行判断到每一个网络的最短路径	收敛时间	更新方式	使用 LSP
距离矢量	否	否	慢	周期更新	否
链路状态	是	是	快	事件驱动更新	是

OSP 是一个内部网关 IGP 协议,用于在单一自治系统 AS 内决策路由。

OSPF 协议是一种无类链路状态路由协议,用于 IPv4 的 OSPF 的现行版本为 OSPFv2,用于 IPv6 的 OSPFv3 在 RFC2740 中发布。

OSPF 特点包括以下几个方面:

(1) OSPF 不使用传输层协议,原因在于 OSPF 数据包直接通过 IP 发送;

（2）在多路访问网络采用 DRs 和 BDRs 减少 LSA 开销；

（3）5 种数据包类型；

（4）度量为路径开销，Cisco 使用从路由器到目的网络沿途的传出接口的累积带宽作为开销值。

2. OSPF 四种类型网络

OSPF 协议根据链路层封装协议不同分为以下四种网络类型。

（1）Broadcast：当链路层协议是 Ethernet 时，OSPF 默认网络类型是 Broadcast。在这种类型网络中，以组播地址（224.0.0.5，224.0.0.6）发送协议报文，需要选举 DR，BDR。

（2）NBMA：Non-Broadcast MultiAccess，非广播多路访问，即网络上不允许广播传送数据。当链路层协议是 Frame Relay、X.25 时，OSPF 默认网络类型是 NBMA。在这种类型网络中，以单播地址发送协议报文，必须手工配置邻居的 IP 地址，需要选举 DR，BDR。

（3）Point-to-Multipoint：通常由 NBMA 的类型手工修改而来，如果 NBMA 类型的网络不是全连通的，则修改为点到多点网络。在这种类型网络中，以组播地址（224.0.0.5）发送协议报文，不需要选举 DR，BDR。

（4）Point-to-Point：当链路层协议是 PPP，HDLC，LAPB 时，OSPF 默认网络类型是 Point-to-Point。在这种类型网络中，以组播地址（224.0.0.5）发送协议报文，不需要选举 DR，BDR。四种网络类型的比较如表 2.8 所示。

表 2.8　四种网络类型的比较

网络类型	链路层协议	发送报文形式	是否需要选举 DR、BDR
Broadcast	Ethernet	组播	是
NBMA	Frame Relay、X.25	单播	是
Point-to-Multipoint	NBMA 手工修改而来	组播	否
Point-to-Point	PPP，HDLC，LAPB	组播	否

3. DR、BDR 的选举

为减小多路访问网络中的 OSPF 流量，OSPF 会选举一个指定路由器（DR）和一个备用指定路由器（BDR）。

指定路由器（DR）：DR 负责使该变化信息更新其他所有 OSPF 路由器（称为 DROther）。

备用指定路由器（BDR）：BDR 会监控 DR 的状态，并在当前 DR 发生故障时接替其角色。

DR 选举中的指导思想：

- 选举制：DR 是各路由器选出来的，而非人工指定的。

- 终身制：DR 一旦当选，除非路由器故障，否则不会更换。

- 世袭制：DR 选出的同时，也选出 BDR 来。DR 故障后，由 BDR 接替 DR 成为新的 DR。

（1）DR 的选举

广播路由器：本网段内的 OSPF 路由器。

登记候选路由器：本网段内的 priority>0 的 OSPF 路由器。

DR 竞争原则:所有的 priority>0 的 OSPF 路由器都认为自己是 DR。

投票:选 priority 值最大的,若 priority 值相等,选 Router ID 最大的。

多路访问网络中的路由器会选举出一个 DR 和一个 BDR。DROther 仅与网络中的 DR 和 BDR 建立完全的相邻关系。

DR/BDR 选举的时间安排:

当多路访问网络中第一台启用了 OSPF 接口的路由器开始工作时,DR 和 BDR 选举过程随即开始。

DR 一旦选出,将保持 DR 地位,直到出现下列条件之一为止:

- DR 发生故障。
- DR 上的 OSPF 进程发生故障。
- DR 上的多路访问接口发生故障。

怎样确保所需的路由器在 DR 和 BDR 选举中获胜呢? 可以采取以下方法:

① 首先启动 DR,再启动 BDR,然后启动其他所有路由器;

② 关闭所有路由器上的接口,然后在 DR 上执行 no shutdown 命令,再在 BDR 上执行该命令,随后在其他所有路由器上执行该命令;

③ 更改 OSPF 优先级来控制 DR/BDR 选举。

(2) OSPF 优先级设置

使用 ip ospf priority 命令设置优先级。

Router(config-if)♯ip ospf priority {0 – 255}

优先级值为 0to255

0 该路由器不具备成为 DR 或 BDR 的资格;

1 是路由器默认优先级值。

4. OSPF 的五种协议报文

- Hello 报文

发现及维持邻居关系,选举 DR,BDR。

- DD:链路状态数据库描述数据包报文

本地 LSDB 的摘要。

- LSR:链路状态请求报文

向对端请求本端没有或对端的更新的 LSA。

- LSU:链路状态更新报文

向对方发送其需要的 LSA。

- LSAck:链路状态确认报文

收到 LSU 之后,进行确认。

(1) Hello 报文是编号为 1 的 OSPF 数据包

运行 OSPF 协议的路由器每隔一定的时间发送一次 Hello 数据包,用以发现、保持邻居(Neighbors)关系并可以选举 DR/BDR。

通过 Hello 报文形成邻接关系。邻居建立后,还需要通过 Hello 报文进行邻居关系的维持,有两个定时器来进行这项工作。

Hello Time:默认为 10 s(对于 NBMA 网络为 30 s);

Dead Time：默认为 4 倍的 Hello Time。

（2）DD 报文是编号为 2 的 OSPF 数据包

该数据包在链路状态数据库交换期间产生。它的主要作用有三个：①选举交换链路状态数据库过程中的主/从关系；②确定交换链路状态数据库过程中的初始序列号；③交换所有的 LSA 数据包头部。

OSPF 配置基本命令：

Router(config)♯router ospf 1

Router(config-router)♯network 192.168.1.0 0.0.0.255 area 0

其中，0.0.0.255 为子网掩码 255.255.255.0 的反子网掩码，即子网掩码中所有 0、1 互换即可得子网掩码的反子网掩码。

Router(config-router)♯router - id 10.1.1.1

5．配置实例拓扑图

OSPF 网络设备配置拓扑图如图 2.44 所示。

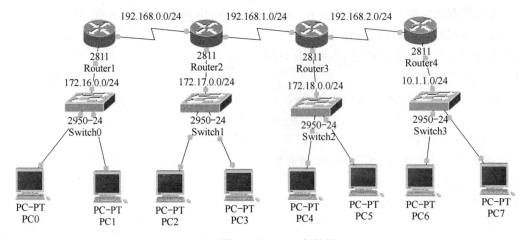

图 2.44　OSPF 拓扑图

（1）计算机配置

按照表 2.9 配置计算机 IP 地址。

表 2.9　OSPF 网络 IP 地址分配表

PC 主机	端口	IP 地址	子网掩码	网关
PC0	网口	172.16.0.11	255.255.255.0	172.16.0.1
PC1	网口	172.16.0.12	255.255.255.0	172.16.0.1
PC2	网口	172.17.0.11	255.255.255.0	172.17.0.1
PC3	网口	172.17.0.12	255.255.255.0	172.17.0.1
PC4	网口	172.18.0.11	255.255.255.0	172.18.0.1
PC5	网口	172.18.0.12	255.255.255.0	172.18.0.1
PC6	网口	10.1.1.11	255.255.255.0	10.1.1.1

PC 主机	端口	IP 地址	子网掩码	网关
PC7	网口	10.1.1.12	255.255.255.0	10.1.1.1
Router1	F0/0	172.16.0.1	255.255.255.0	
Router1	S0/3/0	192.168.0.1	255.255.255.0	
Router2	F0/0	172.17.0.1	255.255.255.0	
Router2	S0/3/0	192.168.0.2	255.255.255.0	
Router2	S0/2/0	192.168.1.1	255.255.255.0	
Router3	F0/0	172.18.0.1	255.255.255.0	
Router3	S0/3/0	192.168.1.2	255.255.255.0	
Router3	S0/2/0	192.168.2.1	255.255.255.0	
Router4	F0/0	10.1.1.1	255.255.255.0	
Router4	S0/3/0	192.168.2.2	255.255.255.0	

单击 PC0、桌面(Desktop)、IP Configuration(IP 配置),填写 PC0 的 IP 地址、子网掩码、网关等信息。

(2) 配置路由器 IP 地址

按照表 2.9 配置路由器各端口 IP 地址,配置时钟速率、开启端口。

(3) 配置路由器 OSPF 路由

① 配置 Router1 OSPF 路由

Router1(config)#router ospf 1

Router1(config-router)#network 192.168.0.0 0.0.0.255 area 0

Router1(config-router)#network 172.16.0.0 0.0.0.255 area 0

② 配置 Router2 OSPF 路由

Router2(config)#router ospf 1

Router2(config-router)#network 192.168.0.0 0.0.0.255 area 0

Router2(config-router)#network 192.168.1.0 0.0.0.255 area 0

Router2(config-router)#network 172.17.0.0 0.0.0.255 area 0

③ 配置 Router3 OSPF 路由

Router3(config)#router ospf 1

Router3(config-router)#network 192.168.2.0 0.0.0.255 area 0

Router3(config-router)#network 192.168.1.0 0.0.0.255 area 0

Router3(config-router)#network 172.18.0.0 0.0.0.255 area 0

④ 配置 Router4 OSPF 路由

Router4(config)#router ospf 1

Router4(config-router)#network 192.168.2.0 0.0.0.255 area 0

Router4(config-router)#network 10.1.1.0 0.0.0.255 area 0

3. 验证网络运行情况

（1）网络设备连通性测试

① 计算机

PC0 ping Router0 F0/0 端口、Router0 S0/3/0 端口、PC3、PC5；

PC2 ping PC0,PC5；PC4ping PC0,PC3。

② 路由器

Router0 ping PC5,Router0 ping　Router1 S0/3/0 端口。

（2）查看路由

使用 tracert 命令查看 PC0 和 PC5 之间的路由。

（3）查看路由器工作状态

① 查看路由器工作状态,双击路由器 Router0 图标,出现 Router0 对话框,选择 CLI 选项,进入 ios 命令行窗口。

② show ip protocol 　　　　　//查看路由器中所启用的路由计算协议

③ show ip ospf neighbor 　　//查看 OSPF 邻居

④ show ip ospf

⑤ show ip ospf interface

【配置练习 2.6】配置图 2.45 所示 OSPF 路由。

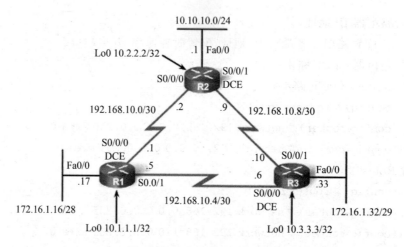

图 2.45　OSPF 路由配置练习

2.6　WLAN 配置维护

2.6.1　WLAN 概述

随着以太网的广泛应用,因特网的日益普及,以及移动终端的不断增加,人们对移动 IP 接入的需求迅速增长。无线局域网（Wireless Local Area Network,WLAN）作为有线以太网的延伸,一定程度上满足了这种需求。

无线局域网采用射频技术构成局域网络,是一种便利的数据传输系统。由于无线局域网设备一般工作于免授权频段(国家开放频段 2.4~2.4835 GHz),在频段的使用上无须高昂的许可费用,加之 WLAN 技术的日趋成熟,以及在接入速率和适应环境上与 3G、4G 的互补性,使得 WLAN 的应用已经从单纯的有线网络的延伸拓展开来,成为小区尤其是热点地区重要的高速无线数据接入手段之一,应用潜力巨大。

2.6.2　WLAN 组网方案

1. 固网运营的 WLAN 的结构

固网运营的 WLAN 模块结构如图 2.46 所示。

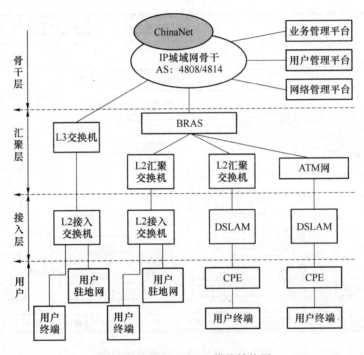

图 2.46　固网 WLAN 模块结构图

(1) 骨干层:(也称核心层)主要目的是尽可能地交换数据,避免控制列表和数据包过滤这类的功能。

(2) 汇聚层:处于接入层和骨干层之间,对数据包操作进行处理以提供基于策略的连通性的分层。

(3) 接入层:最终用户的网络接入点,可通过过滤或访问控制列表提供对用户流量的进一步控制。

2. 移动运营的 WLAN 的结构

移动运营商将 WLAN 网络化分为三层:接入层、汇聚层、骨干传输层,如图 2.47 所示。

各部分职能:

接入层:(1) 用户的连接;

　　　　(2) 用户的 IP 地址分发;

    (3) 用户的数据服务。

汇聚层:(1) 用户的身份认证;

    (2) 用户的数据传输;

    (3) 用户的服务提供。

骨干传输层:(1) 主干的数据传输;

    (2) WLAN 全网设备的管理,配置和升级;

    (3) WLAN 全网的实时性能监控和跟踪;

    (4) 用户的身份数据查取和认证;

    (5) WLAN 全网的用户情况查询。

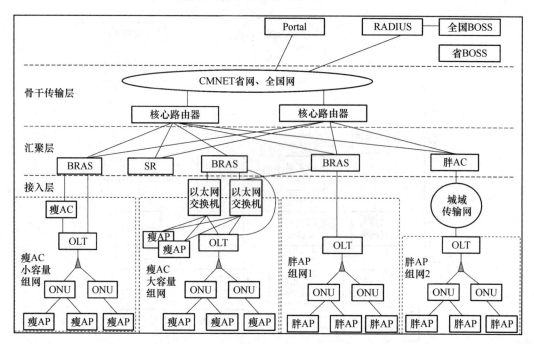

图 2.47 移动 WLAN 模块结构图

2.6.3 WLAN 认证方式

  用户接入认证在实现用户安全防护的基础上,对用户的身份进行识别和区分,一方面能保护接入用户不受网络攻击,且能阻止接入用户攻击其他用户和网络;另一方面可通过用户对网络访问的记录进行准确的计费和管理。

  通过认证的用户可以享受网络服务,而未通过认证的用户则被拒绝。

1. 认证方式简介

  目前业界主要有以下三种认证方式:PPPoE,WEB 和 802.1x。

  (1) PPPoE 认证

  PPPoE 点对点协议,主要目的是把最经济的局域网技术、以太网和点对点协议的可扩展性及管理控制功能结合在一起。

  用户通过在客户端安装的 PPPoE 软件和远端的 PPPoE Server 建立 PPP 链接,并把用户名和密码交给 PPPoE Server,由 PPPoE Server 转给后台 RADIUS 服务器进行认证,认证成功即可完成用户的安全接入,所有过程可通过微软的 MPPE 方式加密,增加了认证的安全性。PPPoE 认证如图 2.48 所示。

基于 PPPoE 的用户认证是目前使用的最多的一种认证方式之一。特点在于由传统 PSTN 窄带拨号接入技术发展过来,与原有的窄带网络用户接入认证体系一致,操作简单用户较容易接受。是当前天翼通家庭及企业用户的主要认证方式。

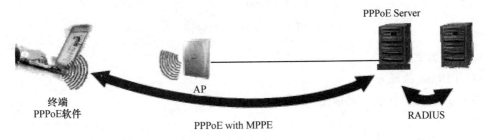

图 2.48   PPPoE 认证图

(2)WEB 认证

WEB 认证过程如图 2.49 所示。

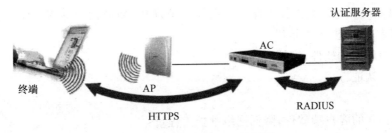

图 2.49   WLAN WEB 认证图

WEB 认证最初是一种业务类型(如电子邮箱、计费浏览等)的认证,通过启动一个 WEB 页面输入用户名/密码,实现用户认证,这种 WEB 页面通常是一些门户网站。WEB 认证目前已经成为运营商网络平台的新兴认证方式,通过 WEB 页面实现对用户是否有使用网络权限的认证。用户通过 AC 推出的 WEB 页面输入用户名和密码,AC 和后台认证服务器的交互来验证用户的合法接入。

特点:简单,无须专门客户端,IE 浏览器即可,用户面广,是适合公众用户认证的方法之一。

(3)802.1x 认证

目前,802.1x 以其协议安全、实现简单以及控制流和业务流分离等诸多电信级特性,可以将多种宽带接入方式的认证计费融为一体,极大地简化了网络结构。

认证点的不受控端口始终处于双向连通状态,主要用来传递 EAPOL 协议帧,可保证客户端始终可以发出或接受认证。当认证点和后台认证服务器通过认证后,受控端口才打开,使用户合法接入。

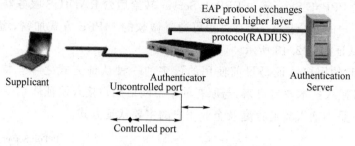

图 2.50　802.1x 认证图

2. 认证方式对比

（1）PPPoE 认证方式

PPPoE 的用户认证是目前使用最多的认证方式之一。

优点：

① 在于由传统 PSTN 窄带拨号接入技术发展过来，与原有的窄带网络用户接入认证体系一致；

② 操作简单用户较容易接受。

缺点：

① 为 PPP 协议与以太网技术存在本质的差异，PPP 协议需要被再次封装到以太网帧当中，有封装效率问题，不支持组播；

② 需加装用户端软件，维护工作量大。

（2）WEB 认证方式

优点：

① 无须特殊的客户端软件，降低网络维护工程量；

② 无须多层数据封装，保证效率问题；

③ 运营商可利用门户网站提供多种业务认证服务。

缺点：

① WEB 承载在 7 层协议上，对于设备的要求较高，建网成本高；

② 易用性不够好，用户访问网络前，不管时 TELNET、FTP 还是其他业务都必须使用浏览器进行 WEB 认证。

（3）802.1x 认证

优点：

① 802.1x 协议为二层协议，不需要到达三层，对设备的整体性能要求不高，有效降低建网成本；

② 认证过程通过组播实现，对组播业务的支持性很好；

③ 管理与业务分离，用户通过认证后，系统对后续的数据包无特殊处理，有效地解决了网络瓶颈。

缺点：

① 认证系统内的所有设备都必须支持 802.1x 协议，对已有网络的改造不易实现；

② 需加装特定的客户端软件，工程维护量较大。

2.6.4　WLAN 配置

1. 配置实例拓扑图

WLAN 配置如图 2.51 所示。

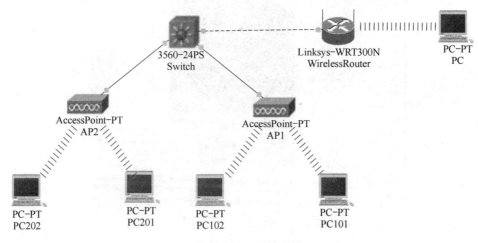

图 2.51　WLAN 拓扑图

　　按照图 2.51 拓扑图添加路由器、路由器串口、交换机、计算机并添加设备端口、连线。图 2.52 中,添加了一台计算机与无线路由器的 Ethernet 端口相连,对 Linksys WRT300N 进行配置,先要关闭计算机电源。

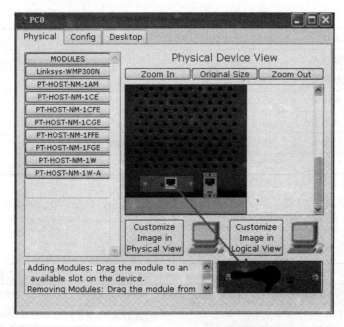

图 2.52　关闭电源移除有线网卡

　　移去计算机的中有线网卡,拖动添加无线网卡,如图 2.53 所示。

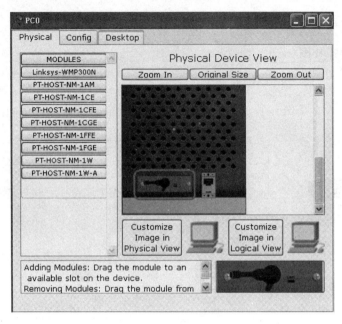

图 2.53　添加无线网卡

2. OSPF 网络设备配置

（1）计算机配置

按照表 2.10 配置计算机 IP 地址。

表 2.10　WLAN 网络 IP 地址分配表

PC 主机	端口	IP 地址	子网掩码	网关
PC	无线网卡	DHCP		
PC202	无线网卡	192.168.0.101	255.255.255.0	
PC201	无线网卡	192.168.0.102	255.255.255.0	
PC102	无线网卡	192.168.0.201	255.255.255.0	
PC101	无线网卡	192.168.0.202	255.255.255.0	
WRT300N	LAN	192.168.0.1		

（2）配置 AP 及路由器

按照表 2.11 配置 AP 及路由器。

表 2.11　WLAN 网络 IP 地址分配表

设备	SSID	加密方式	密码
无线路由器 Linksys WRT300N	Linksys	WEP	1122334455
AP1	AP1	WPA-PSK	1234567890
AP2	AP2	WPA2-PSK	0123456789

① 设置 AP1 加密方式、密码等信息

单击 AP1 图标，单击 config，出现配置（config）对话框，设置端口状态（Port Status）、

SSID(设备标示)、认证加密方式及密码等信息,操作界面如图 2.54 所示。

　　② 设置 AP2 加密方式、密码等信息

　　单击 AP2 图标,单击 config,出现配置(config)对话框,设置端口状态(Port Status)、SSID(设备标示)、认证加密方式及密码等信息。

　　③ 设置无线路由器加密方式、密码等信息

　　单击无线路由器(WirelessRouter)图标,单击 config,出现配置(config)对话框,设置端口状态(Port Status)、SSID(设备标示)、认证加密方式及密码等信息,无线路由器配置如图 2.55 所示。

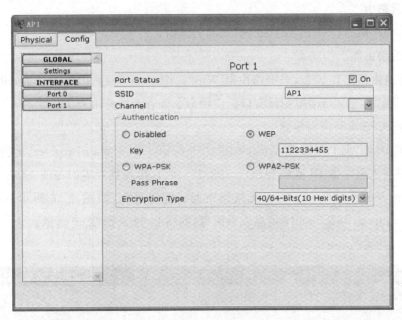

图 2.54　配置 AP1

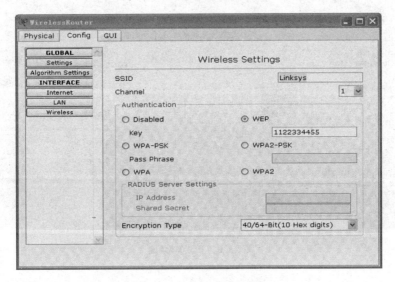

图 2.55　配置无线路由器

3. 验证网络运行情况

（1）网络设备连通性测试

① 计算机

PC101 pingWirelessRouter F0/0 端口、PC102、PC201，使用 IP config 命令查看 IP 信息。

② 路由器

WirelessRouter F0/0 端口 ping PC101。

（2）查看路由

使用 tracert 命令查看 PC101 和 PC 之间的路由。

（3）查看路由器工作状态

① 查看路由器工作状态，双击路由器 WirelessRouter 图标，出现 WirelessRouter 对话框，选择 CLI 选项，进入 ios 命令行窗口。使用命令查看无线路由器工作状态。

② 通过 PC 查看路由器信息

单击 PC201，出现 PC201 对话框，如图 2.56 所示。单击 Web Browser，运行 Web 浏览器，在地址栏输入路由器 IP 地址 http://192.168.0.1，出现登录界面如图 2.57 所示。输入用户名：admin，密码：admin 后进入无线路由器的配置界面，如图 2.58 所示，可以以 Web 的方式查看 Linksys WRT300N 信息或做配置，如图 2.59 及图 2.60 所示。

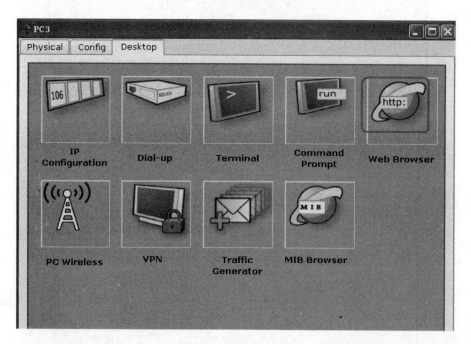

图 2.56　PC201 桌面

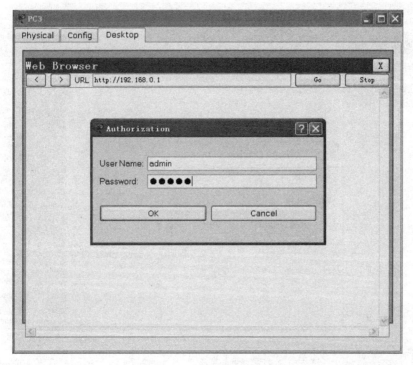

图 2.57　登录无线路由器

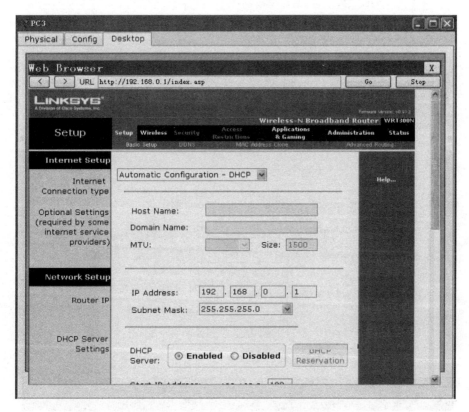

图 2.58　Linksys WRT300N 配置界面

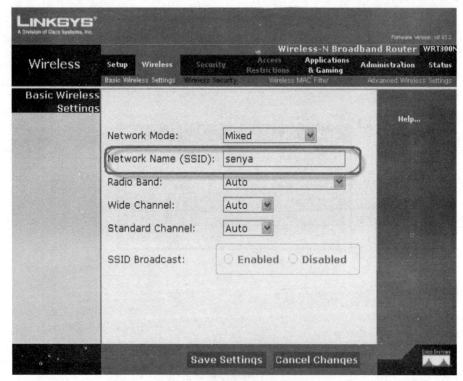

图 2.59 Linksys WRT300N 配置界面无线选项

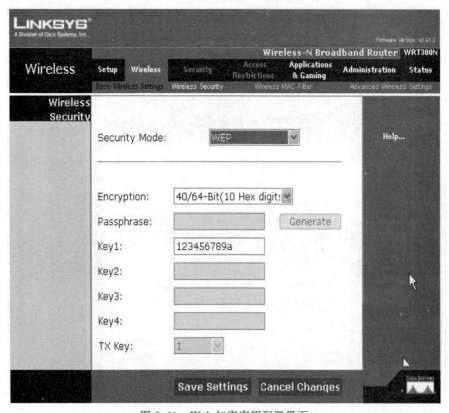

图 2.60 Web 加密密钥配置界面

2.7 IPv6 配置管理

2.7.1 IPv6 概述

IPv6 是 Internet Protocol Version 6 的缩写,下一代因特网协议(IPng),又称 IPv6 协议,是 NGI 的技术核心。与 IPv4 相比,IPv6 的优势在于:(1)地址充足;(2)简单是美;(3)扩展为先;(4)层次区划;(5)即插即用;(6)贴身安全;(7)QoS 考虑;(8)移动便捷。

IPv6 的包头共 40 个字节,如图 2.61 所示。其中包含了 IPv6 的主要概念,主要有版本号、业务流类别、流标签、负载长度、下一个头、跳限、原始 IP 地址和目的 IP 地址等选项。相对于 IPv4 的头部,IPv6 的头部要简单一些,这方便路由和网关等设备的大数据量计算。

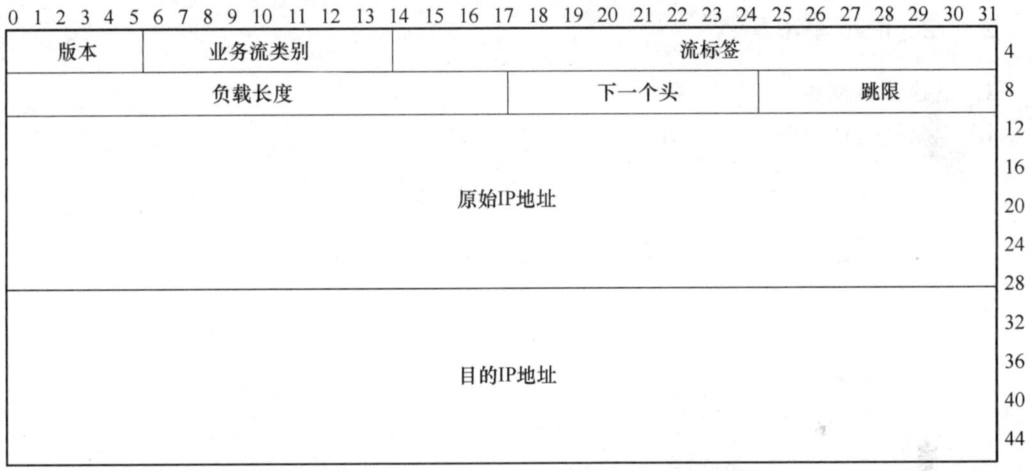

0 1 2 3 4 5 6 7	8 9 10 11 12 13	14 15 16 17 18 19 20 21 22 23 24	25 26 27 28 29 30 31	
版本	业务流类别	流标签		4
负载长度		下一个头	跳限	8
原始IP地址				12 16 20 24 28
目的IP地址				32 36 40 44

图 2.61 IPv6 头部

基本 IPv4 报头共 20 字节,分为 12 个字段;基本 IPv6 报头共 40 字节,分为 8 个字段,如图 2.62 所示。

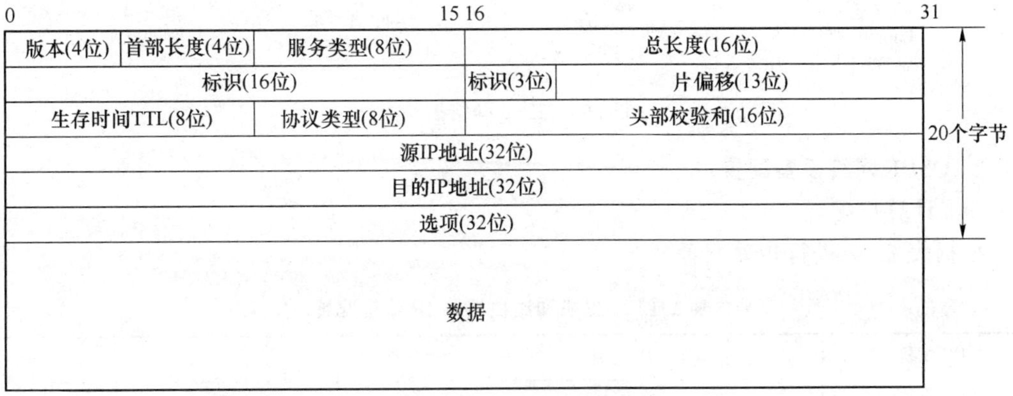

0		15 16		31	
版本(4位)	首部长度(4位)	服务类型(8位)	总长度(16位)		
标识(16位)		标识(3位)	片偏移(13位)		
生存时间TTL(8位)		协议类型(8位)	头部校验和(16位)		20个字节
源IP地址(32位)					
目的IP地址(32位)					
选项(32位)					
数据					

图 2.62 IPv4 头部

IPv6 表示方法:

(1) IPv6 有 128 位的长度,以冒号分 16 进制的形式分成 8 组,每组有 4 位 16 进制的数,例如 0001:0123:0000:0000:0000:ABCD:0000:0001/96。

(2) 每组中开头的 0 可以省略不写。上面的地址可以写成 1:123:0:0:0:ABCD:0:1/96。

(3) 连续的全 0 组,可以用两个冒号表示,但在一个地址中,双冒号只能出现一次,上面的地址可以再简成 1:123::ABCD:0:1/96。

(4) 再如 2001:0DB8:0000:0000:0000:0000:1428:57ab,可以写成 2001:DB8::1428:57ab。

(5) IPv6 使用前缀长度来区分不同的网络,例如 2000::1/16 和 2000::2/16 是同一个网络,而 2000::1/16 和 2001::1/16 就不是一个网络,因为它们都使用 16 位的前缀长度,也就是二进制部分前 16 位要相同;但是这两个 IP 地址二进制部分只有前 15 位相同,所以是不同的网络。

2.7.2 IPv6 基本配置

1. 搭建仿真网络

IPv6 配置拓扑如图 2.63 所示。

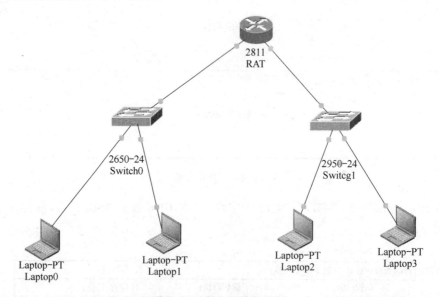

图 2.63 IPv6 网络拓扑图

2. OSPF 网络设备配置

(1) 计算机配置

根据表 2.12 进行相关配置。

表 2.12 主机和路由器的 IP 地址配置

PC 主机	IP 地址	网关
Laptop0	2001:ABCD:1::10/64	2001:ABCD:1::1/64
Laptop1	2001:ABCD:1::11/64	2001:ABCD:1::1/64
Laptop2	2001:ABCD:2::10/64	2001:ABCD:2::1/64

PC 主机	IP 地址	网关
Laptop3	2001:ABCD:2::11/64	2001:ABCD:2::1/64
RTA F0/0	2001:ABCD:1::1/64	
RTA F0/1	2001:ABCD:2::1/64	

（2）配置路由器 IP 地址

Router＞enable

Router＃config

Router(config)＃interface FastEthernet0/0

Router(config-if)＃ipv6 address 2001:ABCD:1::1/64

Router(config-if)＃no shut

Router(config)＃interface FastEthernet0/1

Router(config-if)＃ipv6 address 2001:ABCD:2::1/64

Router(config-if)＃no shut

3. 验证网络运行情况

网络设备连通性测试

① 计算机

Laptop0　ping　Laptop2；

Laptop0　ping　路由器 F0/0 端口。

② 路由器

路由器 F0/0 端口 ping Laptop1。

2.7.3　IPv6 路由配置

使用 Packet Tracer 5.3 实现 IPv6 环境下 DNS 域名解析、静态路由功能。在此实验中，服务器、客户机、路由器全部采用 IPv6 地址；通过静态路由，实现客户机通过域名解析访问 Web 服务器。

1. 网络拓扑图

IPv6 路由配置拓扑如图 2.64 所示。

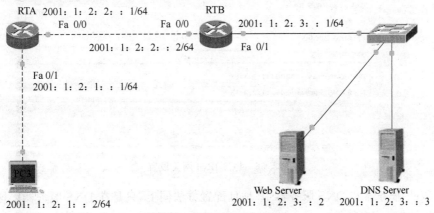

图 2.64　IPv6 路由拓扑图

2. 配置步骤

（1）客户机 PC3 配置 IPv6 地址、网关和 DNS，如图 2.65、图 2.66 所示。

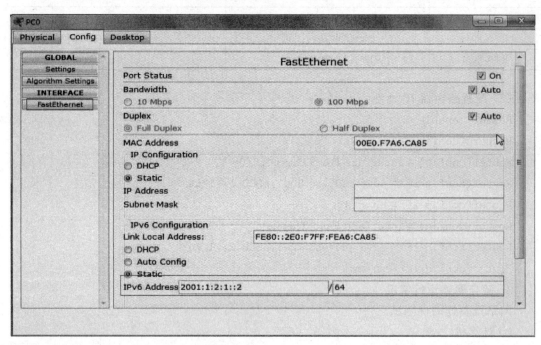

图 2.65 PC0 IPv6 地址设置

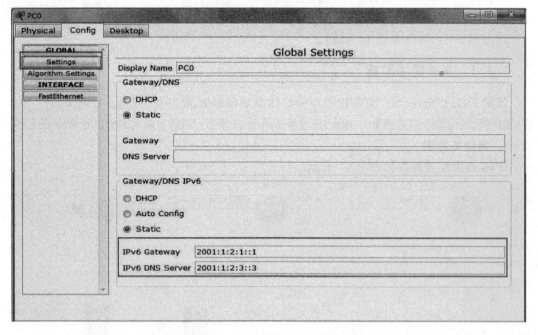

图 2.66 PC0 IPv6 网关设置

（2）Web 服务器和 DNS 服务器 IP 地址配置方法同上，只是在 DNS 服务器上增加一条 DNS 映射，如图 2.67 所示。

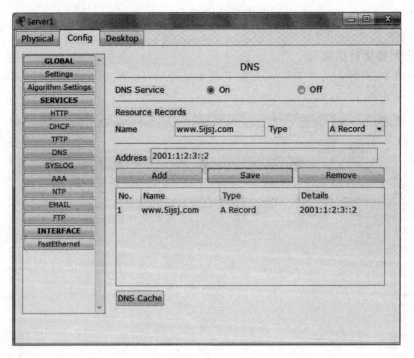

图 2.67　DNS 设置

（3）配置 RTA 路由器 F0/1 接口 IPv6 地址。

Router>

Router>en

Router#conf t

Router(config)#hostname RTA

RTA(config)#ipv6 unicast-routing　　//开启 IPv6 路由功能

RTA(config)#int fa0/1

RTA(config-if)#ipv6 enable

　　　·　　　//在接口上开启 IPv6,会自动生成一个链路本地地址以 FE80 开头

RTA(config-if)#no shut

RTA(config-if)#ipv6 address 2001:1:2:1::1/64

RTA(config-if)#end

同样方法,完成 RA 的 F0/0 接口、RB 的 F0/0、F0/1 接口地址配置。

（4）在 RTA 上配置 IPv6 静态路由。

RTA(config)#ipv6 route 2001:1:2:3::0/64 2001:1:2:2::2

查看路由表信息

　　RTA#show ipv6 route

在 RTB 上同样配置一条到客户机 PC3 网段的 IPv6 静态路由。

RTB(config)# ipv6 route 2001:1:2:1::0/64 2001:1:2:2::1。

不过,这里为了同时了解 IPv6 的默认路由配置情况,所以在 RTB 上最终配置一条默认路由。

RTB(config)♯ipv6 route ::/0 2001:1:2:2::1

RTB♯show ipv6 route

3. 验证网络运行情况

在客户机 PC3 上 ping DNS、Web 服务器地址通,访问 Web 可访问,如图 2.68 所示。

PC>ping 2001:1:2:3::2

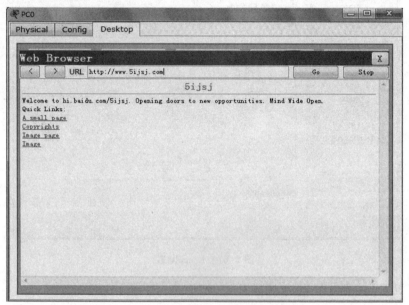

图 2.68　访问 Web 服务器

习　　题

一、填空题

1. 某计算机 ping 命令结果如图题 1 所示,请填空。

```
Pinging 192.168.1.12 with 32 bytes of data:

Reply from 192.168.1.12: bytes=32 time=125ms TTL=128
Reply from 192.168.1.12: bytes=32 time=47ms TTL=128
Reply from 192.168.1.12: bytes=32 time=62ms TTL=128
Reply from 192.168.1.12: bytes=32 time=62ms TTL=128

Ping statistics for 192.168.1.12:
    Packets: Sent =(1)Received =(2) Lost =(3)0% loss),
Approximate round trip times in milli-seconds:
    Minimum = 47ms, Maximum = 125ms, Average = 74ms
```

图题 1　ping 命令结果

(1) _____　　(2) _____　　(3) _____

2. 某计算机 ping 命令结果如下,请填空。

Pinging 192.168.2.13 with 32 bytes of data:

Request timed out.

Request timed out.

Request timed out.

Request timed out.

Ping statistics for 192.168.2.13：

Packets：Sent = (1)，Received = (2)，Lost = (3)(100 % loss)

(1) _____　　　(2) _____　　　(3) _____

3. 交换机虽然可以隔离冲突域,但所连用户仍然属于一个广播域,应该通过划分_____的方式抑制广播风暴。

4. 集线器级联网络处于同一_____域,二层交换机级联网络处于同一_____域,交换机的每一个端口是一个_____域,路由器的每一个端口是一个_____域。

5. IPv4 地址长度为_____比特,IPv6 地址长度为_____比特。

6. 交换机开机进入_____模式,在此模式下,输入_____命令进入特权模式。

7. IPv4 固定首部长度是_____字节,IPv6 固定首部长度是_____字节。

8. IPv4 地址的表示形式是点分十进制,分为 4 段,IPv6 地址的表示形式是_____,分为_____段。

9. 路由协议分为静态路由协议和_____,OSPF 属于其中的_____。

10. 多层交换机是指组合了二、三和四层交换技术的交换机,其主要思想是_____。

11. IPv6 地址 0001:0123:0000:0000:0000:ABCD:0000:0001/96 可以缩写为:_____。

二、单选题

1. 网络管理员必须删除到 10.0.0.0 的网络？什么命令可以完成这个任务？_____

A. no ip address 10.0.0.1 255.255.255.0 172.16.40.2

B. no static-route 10.0.0.0 255.0.0.0

C. no ip route 10.0.0.0 255.0.0.0 172.16.40.2

D. no ip route 10.0.0.1 255.255.255.0

2. 以下不会在路由表里出现的是:_____

A. 下一跳地址　　　　　　　　　　　B. 网络地址

C. 度量值　　　　　　　　　　　　　D. MAC 地址

3. 某网络拓扑结构如图题 2 所示,网络中存在多少个冲突域？_____

A. 1　　　　　　B. 4　　　　　　C. 7　　　　　　D. 2

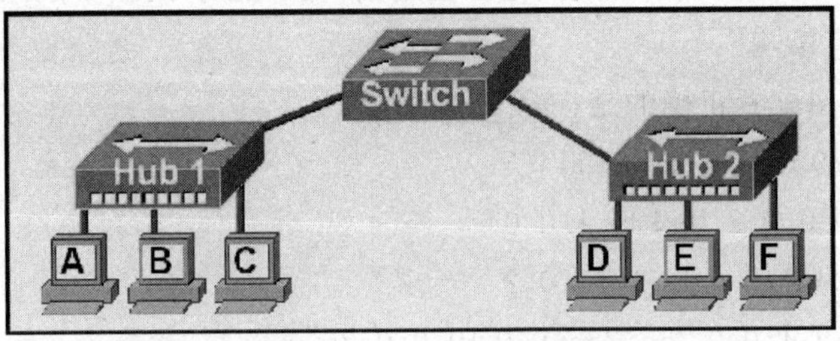

图题 2　网络拓扑结构

4. 哪种命令行界面模式允许用户配置诸如主机名和口令等交换机参数？ _____

A. 用户执行模式   B. 特权执行模式

C. 全局配置模式   D. 接口配置模式

5. 网络管理员通过 CLI 输入一个命令，该命令需要几个参数。交换机的响应为"% Incomplete command"。管理员不记得缺失了什么参数。管理员可通过什么方法来获取参数信息？ _____

A. 向最后一个参数末尾附加一个问号"?"

B. 向最后一个参数末尾附加一个空格，然后附加一个问号"?"

C. 按 Ctrl-P 显示参数列表

D. 按 Tab 键显示可用的选项

6. 下列 IPv6 地址错误的是_____。

A. 1:2::3   B. 1::3   C. ::   D. 1::2::3

7. 网络拓扑如图题 3 所示，下列哪一项将成为 192.133.219.0 网络中主机 A 的默认网关地址？ _____

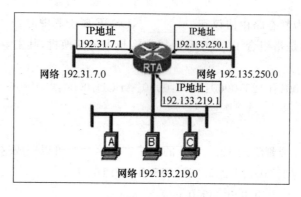

图题 3 网络拓扑

A. 192.133.219.0   B. 192.135.250.0

C. 192.31.7.0   D. 192.133.219.1

8. 如果主机上的默认网关配置不正确，对通信有何影响？ _____

A. 该主机无法在本地网络上通信

B. 该主机可以与本地网络中的其他主机通信，但不能与远程网络上的主机通信

C. 该主机可以与远程网络中的其他主机通信，但不能与本地网络中的主机通信

D. 对通信没有影响

9. 下列静态路由配置正确的是_____。

A. ip route 129.1.0.0 16 serial 0

B. ip route 10.0.0.2 16 129.1.0.0

C. ip route 129.1.0.0 16 10.0.0.2

D. ip route 129.1.0.0 255.255.0.0 10.0.0.2

10. 在下面关于 VLAN 的描述中，不正确的是_____。

A. VLAN 把交换机划分成多个逻辑上独立的计算机

B. 主干链路(Trunk)可以提供多个 VLAN 之间通信的公共通道

C. 由于包含了多个交换机,所以 VLAN 扩大了冲突域

D. 一个 VLAN 可以跨越交换机

11. 以下哪个路由原理是正确的?＿＿＿＿＿＿＿

A. 如果一个路由器在它的路由表中具有确定的消息,那么所有相邻的路由器也拥有同样的信息。

B. 从一个网络到另一个网络的路径路由信息意味着存在反向路由

C. 每个路由器根据它自己的路由表中的信息,独立做出路由判断

D. 每个路由器根据自己和邻居的路由表中的信息,进行路由判断

12. 网络拓扑如图题 4 所示。用记号来表示每条介质链路。用来连接不同设备的正确电缆类型是什么?＿＿＿＿＿＿＿

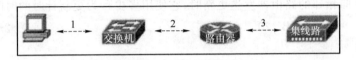

图题 4　网络拓扑

A. 连接 1-全反电缆,连接 2-直通电缆,连接 3-交叉电缆

B. 连接 1-直通电缆,连接 2-交叉电缆,连接 3-全反电缆

C. 连接 1-交叉电缆,连接 2-直通电缆,连接 3-全反电缆

D. 连接 1-直通电缆,连接 2-直通电缆,连接 3-直通电缆

13. 用户需要在一个 C 类地址中划分子网,其中一个子网的最大主机数为 16,如要得到最多的子网数量,子网掩码应为＿＿＿＿＿＿＿。

A. 255.255.255.192　　　　　　B. 255.255.255.248

C. 255.255.255.224　　　　　　D. 255.255.255.240

14. 某主机 IP 地址是 165.247.52.119,子网掩码是 255.255.248.0,则该主机在哪个子网上＿＿＿＿＿＿＿。

A. 165.247.52.0　　　　　　　　B. 165.247.32.0

C.165.247.56.0　　　　　　　　D. 165.247.48.0

15. 网络主机 202.34.19.40 有 27 位子网掩码,请问该主机属于哪个子网＿＿＿＿＿＿＿。

A. 子网 202.34.19.128　　　　　B. 子网 202.34.19.32

C. 子网 202.34.19.64　　　　　　D. 子网 202.34.19.0

16. 网络 202.112.24.0/25 被划分为 4 个子网,由小到大分别命名为 C0、C1、C2 和 C3,则主机地址 202.115.24.100 应该属于的子网是＿＿＿＿＿＿＿。

A. C0　　　　　B. C1　　　　　C. C2　　　　　D. C3

17. 255.255.255.224 可能代表的是＿＿＿＿＿＿＿。

A. 一个 B 类网络号　　　　　　B. 一个 C 类网络中的广播

C. 一个具有子网的网络掩码　　　D. 以上都不是

18. 假设一个主机的 IP 地址为 192.168.5.121,而子网掩码为 255.255.255.248,那么该主机的网络号是_____。

A. 192.168.5.12　　　　　　　　　B. 192.168.5.121

C. 192.168.5.120　　　　　　　　　D. 192.168.5.32

19. 当路由器接收的 IP 报文中的目标网络不在路由表中时,(没有缺省路由时)采取的策略是_____。

A. 丢掉该报文

B. 将该报文以广播的形式发送到所有直连端口

C. 直接向支持广播的直连端口转发该报文

D. 向源路由器发出请求,减小其报文大小

20. RIP 的最大跳数是_____。

A. 24　　　　　　B. 18　　　　　　C. 15　　　　　　D. 12

21. 当 RIP 向相邻的路由器发送更新时,它使用多少秒为更新计时的时间值_____

A. 30　　　　　　B. 20　　　　　　C. 15　　　　　　D. 25

三、简答题

1. RIPv1 和 RIPv2 有什么不同?

2. 静态路由和默认路由有何区别?

3. 如果只在路由器 A 上配置了静态路由,而在路由器 B 上没有配置任何路由,此时主机 A(与路由器 A 相连)和主机 B(与路由器 B 相连)是否能互相 ping 通? 在上述配置中 PC1、PC2 的网关地址是什么,是否可以不配置,它们起什么作用?

四、计算配置题

1. 某主机的 IP 地址是 172.16.136.12 255.255.224.0,请写出其所属网络的网络地址、广播地址和主机可用地址范围。

2. 为某交换机 Switch1 增加两个 VLAN。一个编号为 10,名字为自己的班级名字(如电 1101-33),并把 Fa0/3、Fa0/5 口加入 10 号 VLAN。另一个编号为 20,名字为自己姓名的小写全拼,并把 Fa0/4、Fa0/6 口加入 20 号 VLAN。请写出相应的 CLI 命令(各端口 IP 地址划分如表题 1 所示)。

表题 1　端口 IP 地址划分表

端口	IP 地址	子网掩码
Fa0/3	192.168.1.3	255.255.255.0
Fa0/4	192.168.1.4	255.255.255.0
Fa0/5	192.168.1.5	255.255.255.0
Fa0/6	192.168.1.6	255.255.255.0

(1) 增加 10 号 VLAN 并把相应端口划入该 VLAN。

(2) 增加 20 号 VLAN 并把相应端口划入该 VLAN。

（3）分别为 Fa0/3、Fa0/5、Fa0/4、Fa0/6 端口的计算机设置 IP 地址、子网掩码，地址表如表题 1 所示。

（4）在 Fa0/4 端口的计算机上分别 ping Fa0/3 和 Fa0/6 端口上的计算机，分别说明是否能通。

3. 交换机、路由器基本安全配置，包括控制台密码、使能加密口令、远程登录口令。

4. 网络管理员想将其交换机 S1 上的端口 Fa0/5 至 Fa0/10 分配给 VLAN10，并将其命名为 student，请将下列配置补充完整。

S1＞＿＿＿＿＿＿＿＿＿＿＿＿＿＿＿＿＿＿＿＿＿＿＿

S1＃＿＿＿＿＿＿＿＿＿＿＿＿＿＿＿＿＿＿＿＿＿＿＿

S1(config)＃＿＿＿＿10＿＿＿＿＿＿＿＿＿＿＿＿＿＿＿

S1(config-vlan)＃＿＿＿10＿＿＿＿＿＿＿＿student＿＿＿

S1(config-vlan)＃int range

S1(config-if-range)＃switchport mode＿＿＿＿＿＿＿＿＿

S1(config-if-range)＃switchport＿＿＿＿＿＿＿＿＿＿＿＿

5. 已知拓扑结构如图题 5 所示，路由器 R1 充当串行链路的 DCE，网络管理员想对其路由器 R1 的接口进行配置，IP 地址如表题 2 所示，请将下列配置补充完整。

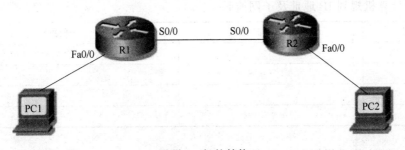

图题 5　拓扑结构

表题 2　IP 地址

接口	IP 地址	子网掩码
Fa0/0	10.0.1.1	255.255.255.0
S0/0	10.0.2.1	255.255.255.0

R1＞＿＿＿＿＿＿＿＿＿＿＿＿＿＿＿＿＿＿＿＿＿＿＿

R1＃＿＿＿＿＿＿＿＿＿＿＿＿＿＿＿＿＿＿＿＿＿＿＿

R1(config)＃＿＿＿＿Fa0/0＿＿＿＿＿＿＿＿＿＿＿＿＿＿

R1(config-if)＃＿ip add＿＿＿＿＿＿＿＿＿＿＿＿＿＿＿

R1(config-if)＃＿＿＿＿＿＿＿＿＿＿＿＿＿＿＿＿＿＿＿

R1(config-if)＃＿＿＿＿s0/0＿＿＿＿＿＿＿＿＿＿＿＿＿＿

R1(config-if)＃＿ip add＿＿＿＿＿＿＿＿＿＿＿＿＿＿＿

R1(config-if)＃＿＿＿＿＿＿＿＿＿＿＿＿＿＿＿＿＿＿＿

6. 网络拓扑结构如图题 6 所示,请完成相关配置。

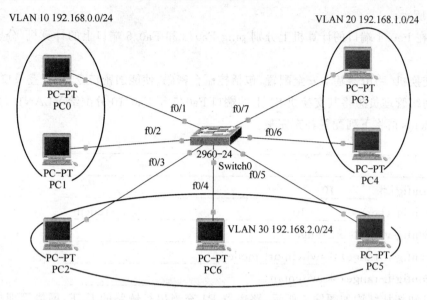

图题 6　网络拓扑结构

(1) 为计算机规划 IP 地址及子网掩码。

PC 主机	IP 地址	子网掩码
PC0		
PC3		
PC5		
PC6		

(2) 写出为交换机规划 VLAN 的命令。

(3) 写出将 F0/2、F0/4、F0/6 端口划入相应 VLAN 的命令。

7. 已知网络拓扑结构如图题 7 所示,请为计算机及路由器端口规划 IP 地址(子网掩码用默认子网掩码),并测试连通情况(路由器左侧为 F0/0,右侧为 F0/1)。

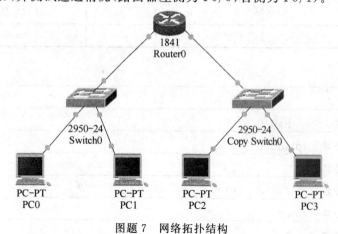

图题 7　网络拓扑结构

（1）配置设备 IP 地址

PC 主机	端口	IP 地址	子网掩码	网关
PC0	网口			
PC1	网口			
PC2	网口			
PC3	网口			
Router0	f0/0	192.168.1.1	255.255.255.0	不填
Router0	f0/1	192.168.2.1	255.255.255.0	不填

（2）测试连通情况

测试 PC0 和 PC3 的连通情况的命令是什么？PC0 和 PC3 是否能正常通信？为什么？

8. 静态路由配置题,已知网络拓扑结构如图题 8 所示,请为计算机及路由器端口规划 IP 地址。

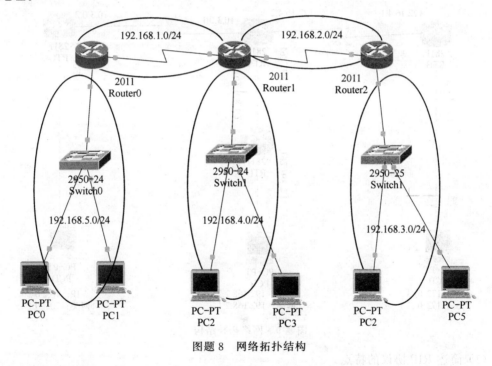

图题 8　网络拓扑结构

（1）配置设备 IP 地址

PC 主机	端口	IP 地址	子网掩码	网关
PC0	网口			
PC1	网口			
PC2	网口			
PC3	网口			
PC2	网口			

PC 主机	端口	IP 地址	子 网 掩 码	网关
PC3	网口			
Router0	F0/0		255.255.255.0	不填
Router1	F0/0		255.255.255.0	不填
Router2	F0/0		255.255.255.0	不填

（2）设置静态路由

① Router0 添加的静态路由（填写命令）

② Router1 添加的静态路由（填写命令）

③ Router2 添加的静态路由（填写命令）

9. 动态路由配置题，已知网络拓扑结构如图题 9 所示，请为计算机及路由器端口规划 IP 地址（子网掩码都设为 255.255.255.0）。

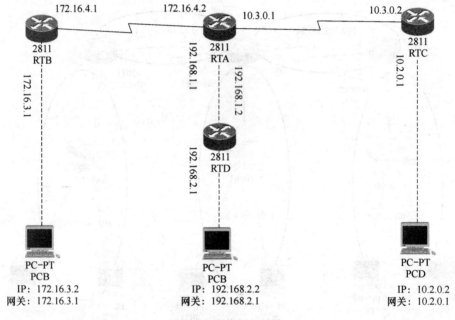

图题 9　网络拓扑结构

（1）简述 RIP 协议的特点。

（2）设置 RIP 路由。

① 配置路由器 RTA 的 RIP 路由（填写命令）。

② 配置路由器 RTB 的 RIP 路由（填写命令）。

③ 配置路由器 RTC 的 RIP 路由（填写命令）。

④ 配置路由器 RTD 的 RIP 路由（填写命令）。

（3）查看路由器 RTA 当前路由状态可使用命令

10. IPv6 网络配置题。已知网络拓扑结构如图题 10 所示，请为路由器端口配置 IPv6 地址，并规划计算机 IPv6 地址及网关。

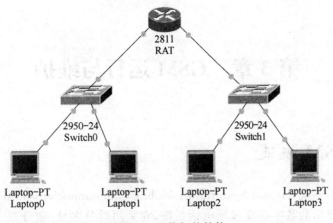

图题 10　网络拓扑结构

（1）路由器端口配置 IP 地址

① 为 RTA 的 F0/0（左侧）端口配置 IPv6 地址 2001：ABCD：1：:1/64，应使用什么命令？

② 为 RTA 的 F0/1（右侧）端口配置 IPv6 地址 2001：ABCD：2：:1/64，应使用什么命令？

（2）规划计算机 IPv6 地址

PC 主机	IP 地址	网关
Laptop0		
Laptop1		
Laptop2		
Laptop3		

（3）测试连通情况

① 在 Laptop0 上测试与网关的连通情况（填写命令）。

② 在 Laptop2 上测试与 Laptop1 的连通情况（填写命令）。

第 3 章　GSM 运行与维护

3.1　GSM 概述

全球移动通信系统(Global Systerm for Mobile Communication,GSM)是 20 世纪 80 年代中期欧洲首先推出的数字蜂窝移动电话系统,它采用时分多址/频分双工(TDMA/FDD)方式入网,即用户在不同频道上通信,而且每一频道上可分为 8 个时隙,每一时隙为一个信道,又称物理信道。世界上第一个 GSM 网络于 1992 年在芬兰投入使用,揭开了第二代移动通信的序幕,成为陆地公用移动通信的主要系统。

GSM 系统开始被设计成为一个泛欧洲的移动通信标准,是第一个数字移动通信系统,能够在欧洲范围内进行国际漫游。GSM 系统是迄今为止商业化运营最成功的移动通信系统,现在已经不仅限于欧洲范围内,世界上许多国家也采用了 GSM 系统。1994 年 GSM 系统由中国联通首先引入中国,经过几年的发展,GSM 网络已经覆盖了全国大多数的城市与乡镇,其用户数量也占中国移动通信用户的大多数。在 GSM 系统的发展中,陆续发展出几个系列通信系统。

3.1.1　GSM 系统的基本特点

GSM 数字蜂窝移动通信系统(简称 GSM 系统)是完全依据欧洲通信标准化委员会(ETSI)制订的 GSM 技术规范研制而成的,任何一家厂商提供的 GSM 数字蜂窝移动通信系统都必须符合 GSM 技术规范。

GSM 系统作为一种开放式结构和面向未来设计的系统具有下列主要特点:

(1) GSM 的一个突出特点是采用开放式接口。系统是由几个子系统组成的,各子系统之间或各子系统与各种公用通信网之间都明确和详细定义了标准化接口规范,保证任何厂商提供的 GSM 系统或子系统能互连,并且可与各种公用通信网(PSTN、ISDN、PDN 等)互联互通。

(2) GSM 系统能提供跨越国际边界的自动漫游功能,对于全部 GSM 移动用户都可进入 GSM 系统而与国别无关。

(3) GSM 规范中提供与 ISDN 网络互连的接口,可以保证 ISDN 与 GSM 网络之间互通,因此,GSM 系统除了可以开放话音业务,还可以开放各种承载业务、补充业务和与 ISDN 相关的业务。

(4) GSM 系统具有加密和鉴权功能,能确保用户信息保密和网络安全。

(5) GSM 采用时分多址方式,每一个载频上分为 8 个时隙,可提供给 8 个用户来使用,与模拟手机采用的 FDMA 频分多址方式比较,频谱利用率更高,进一步提高了系统容量。

(6) GSM 系统采用数字无线传输技术,抗干扰、抗衰落性能较强,传输质量高、覆盖区域内的通信质量高。

（7）用户终端设备（手持机和车载机）随着大规模集成电路技术的进一步发展能向更小型、轻巧和增强功能趋势发展。

3.1.2　GSM 的频率配置

1. 工作频段

GSM 网络采用 900/1800 MHz 频段，如表 3.1 所示。

表 3.1　GSM 系统的工作频率范围

频段	移动台发、基站收	基站发、移动台收
900 MHz	909～915 MHz	954～960 MHz
1800 MHz	1745～1755 MHz	1840～1850 MHz

2. 频道间隔

相邻频道间隔为 200 kHz。每个频道采用时分多址接入（TDMA）方式分为 8 个时隙，即为 8 个信道。

3. 双工收发间隔

在 900 MHz 频段，双工收发间隔为 45 MHz；在 1800 MHz 频段，双工收发间隔为 95 MHz。

4. 频道配置

采用等间隔频道配置方法。

在 900 MHz 频段，频道序号为 1～124，共 124 个频道。频道序号和频道标称中心频率的关系为：

$$f_l(n)=890.200 \text{ MHz}+(n-1)\times0.200 \text{ MHz} \qquad 移动台发，基站收$$

$$f_h(n)=f_l(n)+45 \text{ MHz} \qquad\qquad\qquad 基站发，移动台收$$

其中：$n=1\sim124$

在 1800 MHz 频段，频道序号为 512～885，共 374 个频道。频道序号与频道标称中心频率的关系为：

$$f_l(n)=1710.200 \text{ MHz}+(n-512)\times0.200 \text{ MHz} \quad 移动台发，基站收$$

$$f_h(n)=f_l(n)+95 \text{ MHz} \qquad\qquad\qquad 基站发，移动台收$$

其中：$n=512,513,\cdots,885$

3.1.3　GSM 的多址方式及信道

多址技术就是要使众多的移动用户公用公共信道所采用的一种技术，实现多址的方法基本有三种，频分多址（FDMA）、码分多址（CDMA）、时分多址（TDMA）。我国模拟移动通信网 TACS 就是采取的 FDMA 技术。CDMA 是以不同的代码序列实现通信的，它可重复使用所有小区的频谱，它是目前最有效的频率复用技术。TDMA 是把时间分割成周期性的帧，每一帧再分割成若干时隙。然后根据一定的时隙分配原则，使各移动台在每帧内只能按指定的时隙向基站发送信号。在满足定时和同步的条件下，基站可以分别在各个时隙中接收到各移动台的信号而不混淆。同时,基站发向多个移动台的信号都按顺序安排在预定的时隙中传输,各个移动台只要在指定的时隙内接收,就能在合格的信号中把发给它的信号区分出来。

1. 多址方式

GSM 的多址方式为时分多址 TDMA 和频分多址 FDMA 相结合并采用跳频的方式,载波间隔为 200 K,每个载波有 8 个基本的物理信道。一个物理信道可以由 TDMA 的帧号、时隙号和跳频序列号来定义。它的一个时隙的长度为 0.577 ms,每个时隙的间隔包含 156.25 bit GSM 的调制方式为 GMSK,调制速率为 270.833 kbit/s。

2. TDMA 信道

在 GSM 中的信道可分为物理信道和逻辑信道。GSM 系统采用 TDMA/FDMA/FDD 的接入方式。这种多址接入方式把 25 MHz 的频段分成 124 个频道,频道间隔 200 kHz。每个载频可分成 8 个时隙,每个时隙作为一个物理信道。因此,一个物理信道就是一个时隙,通常被定义为给定 TDMA 帧上的固定位置上的时隙(TS)。TDMA 中的信道数为每个基站使用的载波数乘以每载波的时隙数,TDMA 空闲信道的选取是选择某个载频上的某个空闲时隙,而逻辑信道是根据 BTS 与 MS 之间传递的消息种类不同而定义的不同逻辑信道。逻辑信道在空中接口的传输过程中要被放在某个物理信道上。逻辑信道可分为业务信道(Traffic Channel,TCH)和控制信道(Control Channel,CCH)两大类,其中后者也称信令信道(Signalling Channel,SCH)。

(1)业务信道

业务信道(TCH)载有编码的话音或用户数据,它有全速率业务信道(TCH/F)和半速率业务信道(TCH/H)之分,两者分别载有总速率为 22.8 和 11.4 kbit/s 的信息。使用全速率信道所用时隙的一半,就可得到半速率信道。因此一个载频可提供 8 个全速率或 16 个半速率业务信道(或两者的组合)并包括各自所带有的随路控制信道。

① 话音业务信道

载有编码话音的业务信道分为全速率话音业务信道(TCH/FS)和半速率话音业务信道(TCH/HS),两者的总速率分别为 22.8 和 11.4 kbit/s。

对于全速率话音编码,话音帧长 20 ms,每帧含 260 bit,提供的净速率为 13 kbit/s。

② 数据业务信道

在全速率或半速率信道上,通过不同的速率适配、信道编码和交织,支撑着直至 9.6 kbit/s 的透明和非透明数据业务。用于不同用户数据速率的业务信道,具体有:9.6 kbit/s,全速率数据业务信道(TCH/F9.6);4.8 kbit/s,全速率数据业务信道(TCH/F4.8);4.8 kbit/s,半速率数据业务信道(TCH/H4.8);≤2.4 kbit/s,全速率数据业务信道(TCH/F2.4);≤2.4 kbit/s,半速率数据业务信道(TCH/H2.4)。

数据业务信道还支撑具有净速率为 12 kbit/s 的非限制的数字承载业务。

在 GSM 系统中,为了提高系统效率,还引入额外一类信道,即 TCH/8,它的速率很低,仅用于信令和短消息传输。如果 TCH/H 可看作 TCH/F 的一半,则 TCH/8 便可看作 TCH/F 的 1/8。TCH/8 应归于慢速随路控制信道(SACCH)的范围。

（2）控制信道

控制信道（CCH）用于传送信令或同步数据。为了增强控制功能，传输所需的各种信令，GSM 系统设置了三类控制信道，分别是广播信道（Broadcast Channel，BCCH）、公共控制信道（Common Control Channel，CCCH）和专用控制信道（Dedicated Control Channel，DCCH）。

① 广播信道

广播信道仅作为下行信道使用，即传输移动台入网和呼叫建立所需要的有关信息，是一种"一点到多点"的基站到移动台的单向控制信道，又可分为如下三种信道：

• 频率校正信道（Frequency Control Channel，FCCH）：载有供移动台频率校正用的信息。

• 同步信道（Synchronous Channel，SCH）：载有供移动台帧同步（TDMA 帧同步）和对基站进行识别（BTS 的识别码 BSIC）的信息。实际上，该信道包含两个编码参数：一个是基站识别码（BSIC），它占有 6 个 bit（信道编码之前），其中 3 个 bit 为 0～7 范围的 PLMN 色码，另 3 个 bit 为 0～7 范围的基站色码（BCC）；另一个是简化的 TDMA 帧号（RFN），它占有 19 个 bit。

• 广播控制信道（Broadcast Control Channel，BCCH）：通常，在每个基站收发信台中总有一个收发信机含有这个信道，以向移动台广播系统信息，包括位置区识别码（LAI）、小区允许最大输出功率和相邻小区 BCCH 载频，周期性登记的时间周期等小区相关信息。

② 公共控制信道

公共控制信道为系统内移动台所共用，它分为下述三种信道：

• 寻呼信道（Paging Channel，PCH）：这是一个下行信道，用于寻呼被叫的移动台。

• 随机接入信道（Random Access Channel，RACH）：这是一个上行信道，用于移动台随机提出入网申请，即请求分配一个 SDCCH，它可作为 MS 主叫登记时接入或作为对寻呼的响应。

• 准予接入信道（Access Granted Channel，AGCH）：这是一个下行信道，用于基站对移动台的入网请求做出应答，即响应 RACH 的接入请求，告知 MS 分配的 SDCCH 信道或直接分配的 TCH 信道。

③ 专用控制信道

此信道用于呼叫建立及通信进行当中，传输移动台和基站间必需的控制信息。使用时由基站将其分配给移动台专用，是一种"点对点"的双向控制信道。它主要有如下几种：

• 独立专用控制信道（Standalone Dedicated Control Channel，SDCCH）：用于在分配业务信道之前，特定 MS 与 BTS 之间传送有关信令，如登记、鉴权过程、被叫号码的发送、业务信道 TCH 的分配等。除此之外，SDCCH 还用于传送短消息，是双向信道。

• 慢速随路控制信道（Slow Associated Control Channel，SACCH）：它与一条业务信道或一条 SDCCH 联用，在基站和移动台之间周期性的传送一些必要的信息，如移动台向网络报告正在服务的基站和相邻基站的信号强度，为切换提供依据，也用于基站向移动台传送功率控制、时间调整等指令。

• 快速随路控制信道（Fast Associated Control Channel，FACCH）：业务信息传输过程中如果突然需要传输比 SACCH 所能处理的高得多的速度传送信令信息，则借用 20 ms 的业务时隙（TCH）来传送，每次占用时间 18.5 ms。这种方式通常在切换时使用。

图 3.1 归纳了上述逻辑信道的分类。

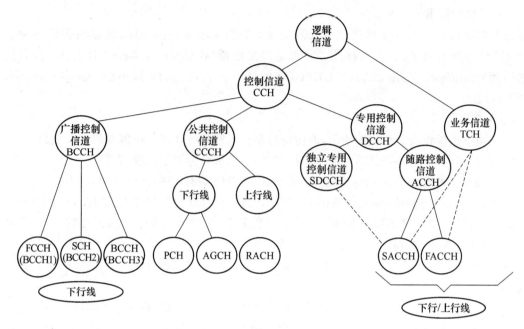

图 3.1 逻辑信道类型

3. TDMA 帧

帧(Frame)通常被表示为接连发生的 i 个时隙。在 TDMA 中,每一个载频被定义为一个 TDMA 帧,其持续时间为所有进行时分多址的 i 个用户各自在相应时隙完成一个突发的传输所需的总时间,每帧包括 8 个时隙(TS0~TS7),表明可有 8 个用户在这个载频上进行时分多址,即同一个载频由 8 个用户进行时分共享。

图 3.2 给出了 TDMA 帧的完整结构,每一个 TDMA 帧含 8 个时隙,共占 $60/13\approx$ 4.615 ms。每个时隙含 156.25 个码元,占 $15/26\approx0.557$ ms,还包括了时隙和突发脉冲序列。必须记住,TDMA 帧是在无线链路上重复的"物理"帧。

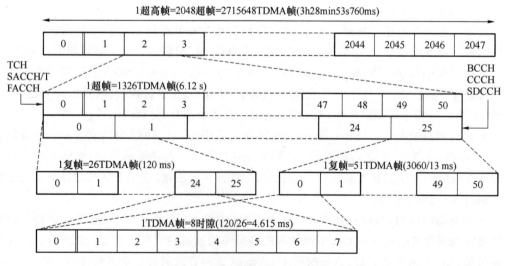

图 3.2 帧、时隙和突发脉冲序列

同时,TDMA 帧要有一个帧号,这是因为会有多个不同的逻辑信道在同一个物理信道上进行时分复用,在计算加密序列的 A5 算法中是以 TDMA 帧号为一个输入参数,当有了 TDMA 帧号后,移动台就可以判断控制信道 TS0 上传送的为哪一类逻辑信道了。TDMA 的帧号是以 3 h 28 min 53s 760 ms(2715648 个 TDMA 帧)为周期循环编号的,帧号在同步信道中传送。

每 2715648 个 TDMA 帧为一个超高帧(Hyper frame),每一个超高帧又由 2048 个超帧(Super frame)组成,一个超帧持续时间为 6.12 s,由 51 个 26 复帧或 26 个 51 复帧组成。这两种复帧是为满足不同速率的信息传输而设定的,分别是:

26 帧的复帧:包含 26 个 TDMA 帧,时间间隔为 120 ms,它主要用于 TCH(SACCH/T)和 FACCH 等业务信道。其中 24 个突发序列用于业务,2 个突发序列用于信令。

51 帧的复帧:包含 51 个 TDMA 帧,时间间隔为 235 ms,专用于 BCCH、CCCH、SDCCH 等控制信道。

当不同的逻辑信道复用到一个物理信道时,需要使用这些复帧。

3.1.4　无线覆盖的区域划分

在小区制移动通信网中,基站设置很多,移动台又没有固定的位置,移动用户只要在服务区域内,无论移动到何处,移动通信网必须明确其所在区域位置,以实现位置更新、越区切换和自动漫游等功能。因此,需要对整个服务区域进行区域划分,并对各个区域赋予编号加以识别。

在由 GSM 系统组成的移动通信网路结构中,无线覆盖的区域划分如图 3.3 所示。

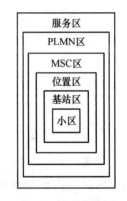

图 3.3　无线覆盖的区域划分

1. 服务区

服务区是指移动台可获得服务的区域,即其他通信网(如 PLMN、PSTN 或 ISDN)用户无须知道移动台的实际位置而可与之通信的区域。

一个服务区可由一个或若干个公用陆地移动通信网(PLMN)组成,可以是一个国家或是一个国家的一部分,也可以是若干个国家。

2. 公用陆地移动通信网(PLMN)业务区

PLMN 是由一个公用陆地移动通信网(PLMN)提供通信业务的地理区域。PLMN 可以认为是网络(如 ISDN 或 PSTN)的扩展,一个 PLMN 区可由一个或若干个移动业务交换中心(MSC)组成。在该区内具有共同的编号制度(比如相同的国内地区号)和共同的路由计划。MSC 构成固定网与 PLMN 之间的功能接口,用于呼叫接续等。

3. MSC 区

MSC 是由一个移动业务交换中心所控制的所有小区共同覆盖的区域构成 PLMN 网的一部分。一个 MSC 区可以由一个或若干个位置区组成。

4. 位置区

位置区是指移动台可任意移动不需要进行位置更新的区域。位置区由网络运营者划分,可由一个或若干个小区(或基站区)组成,与一个或多个 BSC 有关,但只属于一个 MSC。

　　为了呼叫移动台,系统在一个位置区内所有基站同时发寻呼信号,搜索激活状态下的移动台。移动台在位置区可以自由移动而不用进行位置更新。

5．基站区

　　由置于同一基站点的一个或数个基站收发信台(BTS)包括的所有小区所覆盖的区域。

6．小区

　　采用基站识别码或全球小区识别码(GCI)进行标识的无线覆盖区域。在采用全向天线结构时,小区即为基站区。

3.1.5　移动识别号码

1．国际移动用户识别码(International Mobile Subscriber Identity,IMSI)

　　为了在无线路径和整个 GSM 移动通信网络上正确识别某个移动用户,就必须给移动用户(MS)分配一个特定的识别号,存储在用户识别模块 SIM 卡、HLR 和 VLR 中,在无线接口和MAP 接口上传送。此码在所有位置区(包括在漫游区)都是有效的。通常在呼叫建立、位置更新等过程都必须用 IMSI 寻址,目前所有到 HLR 补充业务的操作都是用 IMSI 寻址。

　　号码结构说明如图 3.4 所示。

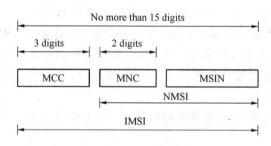

图 3.4　IMSI 的组成

其中:移动国家码(Mobile Country Code,MCC)我国为 460;移动网号(Mobile Network Code,MNC)用于识别移动用户所归属的移动网,中国移动 GSM 网的 MNC 为 00,中国联通 GSM 网的 MNC 为 01;在某一 PLMN 内 MS 唯一的识别码(Mobile Subscriber Identification Number,MSIN)格式为:H1 H2 H3 S XXXXXX;在某一国家内 MS 唯一的识别码(National Mobile Subscriber Identification,NMSI),典型的 IMSI 举例:460-00-4777770001。

2．临时移动用户识别码(Temporary Mobile Subscriber Identity,TMSI)

　　TMSI 是为了加强系统的保密性而在 VLR 内分配的临时用户识别码。为了对 IMSI保密,IMSI 只在起始入网登记时使用,在后续的呼叫中,使用经过一定算法转换来的TMSI,以避免通过无线信道发送其 IMSI,从而防止窃听者非法盗用合法用户的 IMSI,它在某一 VLR 区域内与 IMSI 唯一对应。

　　TMSI 分配原则:包含 4 个字节,可以由 8 个十六进制数组成,其结构可由各运营部门根据当地情况而定。TMSI 的 32 bit 不能全部为 1,因为在 SIM 卡中比特全为 1 的 TMSI表示无效的 TMSI。

3．移动用户 ISDN 号码(Mobile Subscriber International ISDN/PSTN Number,MSISDN)

　　MSISDN 是指主叫用户为呼叫 GSM PLMN 中的一个移动用户所需拨的号码,作用同于固定网 PSTN 号码,存储在 HLR 和 VLR 中,在 MAP 接口上传送。

号码结构说明如图 3.5 所示。

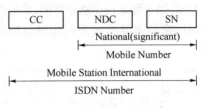

图 3.5　MSISDN 的组成

其中:国家码(Country Code,CC)如中国为 86;国内接入号(National Destination Code,NDC)如中国移动的 NDC 目前有 139、138、137、136、135;SN(Subscriber Number);MSISDN 的一般格式为 86-139(或 8-0)-H1H2H3ABCD,典型的 MSISDN 举例:861394770001。在我国,移动用户号码升位为 11 位,在 H1H2H3 前面加了一个 H0(0～9),其一般格式变为 86-139(或 8-0)-H0H1H2H3ABCD,典型的号码举例:8613904770001。

4. MSC 号码(MSC-Number)/VLR 号码(VLR-Number)

其编码格式为:CC+NDC+LSP,其中 CC、NDC 含义同 MSISDN 的规定,LSP(Locally Significant Part)由运营者自己决定。

典型的 MSC-Number 为 86-139-0477。目前在网上 MSC 与 VLR 都是合一的,所以 MSC-Number 与 VLR-Number 基本上都是一样的。在我国,MSC 号码和 VLR 号码均已升位,在 M1M2M3 前面加了一个 0,典型的号码举例:8613900477。

5. 移动用户漫游号码(Mobile Subscriber Roaming-Number,MSRN)

当移动用户漫游到一个 MSC/VLR 业务区时,由 VLR 给它分配一个临时性的漫游号码,并通知该移动台的 HLR,用于建立通信路由。具体来讲,为了将呼叫接至处于漫游状态的移动台处,必须要给入口 MSC(即 GMSC,Gateway MSC)一个用于选择路由的临时号码。为此,移动台所属的 HLR 会请求该移动台所属的 MSC/VLR 给该移动台分配一个号码,并将此号码发送给 HLR,而 HLR 收到后再把此号码转送给 GMSC。这样,GMSC 就可以根据此号码选择路由,将呼叫接至被叫用户目前正在访问的 MSC/VLR 交换局了。一旦移动台离开该业务区,此漫游号码即被收回,并可分配给其他来访用户使用。

漫游号码的结构与移动用户 ISDN 号码相同。

6. HLR-Number(HLR 号码)

其编码格式为:CC+NDC+H1 H2 H3 0000;升位后变为:CC+NDC+H0H1H2H3000。其中 CC,NDC 含义同 MSISDN 的规定。

典型的 HLR-Number 为 86-139-4770000;升位后为 861390477000。

7. 位置区识别码(Location Area Identification,LAI)

系统在检测位置更新和信道切换时,要使用位置区识别码 LAI。

号码结构说明如图 3.6 所示。

图 3.6　LAI 的组成

其中,MCC 与 MNC 与 IMSI 中的相同;位置区码(Location Area Code,LAC)用于识别 GSM 移动网中的某个位置区,是 2 个字节长的十六进制 BCD 码,由各运营部门自定,其中 0000 与 FFFE 不能使用。

8. 全球小区识别(Cell Global Identification,CGI)

CGI 是所有 GSM PLMN 中小区的唯一标识,是在位置区识别 LAI 的基础上再加上小区识别 CI 构成的。编码格式为 LAI+CI,CI(Cell Identity)是 2 个字节长的十六进制 BCD

码,可由运营部门自定。

9. 基站识别色码(Base Station Identity Code,BSIC)

BSIC 用于移动台识别相邻的、采用相同载频的、不同的基站收发信台(BTS),特别用于区别在不同国家的边界地区采用相同载频的相邻 BTS。BSIC 为一个 6 bit 编码,其组成如图 3.7 所示。

图 3.7　BSIC 的组成

其中:NCC 为 PLMN 色码,用来唯一地识别相邻国家不同的 PLMN,相邻国家要具体协调 NCC 的配置;BCC 为 BTS 色码,用来唯一地识别采用相同载频、相邻的、不同的 BTS。

10. 国际移动设备识别码(International Mobile Equipment Identification,IMEI)

IMEI 用于在国际上唯一地识别一个移动设备,用于监控被窃或无效的移动设备。IMEI 可在待机状态下按"＊♯06♯"读取,读取的 IMEI 码与手机后盖板上的条码标签、外包装上的条码标签应一致。IMEI 的组成如图 3.8 所示。

其中:TAC 为型号批准码,由欧洲型号批准中心分配;FAC 为最后装配码,表示生产厂家或最后装配所在地,由厂家进行编码;SNR 为序号码。这个数字的独立序号码唯一地识别每个 TAC 和FAC 的每个移动设备;SP 为备用。

图 3.8　IMEI 的组成

3.2　GSM 系统组成

3.2.1　GSM 系统的结构与功能

GSM 系统是由几个子系统组成的,并且可与各种公用通信网(PSTN、ISDN、PDN 等)互联互通。各子系统之间或各子系统与各种公用通信网之间都明确和详细定义了标准化接口规范,保证任何厂商提供的 GSM 系统或子系统能互连。GSM 系统的典型结构可分为 4个组成部分,包括网络子系统 NSS(交换子系统 SS)、基站子系统 BSS、操作维护子系统 OSS和移动台 MS,如图 3.9 所示。

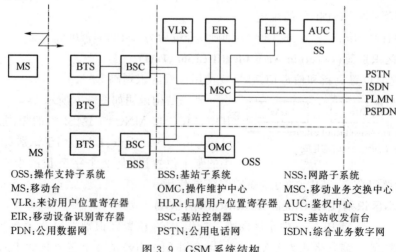

图 3.9　GSM 系统结构

其中基站子系统(BSS)在移动台(MS)和网络子系统(NSS)之间提供和管理传输通路,特别是包括了 MS 与 GSM 系统的功能实体之间的无线接口管理。NSS 必须管理通信业务,保证 MS 与相关的公用通信网或与其他 MS 之间建立通信,也就是说 NSS 不直接与 MS 互通,BSS 也不直接与公用通信网互通。MS、BSS 和 NSS 组成 GSM 系统的实体部分。操作支持系统(OSS)则提供运营部门一种手段来控制和维护这些实际运行部分。

1. 移动台(MS)

移动台是公用 GSM 移动通信网中用户使用的设备,也是用户在整个 GSM 系统中能够直接接触的唯一设备。移动台的类型不仅包括手持台,还包括车载台和便携式台。

除了通过无线接口接入 GSM 系统的无线处理功能外,移动台必须提供与使用者之间的接口。例如完成通话呼叫所需要的话筒、扬声器、显示屏和按键,或者提供与其他一些终端设备之间的接口,如与个人计算机或传真机之间的接口,或同时提供这两种接口。因此,根据应用与服务情况,移动台可以是单独的移动终端(MT)、手持机、车载机或者是由移动终端(MT)直接与终端设备(TE)传真机相连接而构成,或者是由移动终端(MT)通过相关终端适配器(TA)与终端设备(TE)相连接而构成,如图 3.10 所示,这些都归类为移动台的重要组成部分之一——移动设备。

移动台另外一个重要的组成部分是用户识别模块(SIM),它包含所有与用户有关的身份及业务类型等信息、无线接口的信息,以及鉴权和加密信息。使用 GSM 标准的移动台都需要插入 SIM 卡,只有当处理异常的紧急呼叫时,可以在不用 SIM 卡的情况下操作移动台。SIM 卡的应用使移动台并非固定地缚于一个用户,因此,GSM 系统是通过 SIM 卡来识别移动电话用户的,这为将来发展个人通信打下了基础。

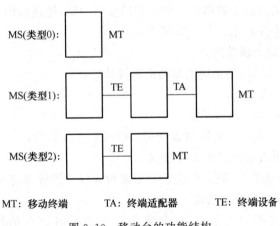

MT: 移动终端　　　TA: 终端适配器　　　TE: 终端设备

图 3.10　移动台的功能结构

2. 基站子系统(BSS)

基站子系统(BSS)是移动台(MS)和网络子系统(NSS)之间提供和管理传输通路,实现移动用户无线接入交换网络的组成部分,因此,在 3G 系统里也称无线接入网络(Radio Access Network,RAN)。它通过无线接口直接与移动台相接,负责无线发送接收和无线资源管理。另一方面,基站子系统与网路子系统(NSS)中的移动业务交换中心(MSC)相连,传送系统信令信号和用户信息等。

基站子系统是由基站控制器(BSC)和基站收发信台(BTS)这两部分的功能实体构成。

（1）基站控制器（BSC）

基站控制器（BSC）是基站子系统（BSS）的控制部分，通过对 BTS 设备的控制管理，实现对无线接口资源的分配和管理功能。

（2）基站收发信台（BTS）

基站收发信台（BTS）属于基站子系统的无线部分，由基站控制器（BSC）控制，覆盖某个小区的无线收发信设备，实现 BTS 与移动台（MS）之间通过空中接口的无线传输及相关的控制功能。BTS 主要分为基带单元、载频单元、控制单元三大部分。基带单元完成基带信号的处理过程，如话音和数据业务速率适配、信道编/解码、交织/解交织等。载频单元主要用于调制/解调，发送时用基带信号去调制载波形成射频信号进行发射，接收时从射频信号上解调提取基带信号。控制单元则实现对 BTS 的操作与维护等功能。

3. 网络交换子系统（NSS）

网络交换子系统（NSS）主要包含有 GSM 系统的交换功能和用于用户数据与移动性管理、安全性管理所需的数据库功能，它对 GSM 移动用户之间通信和 GSM 移动用户与其他通信网用户之间通信起着管理作用。NSS 由一系列功能实体构成，整个 GSM 系统内部，即 NSS 的各功能实体之间和 NSS 与 BSS 之间都通过符合 CCITT 信令系统 No. 7 协议和 GSM 规范的 7 号信令网路互相通信。

（1）移动业务交换中心（MSC）

移动业务交换中心（MSC）是网路的核心，它提供交换功能及面向系统其他功能实体（如基站子系统 BSS、归属位置寄存器 HLR、鉴权中心 AUC、移动设备识别寄存器 EIR、操作维护中心 OMC）和面向固定网（公用电话网 PSTN、综合业务数字网 ISDN、分组交换公用数据网 PSPDN、电路交换公用数据网 CSPDN）的接口功能，把移动用户与移动用户、移动用户与固定网用户互相连接起来。其主要功能有：

① 完成系统的电话交换功能。

a. 实现呼叫建立、控制、终止功能及路由选择功能；

b. 业务的提供，计费处理；

c. 功能实体间及网络间接口功能。

② 从 HLR、VLR、AUC 中获取位置登记和呼叫请求所需的数据，同时，MSC 也根据其最新获取的信息请求更新数据库的部分数据。

③ MSC 还支持位置登记、越区切换和自动漫游等移动性管理功能和其他网络功能。

④ 鉴权、加密等安全性管理功能。

对于容量比较大的移动通信网，一个网络子系统 NSS 可包括若干个 MSC、VLR 和 HLR，为了建立固定网用户与 GSM 移动用户之间的呼叫，无须知道移动用户所处的位置。此呼叫首先被接入到入口移动业务交换中心，称为 GMSC，入口交换机负责获取位置信息，且把呼叫转接到可向该移动用户提供即时服务的 MSC，称为被访 MSC（VMSC）。因此，GMSC 具有与固定网和其他 NSS 实体互通的接口。目前，GMSC 功能就是在 MSC 中实现的。根据网络的需要，GMSC 功能也可以在固定网交换机中综合实现。另外，还有实现长途汇接功能的汇接 MSC（TMSC）。

（2）访问用户位置寄存器（VLR）

访问用户位置寄存器（VLR）是服务于其控制区域内移动用户的，存储着进入其控制区域内已登记的移动用户相关信息,为已登记的移动用户提供建立呼叫接续的必要条件。当某用户进入 VLR 控制区后,此 VLR 将由该移动用户的归属用户位置寄存器(HLR)获取并存储必要数据。一旦移动用户离开该 VLR 的控制区域,则重新在另一个 VLR 登记,原 VLR 将取消临时记录的该移动用户数据。因此,VLR 是一种用于存储来访用户相关信息的动态数据库。

当漫游用户进入到新的移动交换中心控制区时,它必须向该地区的访问位置寄存器申请登记。访问位置寄存器要给该用户分配一个新的漫游号码(MSRN),并从该用户的原地位置寄存器查询有关的参数,并通知其原地位置寄存器修改该用户的位置信息,以便其他用户呼叫此移动用户时提供路由信息。

VLR 功能总是在每个 MSC 中综合实现的。一个访问位置寄存器通常为一个移动交换中心控制区服务,也可为几个相邻移动交换中心控制区服务。

(3) 归属用户位置寄存器(HLR)

归属用户位置寄存器(HLR)是 GSM 系统的中央数据库,存储着在该 HLR 控制区域内进行入网登记的所有移动用户的相关数据。HLR 中存储的用户信息分两类:

一类是用户的参数信息(静态信息),包括用户识别号码、访问能力、用户类别和补充业务等数据,例如,GSM 对每个注册的移动台分配两个号码,储存在 HLR 中:①国际移动用户识别码(IMSI),用于网络识别用户身份的号码;②移动台 ISDN 号,是在 PSTN/ISDN 编号中一个注册的 GSM 移动台号码(即电话号码)。

另一类是关于用户当前的位置信息,移动用户实际漫游所在的 MSC 区域和移动台漫游号码等相关动态信息数据。这样,任何入局呼叫可以即刻按选择路径送到被叫的用户。

(4) 鉴权中心(AUC)

GSM 系统采取了特别的安全措施,例如,用户鉴权、对无线接口上的话音、数据和信号信息进行加密等。因此,鉴权中心(AUC)存储着鉴权信息和加密密钥,用来防止无权用户接入系统和保证通过无线接口的移动用户通信的安全。

AUC 属于 HLR 的一个功能单元部分,专用于 GSM 系统的安全性管理。

(5) 移动设备识别寄存器(EIR)

移动设备识别寄存器(EIR)存储着移动设备的国际移动设备识别码(IMEI),通过检查白色清单、黑色清单或灰色清单这三种表格,在表格中分别列出了准许使用的、出现故障需监视的、失窃不准使用的移动设备的 IMEI 识别码,使得运营部门对于不管是失窃还是由于技术故障或误操作而危及网络正常运行的 MS 设备,都能采取及时的防范措施,以确保网络内所使用的移动设备的唯一性和安全性。

(6) 短消息中心

短消息中心主要功能是接收、存储和转发用户的短消息,通过短消息能可靠地将信息传达到目的地。如果失败,短消息中心保存失败的消息直到成功为止。手机即使处于通话状态仍然可以同时接收短消息。

4. 操作与维护分系统(OSS)

操作与维护分系统(OSS)是一个功能实体。操作人员通过 OSS 来监视和控制 GSM 系统,对基站分系统和交换分系统分别进行操作和维护,以保证系统的正常运转。GSM 的技术规范确定了关于如何实现操作和维护功能的基本原则。

3.2.2 GSM 系统的接口和协议

GSM 系统在制订技术规范时就对其子系统之间及各功能实体之间的接口和协议作了比较具体的定义,使不同供应商提供的 GSM 系统基础设备能够符合统一的 GSM 技术规范而达到互通、组网的目的。实现国际漫游功能和在业务上迈入面向 ISDN 的数据通信业务,必须建立规范和统一的信令网络以传递与移动业务有关的数据和各种信令信息,因此,GSM 系统遵循 CCITT 建议的公用陆地移动通信网(PLMN)的接口标准,采用 7 号信令支持 PLMN 接口的数据传输。

1. 主要接口

GSM 系统的主要接口是指 A 接口、Abis 接口和 Um 接口,如图 3.11 所示。这三种主要接口的定义和标准化能保证不同供应商生产的移动台、基站子系统和网络子系统设备能纳入同一个 GSM 数字移动通信网运行和使用。

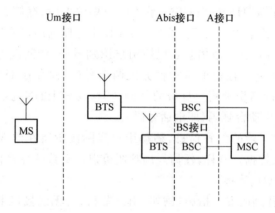

图 3.11 GSM 系统的主要接口

(1) A 接口

A 接口定义为网络子系统(NSS)与基站子系统(BSS)之间的通信接口,从系统的功能实体来说,就是移动业务交换中心(MSC)与基站控制器(BSC)之间的互连接口,其物理链接通过采用标准的 2.048 Mbit/s PCM 数字传输链路来实现。此接口传递的信息包括移动台管理、基站管理、移动性管理、接续管理等。

(2) Abis 接口

Abis 接口定义为基站子系统的两个功能实体基站控制器(BSC)和基站收发信台(BTS)之间的通信接口,用于 BTS(不与 BSC 并置)与 BSC 之间的远端互连方式,物理链接通过采用标准的 2.048 Mbit/s 或 64 Kbit/s PCM 数字传输链路来实现。

(3) Um 接口

Um 接口(空中接口)定义为移动台与基站收发信台(BTS)之间的通信接口,用于移动台与 GSM 系统的固定部分之间的互通,其物理链接通过无线链路实现。此接口传递的信息包括无线资源管理、移动性管理和接续管理等。

2. 网络交换子系统内部接口

网络交换子系统由移动业务交换中心(MSC)、访问用户位置寄存器(VLR)、归属用户位置寄存器(HLR)等功能实体组成,因此 GSM 技术规范定义了不同的接口以保证各功能实体之间的接口标准化。网络子系统内部接口如图 3.12 所示。

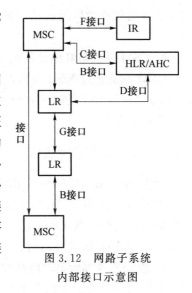

图 3.12　网路子系统
内部接口示意图

（1）D 接口

D 接口定义为归属用户位置寄存器（HLR）与访问用户位置寄存器（VLR）之间的接口，用于交换有关移动台位置和用户管理的信息，为移动用户提供的主要服务是保证移动台在整个服务区内能建立和接收呼叫。实用化的 GSM 系统结构一般把 VLR 综合于移动业务交换中心（MSC）中，而把归属用户位置寄存器（HLR）与鉴权中心（AUC）综合在同一个物理实体内。因此 D 接口的物理链接是通过移动业务交换中心（MSC）与归属用户位置寄存器（HLR）之间的标准 2.048 Mbit/s 的 PCM 数字传输链路实现的。

（2）B 接口

B 接口定义为访问用户位置寄存器（VLR）与移动业务交换中心（MSC）之间的内部接口，用于移动业务交换中心（MSC）向访问用户位置寄存器（VLR）询问有关移动台（MS）当前位置信息或者通知访问用户位置寄存器（VLR）有关移动台（MS）的位置更新信息等。

（3）C 接口

C 接口定义为归属用户位置寄存器（HLR）与移动业务交换中心（MSC）之间的接口，用于传递路由选择和管理信息。如果采用归属用户位置寄存器（HLR）作为计费中心，呼叫结束后建立或接收此呼叫的移动台（MS）所在的移动业务交换中心（MSC）应把计费信息传送给该移动用户当前归属的归属用户位置寄存器（HLR），一旦要建立一个至移动用户的呼叫时，入口移动业务交换中心（GMSC）应向被叫用户所属的归属用户位置寄存器（HLR）询问被叫移动台的漫游号码。C 接口的物理链接方式与 D 接口相同。

（4）E 接口

E 接口定义为控制相邻区域的不同移动业务交换中心（MSC）之间的接口。当移动台（MS）在一个呼叫进行过程中，从一个移动业务交换中心（MSC）控制的区域移动到相邻的另一个移动业务交换中心（MSC）控制的区域时，为不中断通信需完成越区信道切换过程，此接口用于切换过程中交换有关切换信息以启动和完成切换。E 接口的物理链接方式是通过移动业务交换中心（MSC）之间的标准 2.048 Mbit/s PCM 数字传输链路实现的。

（5）F 接口

F 接口定义为移动业务交换中心（MSC）与移动设备识别寄存器（EIR）之间的接口，用于交换相关的国际移动设备识别码管理信息。F 接口的物理链接方式是通过移动业务交换中心（MSC）与移动设备识别寄存器（EIR）之间的标准 2.048 Mbit/s 的 PCM 数字传输链路实现的。

（6）G 接口

G 接口定义为访问用户位置寄存器（VLR）之间的接口。当采用临时移动用户识别码（TMSI）时，此接口用于向分配临时移动用户识别码（TMSI）的访问用户位置寄存器（VLR）

询问此移动用户的国际移动用户识别码(IMSI)的信息。G 接口的物理链接方式与 E 接口相同。

3. GSM 系统与其他公用电信网的接口

GSM 系统通过 MSC 与其他公用电信网(如 PSTN、ISDN)互连,采用 7 号信令系统接口,其物理链接方式是通过 MSC 与 PSTN 或 ISDN 交换机之间标准 2.048 Mbit/s 的 PCM 数字传输实现的。

3.2.3 GSM 网络结构

GSM 移动通信网的组织情况视不同国家地区而定,地域大的国家可以分为三级(第一级为大区/省级汇接局,第二级为省级/地区级汇接局,第三级为各基本业务区的 MSC),中小型国家可以分为两级(一级为汇接中心,另一级为各基本业务区的 MSC)或无级。我国的 GSM 网络采用三级网络结构。

1. 移动业务本地网的网络结构

全国划分为若干个移动业务本地网,原则上长途编号区为一位、二位、三位的地区可建立移动业务本地网,每个移动业务本地网应相应设立 HLR,必要时可增设 HLR,用于存储归属该移动业务本地网所有用户的有关数据。每个移动业务本地网中可设一个或若干个移动业务交换中心 MSC(移动端局)。

在移动业务本地网中,每个 MSC 与局所在本地的长途局相连,并与局所在地的市话汇接局相连。在长途局多局制地区,MSC 应与该地区的高一级长途局相连。如没有市话汇接局的地区,可与本地市话端局相连,如图 3.13 所示。

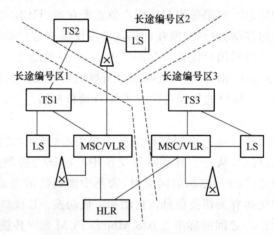

图 3.13　移动业务本地网由几个长途编号组成的示意图

一个移动业务本地网可只设一个移动交换中心(局)MSC;当用户多达相当数量时也可设多个 MSC,各 MSC 间以高效直达路由相连,形成网状网结构,移动交换局通过网关局接入到固定网,同时它至少还应和省内两个二级移动汇接中心连接;当业务量比较大的时候,它还可直接与一级移动汇接中心相连,这时,二级移动汇接中心汇接省内移动业务,一级移动汇接中心汇接省级移动业务。其典型的组网方式如图 3.14 所示。

根据各地方不同情况,也有由于用户数量少本地未建 MSC 的情况,其组网方式如图 3.15 所示,也有用户数量大进行大规模组网的情况,其组网方式如图 3.16 所示。

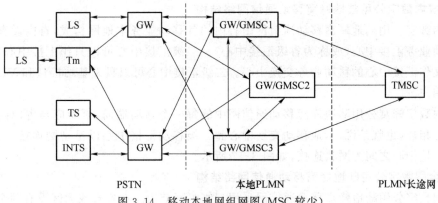

图 3.14　移动本地网组网图(MSC 较少)

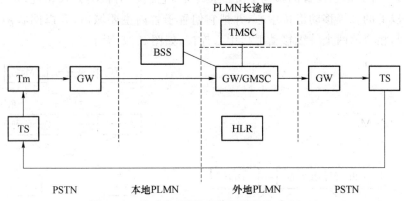

图 3.15　移动本地网组网图(本地未建 MSC)

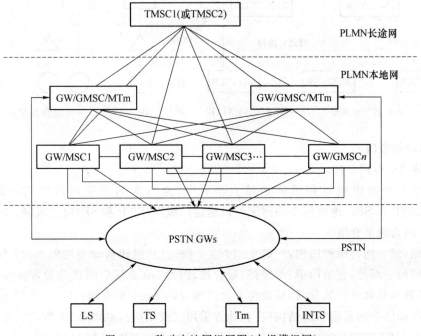

图 3.16　移动本地网组网图(大规模组网)

2. 省内数字公用陆地蜂窝移动通信网络结构

省内数字公用陆地蜂窝移动通信网由省内的各移动业务本地网构成,省内设有若干个二级移动业务汇接中心(或称为省级汇接中心)。二级汇接中心可以只作汇接中心,或者既作端局又作汇接中心的移动业务交换中心。二级汇接中心可以只设基站接口和 VLR,因此它不带用户。

省内数字蜂窝公用陆地蜂窝移动通信网中的每一个移动端局,至少应与省内两个二级汇接中心相连,也就是说,本地移动交换中心和二级移动汇接中心以星型网连接,同时省内的二级汇接中心之间为网状连接,如图 3.17 所示。

3. 全国数字公用陆地蜂窝移动通信网络结构

我国数字公用陆地蜂窝移动通信网采用三级组网结构。在各省或大区设有两个一级移动汇接中心,通常为单独设置的移动业务汇接中心,它们以网状网方式相连;每个省内至少应设有两个以上的二级移动汇接中心,并把它们置于省内主要城市,并以网状网方式相连,同时它还应与相应的两个一级移动汇接中心连接,如图 3.18 所示。

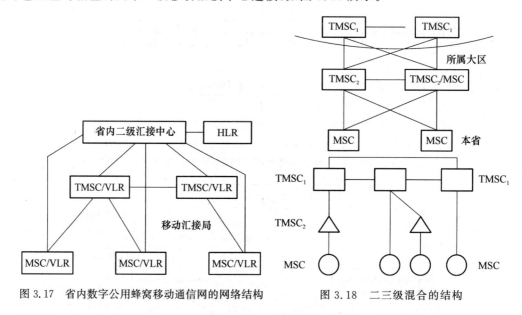

图 3.17　省内数字公用蜂窝移动通信网的网络结构　　　图 3.18　二三级混合的结构

4. 移动信令网

(1) 移动信令网结构

七号信令网的组建也和国家地域大小有关,地域大的国家可以组建三级信令网(HSTP、LSTP 和 SP),地域偏小的国家可以组建二级网(STP 和 SP)或无级网,下面以中国GSM 信令网为例来介绍。

在中国,信令网有两种结构,一是全国 No.7 网;二是组建移动专用的 No.7 信令网,是全国信令网的一部分,它最简单、最经济、最合理,因为 No.7 信令网就是为多种业务共同服务的,但随着移动和电信的分营,移动建有自己独立的 No.7 信令网。

我国移动信令网采用三级结构(有些地方采用二级结构),如图 3.19 所示。在各省或大区设有两个 HSTP,同时省内至少还应设有两个以上的 LSTP(少数 HSTP 和 LSTP 合一),移动网中其他功能实体作为信令点 SP。

HSTP 之间以网状网方式相连,分为 A、B 两个平面;在省内的 LSTP 之间也以网状网方式相连,同时它们还应和相应的两个 HSTP 连接;MSC、VLR、HLR、AUC、EIR 等信令点至少要接到两个 LSTP 点上,若业务量大时,信令点还可直接与相应的 HSTP 连接。

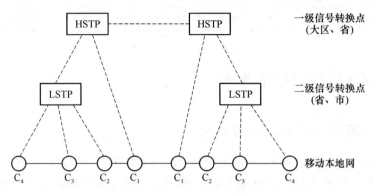

图 3.19　大区、省市信令网的转接点结构

(2) 信令网的编址方案

在信令网中对每个信令点分配独立于电话网编号的编码,供信令消息在信令网中选择路由使用。为了便于信令网的管理,国际信令网和各国国内信令网彼此独立,国内信令网采用全国统一的编号。

① 国际信令网编码方案

ITU-T 在 Q.708 建议中规定了国际信令网信令节点的编码计划。国际信令网的信令点编码采用 14 位的二进制数进行编码,采用三级的编码结构,如表 3.2 所示。

表 3.2　国际信令网信令点编码格式

NML	KJIHGFED	CBA
大区识别	区域网识别	信令点识别
信令区域网编码 SANC		
国际信令点编码 ISPC		

其中大区识别码是用来识别世界编号大区,用 NML 三位码来标识;区域网识别用来识别世界编号大区内的区域网,用 K 至 D 八位码来标识;信令点识别用来识别区域网内的信令点,用 CBA 三位码来标识。

N 至 D 十一位码称为信令区域网编码(SANC),每个国家至少占有一个 SANC。SANC 用 Z-UUU 的十进制来表示,Z 为大区识别,UUU 为区域网识别。我国大区号为 4,区域网编码为 120,因此我国的 SANC 为 4-120。

② 各国国内信令网编码方案

各国国内信令网根据各自的具体情况可以采用独立的编址方案,其中我国的国内信令网采用 24 位的信令点编址方案,如表 3.3 所示。

我国 No.7 信令点的 24 位编码包含三部分:主信令区编码、分信令区编码和信令点编码,各部分均为 8 位。其中主信令区原则上以省、直辖市、自治区为单位编排;分信令区以省、自治区的地区、地级市或者直辖市的汇接局为单位编排。

表3.3　我国国内信令网信令点编码格式

8	8	8
主信令区	分信令区	信令点
省、自治区、直辖市	地区、地级市,直辖市内的汇接区、郊区	电信网中的交换局

3.3　ZXG10 硬件系统

3.3.1　认识 ZXG10 iBSC 硬件结构

ZXG10 iBSC(v6.00)属于 GERAN(GSM/EDGE 地面无线接入网络)的一部分,GERAN 无线接入网络包括一个或多个基站子系统(BSS),一个 BSS 由一个 BSC 和一个或多个 BTS 组成。BSC 和 BTS 之间通过 Abis 接口相连,BSC 之间、BSC 和 RNC 之间通过 Iur-g 接口相连。

GERAN 与 CN 间通过 A/Gb/Iu 接口相连。GERAN 有两种工作模式:A/Gb 模式和 Iu 模式,GERAN 可以同时工作在两种模式下。此时,2G 的移动台采用 A/Gb 工作模式,支持 Iu 模式的移动台采用何种工作模式由 GERAN 和移动台共同决定。

ZXG10 iBSC(v6.00)支持 GSM PhaseⅡ+标准中规定的基站控制器的业务功能,同时兼容 GSM PhaseⅡ标准,主要功能如下:

(1) 支持 GSM900、GSM850、GSN1800 和 GSM1900 网络。

(2) 支持协议规定的基站管理功能,可以管理 ZXG10_BTS 系列产品的混合接入。

(3) 通过前后台接口与 iOMCR 连接,实现对 BSS 的操作维护管理。

ZXG10 iBSC(v6.00)是中兴通讯自行研制开发的大容量控制器,具有以下特点:

(1) 采用全 IP 硬件平台

ZXG10 iBSC 采用了和中兴通讯 3G 产品相同的全 IP 硬件平台,基于全 IP 的硬件平台确保 ZXG10 iBSC 强大的 PS 功能,而且易于实现 IPABIS 和 IPGB 接口。

(2) 容量大、处理能力强

ZXG10 iBSC(v6.00)最大支持 1536 个站点。3072 个载频,处理能力强,可以降低系统组网的复杂性、改善网络质量,节省机房投资。

(3) 提供标准型的 A 接口

ZXG10 iBSC(v6.00)提供全网开放的 A 接口,保证与不同产商设备的互连。

(4) 模块化设计,扩容方便

ZXG10 iBSC(v6.00)采用了模块化的设计方式。网络扩容十分方便,通过模块叠加就可以实现平滑扩展。

(5) 组网方式灵活

ZXG10 iBSC(v6.00)ABIS 接口星形、链形、树形和环形连接,同时支持 E1、卫星、微波和光线等传输方式。

(6) 集成度高,功率低

(7) 可靠性高

逻辑上，ZXG10 iBSC(v6.00)系统可以分为 6 个单元，各单元功能如下：

（1）接入单元为 iBSC 系统提供 A 接口、Abis 接口和 Gb 接口的接入处理。iBSC 系统的接入单元具体包括 A 接口单元(AIU)、Abis 接口单元(BIU)和 Gb 接口单元(GIU)等。

（2）交换单元为系统提供一个大容量、无阻塞的交换平台。

（3）处理单元实现系统控制面和用户面的上层协议处理。

（4）操作维护单元完成对 iBSC 系统的管理，并提供全局配置数据存储、前后台接口。

（5）外围设备监控单元完成对 iBSC 机柜电源和环境的检测与警告，并对机柜风扇进行检测与控制。

（6）TC 单元完成码型变换和速率适配。

ZXG10 iBSC 系统中包括三种机框：控制框、资源框和分组交换框。IBSC 机架的前后门如图 3.20 所示。

图 3.20　IBSC 机架的前后门

各机框的分类、功能说明如表 3.4 所示。

表 3.4　各机框的分类和功能

机框类型	功能
控制框	完成系统的全局操作维护功能、全局时钟功能、控制面处理以及控制面以太网交换功能
资源框	完成系统的接入，构成各种通用业务处理子系统
分组交换框	为系统提供大容量无阻塞的 IP 交换平台

背板是机框的重要组成部分。同一机框的单板之间通过背板的印制线相连,极大地减少了背板的电缆连线,提高了整机工作的可靠性。

机框跟背板是一一对应的,机框与背板的对应关系如表 3.5 所示。

表 3.5 机框与背板对应关系

机框	背板
分组交换框	分组交换网背板 BPSN
控制框	控制中心背板 BCTC
资源框	通用业务网背板 BUSN

1. 分组交换框

分组交换框为 iBSC 系统内部各个功能实体的用户面数据提供 IP 交换功能,并能根据不同用户提供相应的 QoS 功能。每个 iBSC 系统至少配一个分组交换框,配置于主机柜的第四层。

分组交换框在 ZXG10 iBSC 中的位置如图 3.21 所示。

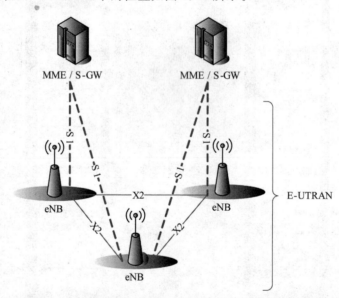

图 3.21 分组交换框位置示意图

每个 iBSC 系统必须配一个分组交换框,配置于主机柜的第四层。分组交换框可配置的单板如表 3.6 所示。

表 3.6 分组交换框可装配的单板

前插单板	后插单板	背板
分组交换网板(PSN)	.	
千兆线路接口板(GLI)	.	分组交换网背板(BPSN)
控制面通用接口模块(UIMC)	UIM 后插板 2(RUIM2)	
	UIM 后插板 3(RUIM3)	

分组交换框配置如图 3.22 所示。

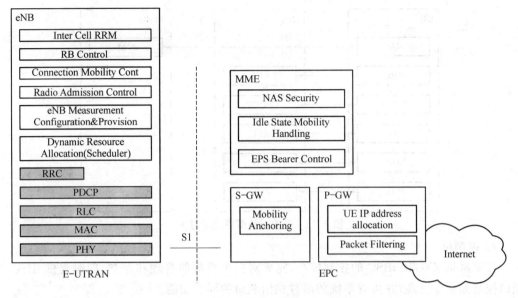

图 3.22　分组交换框配置示意图

分组交换框提供系统的一级 IP 交换平台，供多资源框用户面扩展用，也可以直接对外提供高速接口。

(1)机框内单板配置说明

① UIMC 单板 2 块，完成分组交换框控制面交换功能。固定插在 15、16 槽位，必须配置。

② PSN 单板 2 块，完成线卡间数据交换功能。固定插在 7、8 槽位，必须配置。

③ GLI 单板 2～8 块，完成 GE 线卡功能。可以插在 1～6 或 9～14 槽位，数目根据配置容量可选，必须成对出现；配置时按从左往右增加的原则进行。

④ RUIM2 单板 1 块，固定插在 15 槽位，必须配置。

⑤ RUIM3 单板 1 块，固定插在 16 槽位，必须配置。

(2) 原理

分组交换框原理示意图如图 3.23 所示。

① 机框间信号交互

各资源框通过 UIMU 板前面板的光口和交换框的 GLI 相连。

控制框通过 CHUB 单板对应的后插板 RCHB1 和 RCHB2 与交换框的 UIMC 相连。

时钟信号通过 CLKG 后插板 RCKG1 和 RCKG2 与交换框的 UIMC 相连，实现时钟传送。

② 机框内信号处理

用户面数据：

· 分组交换框通过 GLI 接入用户面数据进行相应处理。

· 然后通过背板的高速信号线将数据发送到分组交换网板 PSN 完成交换。

· 最后 GLI 从分组交换网板 PSN 接收交换后的数据，完成相应处理，发送到目的端口。

控制面数据：

UIMC 的交换是以以太网总线作为子系统内部控制总线，连接子系统各模块，实现路由信息分发收集、系统的配置维护管理;同时实现高层协议和信令数据的传递。

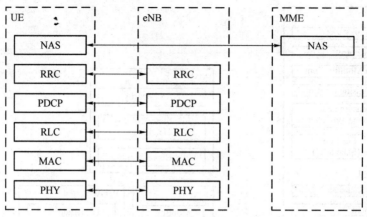

图 3.23　分组交换框原理示意图

2. 控制框

控制框是 ZXG10 iBSC 的控制核心,完成对整个系统的管理和控制,同时提供 iBSC 系统的控制面信令处理,并负责系统的时钟供给和时钟同步功能。

控制框在 ZXG10 iBSC 中的位置如图 3.24 所示。

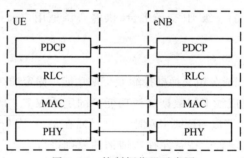

图 3.24　控制框位置示意图

每个 iBSC 系统必须配一个控制框。控制框必须位于 1 号机柜 2 号框。

控制框可配置的单板如表 3.7 所示。

表 3.7　控制框可配置的单板

前插单板	后插单板	背板
操作维护处理板(OMP)	OMP 后插板(RMPB)	
控制处理板(CMP)		
控制面通用接口模块(UIMC)	UIM 后插板 2(RUIM2)	
	UIM 后插板 3(RUIM3)	
控制面互联板(CHUB)	CHUB 后插板 1(RCHB1)	控制中心背板(BCTC)
	CHUB 后插板 2(RCHB2)	
时钟产生板(CLKG)	CLKG 后插板 1(RCKG1)	
	CLKG 后插板 2(RCKG2)	
服务器板(SVR)	服务器后插板(RSVB)	

控制框配置如图 3.25 所示。

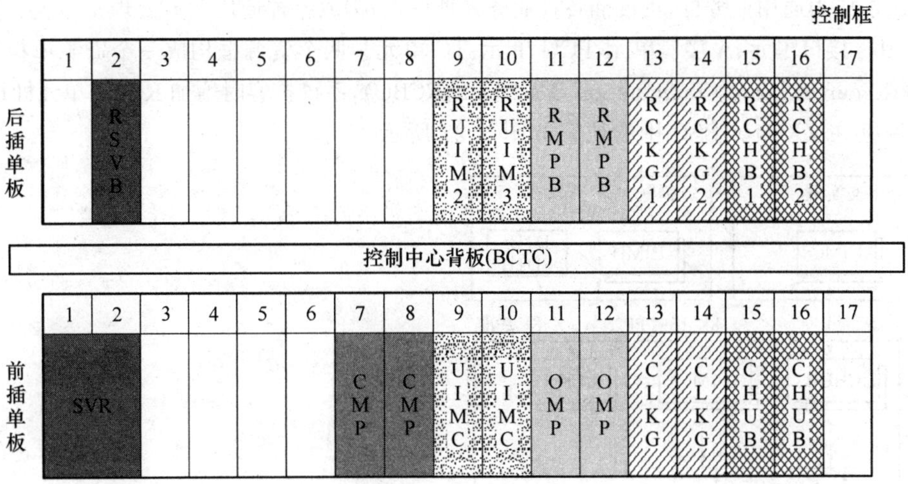

图 3.25　控制框配置示意图

(1)控制框内单板配置说明

① OMP 单板 2 块,主备配置,固定插入 11、12 槽位,必须配置。

② CMP 单板 2～10 块,可以插在 1～8 和 13～16 槽位,数目根据配置容量可选。

③ CLKG 单板 2 块,主备配置,固定插在 13、14 槽位,必须配置。

④ CHUB 单板 2 块,主备配置,固定插在 15、16 槽位,必须配置。

⑤ UIMC 单板 2 块,主备配置,固定插在 9、10 槽位,必须配置。

⑥ SVR 单板 1 块,固定插在 2 槽位,必须配置。

(2) 控制框原理

控制框原理示意如图 3.26 所示。

① 机框间信号交互

在 iBSC 系统中,可配置一对时钟产生板 CLKG。通常将 CLKG 配在控制框,然后通过电缆向分组交换框和各资源框分发系统时钟。

OMP、SVR 单板通过 HUB 与 iOMCR 连接,并实现内、外网段的隔离。

CHUB 单板作为控制流汇接中心,实现分组交换框、资源框和控制框的控制流汇接。

② 机框内信号处理

BCTC 背板用于承载信令处理板、各种主控模块,完成控制面的汇接和处理,并在多框设备中构成系统的分布处理平台。

UIMC 单板是控制框的信令交换中心,用以完成各模块间的信息交换。

OMP 单板实现整个系统操作维护相关的控制(包括操作维护代理)。

OMP 单板是 ZXG10 iBSC 操作维护处理的核心,直接或间接监控和管理系统中的单板,提供以太网和 RS485 两种接口对系统单板进行配置管理。

SVR 通过 HUB 连接 iOMCR,保存 OMP 需要存放的一些文件,并对这些文件按照 iOMCR 所要求的格式组织。

CMP 板连接在控制面交换单元上,负责完成所有控制面的协议处理。

3. 资源框

资源框作为通用业务框,可混插各种业务处理单板,构成各种通用业务处理子系统。资源框可配置 Abis 接口单元、A 接口单元、PCU 单元、TC 单元。两个资源框构成一个资源单板配置基本单元(Resources board Configuration Basal Unit,RCBU),系统扩容时增加 RCBU 单元即可。

资源框在 ZXG10 iBSC 中的位置如图 3.27 所示。

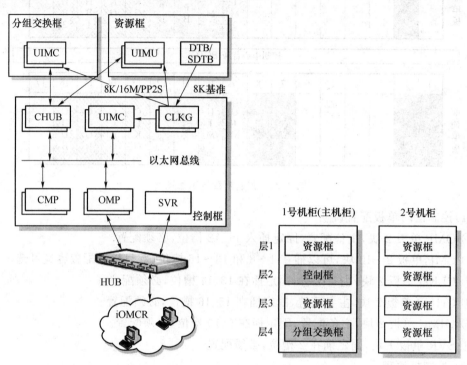

图 3.26　控制框原理示意图　　　　图 3.27　资源框位置示意图

资源框的位置没有特殊限制,在 1 号机柜一般配置于第 1 层、第 3 层,在 2 号机柜可位于任意层。

资源框可配置的单板如表 3.8 所示。

表 3.8　资源框可配置的单板

前插单板	后插单板	背板
数字中继接口板(DTB)	数字中继板后插板(RDTB)	
光数字中继接口板(SDTB)	通用后插板 1(RGIM1)	
用户面通用接口模块(UIMU)	UIMU 后插板 1(RUIM1)	
GSM 通用处理板(GUP)		
BSCIP 接口板(BIPI)	MNIC 后插板(RMNIC)	通用业务网背板(BUSN)
信令处理板(SPB)	SPB 后插板(RSPB)	
用户面处理板(UPPB)		
操作维护处理板(OMP)	OMP 后插板(RMPB)	
控制处理板(CMP)		

　　资源框有多种配置,此处以 Abis 口采用 FE+E1、A 口采用 E1 为例。资源框配置如图 3.28 所示。

资源框

1	2	3	4	5	6	7	8	9	10	11	12	13	14	15	16	17

后插单板

| R D T B | R D T B | | R D T B | | | R M N I C | R M N I C | R U I M 1 | R U I M 1 | | | R S P B | R D T B | | R S P B | |

通用业务网背板(BUSN)

1	2	3	4	5	6	7	8	9	10	11	12	13	14	15	16	17

前插单板

| D T B | D T B | G U P | D T B | G U P | G U P | B I P I | B I P I | U I M U | U I M U | G U P | U P P B | S P B | D T B | G U P | S P B | G U P |

图 3.28　资源框配置示意图

　　(1) 资源框单板配置说明

　　UIMU 单板 2 块,固定插在 9、10 槽位,必须提供。

　　DTB 可配置在除 9、10、15、16 的任何槽位。

　　SDTB 可配置在除 9、10 的任何槽位,优先考虑插 17 槽位,插其他槽位时,主备板相邻的槽位不能配置使用 HW 线资源的单板,如 DTB、GUP 等。

　　GUP 用作 BIPB 时,优先插在 5~8、11~14 槽位;若插在 1~4、15~16 槽位,GUP 主备板相邻槽位可以配置不使用内部媒体面网口的单板,如 DTB、SDTB;GUP 用作 DRTB 时,可以插在除 9、10 的任何槽位。

　　SPB 可以插在除 9、10 的任何槽位,但 15/16 槽位只能插一块。

　　UPPB 推荐插在 5~8、11~14 槽位;如果插在 1~4、15~16 槽位,UPPB 主备板相邻槽位可以配置不使用内部媒体面网口的单板,如 DTB、SDTB。

　　BIPI 优先考虑插在 5~8、11~14 槽位。

　　在单框成局时,必须配置 OMP 单板,插在 11、12 槽位,根据需要配置 CMP,可以插在 13、14 槽位。

　　(2) 原理

　　资源框原理示意如图 3.29 所示。

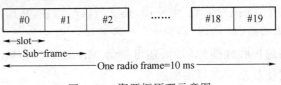

图 3.29　资源框原理示意图

（1）机框间信号交互

UIMU 单板提供对外连接资源框的控制以太网通道，与控制框的控制流汇接中心 CHUB 单板互联。

UIMU 单板与分组交换框的 GLI 单板互联，实现不同资源板之间的一级交换。

DTB、SPB 单板提供 E1 线路接口。

SDTB 板提供 STM.1 接入。

BIPI 提供 FE 接入。

控制框的 CLKG 单板通过线缆向各资源框分发系统时钟。

（2）机框内信号处理

BUSN 作为资源框背板，可以混插各种业务处理模块，构成通用业务处理子系统。

UIMU 是资源框各种数据的汇接和交换中心，用以完成各模块间的信息交换。

UPPB 完成用户面相关无线协议处理。

GUP 实现 TC 码型变换和速率适配、TDM 到 IP 包的转换。

3.3.2 认识 ZXG10 B8018 硬件结构

1. 系统概述

（1）系统背景

ZXG10 B8018 是中兴通讯第三代基站产品，是一种室内的宏蜂窝基站。ZXG10 B8018 在 ZXG10 iBTS 第二代的基础上升级，采用了许多新技术，在软件、硬件、系统可靠性方面做了很大的改进。

（2）系统简介

ZXG10 B8018 支持属于 GERAN 系统基站子系统中的无线收发信台 BTS，由基站控制器 BSC 控制，服务于某个小区。B8018 通过 Abit 接口与 BSC 相连，协助 BSC 完成无线资源管理，通过 Um 接口实现与 MS 的无线传输和相关控制功能。

2. 功能

ZXG10 B8018 支持 GSM phase I/GSM phase II/GSM phase II ＋ 标准。支持 GSM900、EGSM900、GSM850、GSM1800 和 GSM1900 工作频段，不同频段的模块可共机柜。

支持 GPRS 的 CS1～CS4 编码，EDGE 的 MSC1～MCS9 信道编码方式，并能根据监视和测量结果动态调整信道编码方式。

ZXG10 B8018 支持多种类分集技术，包括以下几种：

（1）上行链路干扰抑制合并 IRC 分集技术，IRC 分集接收方式，可以提高接收机上的行灵敏指标，增大基站上行的覆盖范围。

（2）下行延时分集发射，BTS 的双密度载频模块中的两个发信机在短时内发射相同信号，两个发信机当作一个"虚拟发信机"来使用，使下行信号增强，从而提高覆盖范围。

（3）支持 4 路分集接收，基站可以提供一个载波的 4 路分集接收信号，获得最佳的增益，增强基站上行链路的接收性能的同时，还可降低 MS 的发射功率，4 路分集功能和延时发射分集同时使用，可使基站实现超远覆盖。

ZXG10 B8018 接收端采用 Viterbi 软判决算法解调，改善信道解码性能，提高系统接收灵敏度和抗干扰能力；支持调频，提高系统抗瑞利衰落的能力；支持不连续发送 DTX 方式，减少发射机功率，降低空中信号总干扰电平；支持时间提前量的计算；支持超距覆盖小区，小区覆盖半径理论上最大可达到 120 km；单机柜支持 18 个载频，支持统一站点 54 个载频扩展，一个站点支持 S18/18/18 的扩展。

ZXG10 B8018 具备灵活的 Abit 接口功能；Abit 接口支持 8 路 E1/T1 接口，支持 75Ω/E1 和 120Ω/E1 传输；支持通过 E1 连接卫星链路；支持 IP 接口，BSC 与 BTS 之间的数据格式以 IP 包的形式传输，链路承载采用以太网的传输；支持星形、链形、树形和环形多种组网方式。

ZXG10 B8018 支持 BTS 的测量报告预处理；支持 GSM 规范规定的全部的寻呼模式；支持同步切换、异步切换、伪同步切换和预同步切换。

ZXG10 B8018 还具有全面及时的告警系统；支持风机告警和机柜内温度告警；提供 10 对外部环境干节点输入，两对干结点输出；为外部智能设备提供了操作维护的透明通道；支持基站的无人值守和自动告警功能；具有内置塔放系统的供电和告警系统。

ZXG10 B8018 支持 Common BCCH，这样可以提高网络整体的利用率，缓解网络拥塞。

ZXG10 B8018 支持 DTRU，每个物理载频模块内含两个收发信机；支持与 ZXG10-BTS 机柜实现并柜扩容；支持 DPCT 方式的扩展覆盖。

ZXG10 B8018 还支持智能上/下电。

3. 硬件总体结构

ZXG10 B8018 基站中包括两种机框：顶层机框和载频机框，如图 3.30 所示。

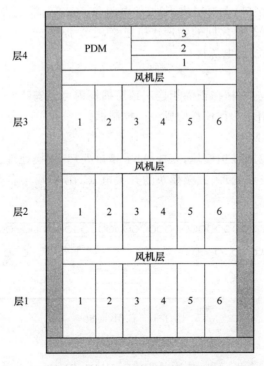

图 3.30　B8018 层号、槽位号定义

顶层机框包括 PDM 和控制框两部分。控制框主要实现接口转换、时钟产生、TDM 交

换和系统控制等功能。PDM 主要负责 BTS 输入工作电源的滤波和分配。

载频插框有 3 层,每层实现的功能是一样的,包括 GSM 系统中无线信道的控制和处理、无线信道数据的发送和接收、基带信号在无线载波上的调制和解调、无线载波的发送与接收、空中信号的合路和分路等。

(1) 背板

顶层插框对应的背板是控制框背板,顶层插框中的 PDM 模块没有背板。载频插框对应的背板是载频背板。

① BBCH

BBCM 背板为控制操作维护单板、Abit 接口板单板之间信号互连提供可靠地物理连接通路,并提供下述接口:

• 为各个单板/模块提供电源/接地接口;

• 为外部环境监控提供接入通道;

• 与三层 BBTR 背板子系统的互联接口;

• 提供一组到机顶的信号接口,主要包括 Abit 接口信号、并柜用的 60ms 同步信号以及机顶拨码开关信号。

② BBTR

BBTR 主要为 DTRU 和 AEM 之间的信号提供可靠的物理互连通路,提供与 BBCH 的连接、提供与 FCM 的连接,主要提供下述接口:

• 与 BBCM 的互连接口,主要包括的信号有 HW、时钟、开关点控制信号;

• 与 FCM 的互连接口,主要提供+12 V 电源和 FCM 的输出告警等;

• 提供 DTRU 和 AEM 之间的物理连接通路,主要提供±12V 电源、告警等信号接口;

• 提供送至机顶塔放的电源接口。

(2) 顶层机框

顶层插框通过侧耳与立柱在正面相连。顶层插框内可以安装 1 个 PDM、2 个 CMB 个、一个 EIB,其中 2 个 CMB、一个 EIB 构成一个控制框。

① 控制维护模块 CMB

CMB 是 B8018 的控制维护模块,完成 Abis 接口处理、交换处理、基站操作维护、时钟同步及发生、内外告警采集和处理、载频模块的开关电、CNB 模块主备热份等功能,如图 3.31 所示。

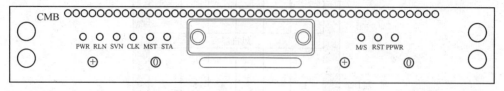

图 3.31　CMB 面板

• 指示灯

CMB 模块面板有 6 个指示灯,依次是 PWR,RUN,SYN,CLK,MST 和 STA。

CMB 上电后,PWR 绿灯亮。硬件初始化,所有的灯同时闪一次,验证指示灯是否工作正常;如果自检不通过,RUN 灯亮红灯,3s 后单板重启动。

• 按钮

CMB 模块面板有 3 个按钮：1 个复位按钮、一个手动主备切换按钮和 1 个强制上电按钮。

• 接口

CMB 模块面板有 1 个外部测试端口，用 RS232 串口和网口将计算机与 B8018 相连，可以在计算机上进行本地操作维护。

② 接口模块 EIB

EIB 主要提供 8 路 E1/T1 的线路阻抗匹配，IC 侧与线路侧的信号隔离，E1/T1 线路接口的线路保护，提供 E1/T1 链路旁的功能，并向 CMB 提供接口板类型信息，如图 3.32 所示。

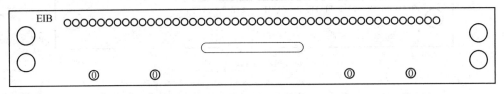

图 3.32　EIB 面板

③ 以太网接入模块 FIB

FIB 提供 Abit 接口以太网接入，主要完成下述功能。

• 完成 IP 数据包到时隙的映射，并通过 8MHW 与 CMB 进行通信；

• 提供 4 路 E1/T1 的路线阻抗匹配，IC 侧与线路侧的信号隔离，E1/T1 线路接口的线路保护；

• 提供 16 拨码用于 IP 选择；

• 实现和读取各种硬件管理标识；

• 提供一路本地调试网口；

• 单板电源接口，具备电源方反接功能；

• 支持软件版本的在线更新和加载，支持科编程器件版本的升级。

④ 电源模块 PDM

PDM 模块将输入到机柜的 −48 V 电源分配到 CMB、DTRU 和 FCM 各个模块，依靠断路器提供过载断路保护，并实现电源滤波功能，如图 3.33 所示。

（3）载频插框

载频插框又称为收发信框，通过侧耳与立柱在正面相连。每层载频插框可以安装 3 个 AEM 模块和 3 个 DTRU 模块。AEM 模块安装在载频插框的 1、5、6 槽位，DTRU 安装在 2、3、4 槽位。

在 B8018 机柜中，载频插框有 3 层，每层实现的功能是一样的，包括 GSM 系统中无线信道的控制和处理、无线信道数据的发送与接收等。

① 双收发信模块 DTRU

对于不同的 GSM 系统，ZXG10 B8018 设计了不同的 DTRU，如表 3.9 所示。

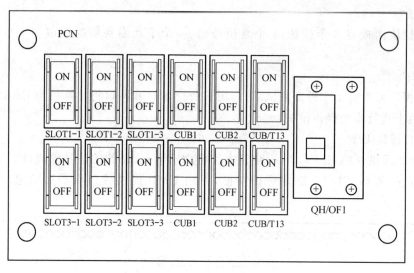

图 3.33　PDM 面板

表 3.9　DTRU 分类

系统类型	模块命名	系统类型	模块命名
GSM900	DTRUG	GSM1800	DTRUD
GSM850	DTRUM	GSM1900	DTRUP

DTRU 是 B8018 的核心模块,主要完成 GSM 系统中两路载波的无线信道的控制和处理、无线信道数据的发送与接收、基带信号在无线载波上的调制与解调、无线载波的发送与接收等功能。DTRU 由 4 个功能单板组成,包括双载波收信机板、双载波电源板、双载波功放板和双载波无线载频板,如图 3.34 所示。DTRUG 面板如图 3.35 所示。

DTRU 的主要功能如下:

• 下行最大处理两载波的业务,完成速率适配、信道编码和交织、加密,产生 TDMA 突发脉冲,GMSK/8PSK 调制,完成两载波的数字上变频。

• 上行最大处理两载波的业务,实现两载波上行数字下变频,接收机分集合并、数字解调、解密、去交织、洗脑信道解码及速率适配,通过 HW 送给 CMB 处理。

• 实现上下行射频信号的处理。

• 接收来自 CMB 的系统时钟并产生本模块所需要的时钟。

• 实现和读取各种硬件管理标识。

• 通过 HW 与 CMB 板完成业务数据和操作维护信令的通信。

• 接收 CMB 的开关电信号,完成模块的上下电。

• 支持软件版本的在线更新和加载,支持可编程器件版本的升级。

• 检测模块的工作状态,实时采集告警信号并上报给主控板 CMB。

• 支持射频调频、DPCT、下行发射分集和上行 4 路接收分集等工作模式。

• 支持闭环功率控制。

• 提供调试串口和网口。

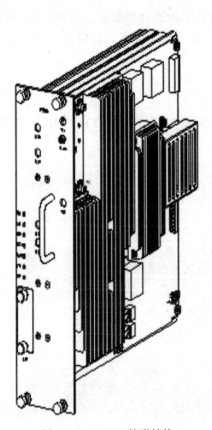

图 3.34　DTRU 外形结构

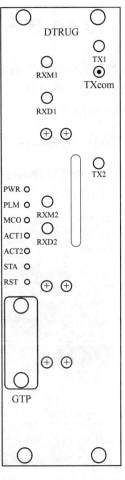

图 3.35　DTRUG 面板

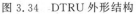

- 单板电源接口,具备电源防反接功能。
- 缓启动功能和智能下电功能。

② 天馈模块

AEM 模块的主要功能如下:

- 实现多个载频发射信号的合路;
- 提供发射频段从 BTS 到天线和接收频段从天线带 BTS 信号的双向通道;
- 天线端口驻波比恶化时报警;
- 对工作频段之外的干扰和杂散辐射进行抑制;
- 完成灵活的载频配置;
- 实现分集接收。

ZXG10 B8018 支持 4 中 AEM 模块:CDU、CEU、CENU、ECDU。

根据工作时段不同,ZXG10 B8018 分别设计了 GSM900、EGSM900、GSM850、GSM1800 和 GSM1900 等多个频段的 AEM 模块。

(4) 机顶介绍

ZXG10 B8018 机顶主要用于安装天线、电源开关、滤波器、接地柱插座及其他各种插座硬件。

3.4 ZXG10 仿真软件配置

实验仿真教学软件的开发是基于现代通信工程教育的需求应运而生的，软件把大型网络通信系统的所有功能移植到个人计算机上，让每个学生在自己的计算机上就可以亲身体验最真实的硬件环境。

3.4.1 ZXG10 仿真软件

在装有 ZXG10 仿真软件的终端桌面上，双击"ZXG10VBOX1.1"图标，打开仿真软件，出现如图 3.36 所示的界面。

图 3.36　实验仿真教学系统界面

单击图 3.36 中文字进入仿真教学系统主页界面，如图 3.37 所示。

图 3.37　仿真教学系统主页

　　在此界面中有两个选项:"实验仿真教学软件"和"GSM-BSS 随机资料",单击"GSM-BSS 随机资料"进入随机资料页面,仿真软件提供了帮助文档,在软件使用过程中遇到技术上的困惑时可以从中得到答案。

　　单击"实验仿真教学软件"进入如图 3.38 所示界面,在这个界面中有 6 个可选入口:"电梯出口""电梯入口"和两个"机房"入口以及 M8202BTS 的观察入口,界面最顶部还有 3 个选项,分别为"主页""虚拟后台""虚拟前台",单击"主页"返回图 3.37 的界面,单击其他两项分别进入虚拟机房和虚拟后台。

图 3.38　进入仿真机房

　　单击"电梯出口"会退出实验室,单击"电梯入口"上到天台,单击"实验室"入口进入实验室,单击箭头进入"ZXG10 网络管理实验仿真系统",如图 3.39 所示。

图 3.39　ZXG10 网络管理实验仿真系统

虚拟机房是在电脑上模拟出一个完整的 GSM 无线侧设备实习机房,在虚拟机房中有 4 种主要设备:ZXG10 iBSC 基站控制器起到管理整个无线侧设备作用,ZXG10 B8018BTS 基站收发信台作为无线侧基站提供无线传输,OMCR 网络管理服务器客户端是由普通电脑安装上网络管理软件对无线侧设备进行管理,虚拟手机用以进行模拟通话(此界面中无法直接使用)。机房中的闪光点分别是出口、B8018 基站的机柜门、B8018 基站的机顶门以及 OMCR 网络管理客户端。在图 3.39 中单击 BTS 和 IBSC 机柜可以查看虚拟的设备,观察设备的机架、机框、单板、背板连线等硬件结构。

单击"电梯入口"进入虚拟天台,虚拟天台就是为了模拟出 ZXG10-B8112 实际的工作环境而设置的,在虚拟天台上可以观察 ZXG10 B8112 基站,如图 3.40 所示。

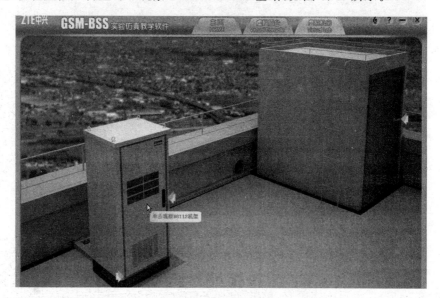

图 3.40　虚拟天台

虚拟后台实际上就是虚拟出一个完善的后台网络管理环境,模拟实际网络管理方便学生进行学习。虚拟后台有两种打开方法,一种是在图 3.39 中单击虚拟服务器开关,进入虚拟后台,此种方法和实际打开后台网络管理的界面显示是一致的;另一种方法是直接在 ZXG10 网络管理实验仿真系统界面上单击"虚拟后台"选项。

在虚拟后台桌面上有 7 个图标:用以启动 OMCR 的 run_svr 和 run、启动信令追踪的 Single_server、Sigtrcw、虚拟手机、OMP 构建、信息查看。

双击"run_svr 和 run"图标,进入操作维护界面,后续实验都是在这个界面下进行的。

双击相应图标,打开信令追踪界面,使用信令追踪查处数据错误。

完成数据配置后可使用虚拟手机测试。

OMP 构建为数据配置中的一个步骤,在此不过多讲解。

双击打开"信息查看"图标,查看各种数据以完成数据配置。

3.4.2　ZXG10 数据配置

1. 公共资源设备配置

公共资源配置主要包括 GERAN 子网、BSC 管理网元、配置集、BSC 全局配置,是整个配置管理的基础。BSC 物理设备主要包括机架、机框、单板等,BSC 物理设备配置完成之后,要进行 A 接口、Gb 接口和 IP 的配置,以上配置完成之后再进行基站及无线参数的相关配置。外部小区配置主要包括 GERAN 外部小区和 UTRAN 外部小区。在数据完成之后需要进行整表同步或者增量同步,所配置的数据就可以同步到 BSC 发挥作用。

（1）创建子网

在操作维护界面,执行【配置管理】|【OMC】操作,创建 GERAN 子网。设置用户标识:GERAN 子网;子网标识:1。

（2）创建 BSC 管理网元

右击 GERAN 子网,选择"创建 BSC 管理网元",设置用户标识:BSC 管理网元、操作维护单板 IP 地址:10.25.11.100、刀片服务器 IP 地址:10.25.11.88、提供商:zx、位置:石家庄,单击【确定】按钮。

（3）创建 BSC 全局资源

右击主用配置集,选择"创建 BSC 全局资源",进入如图 3.41 所示界面。设置用户标识:BSC 全局资源、移动国家码:460、支持移动网号的最大长度:两位、移动网号:2、OMP 对后台 IP:10.25.11.100、OMC 口子网掩码:255.0.0.0、OMC SERVER IP:10.25.11.117。

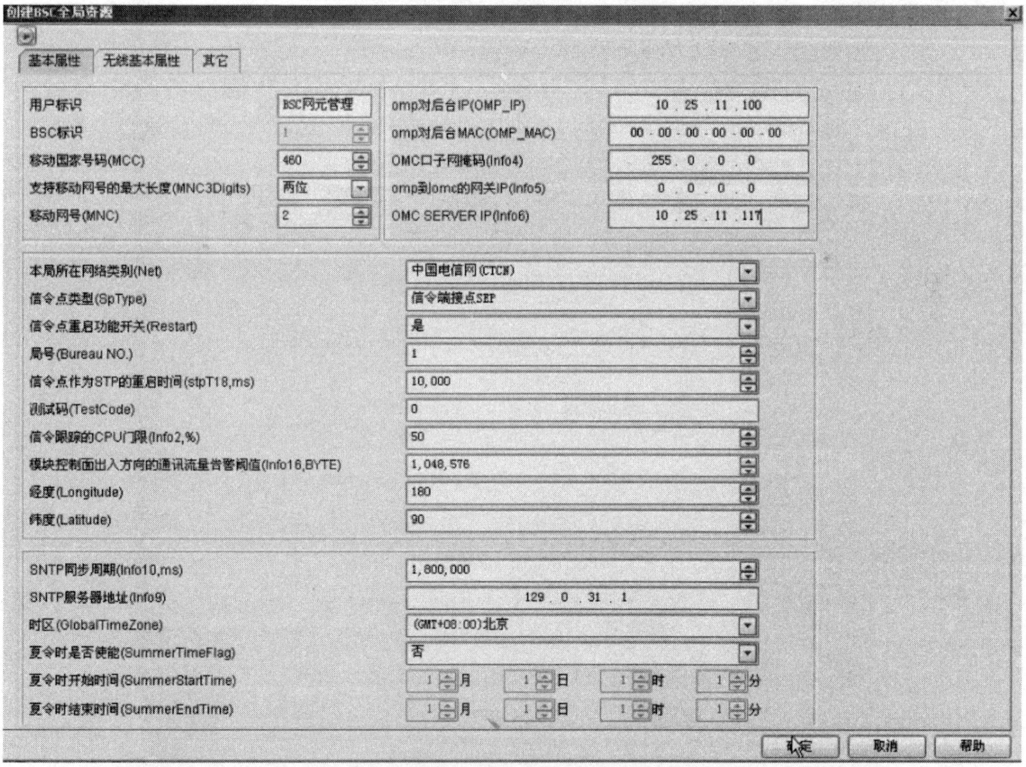

图 3.41　BSC 全局资源界面

2. BSC 物理设备配置

（1）创建机架

右击 BSC 设备机架,选择"创建 BSC 机架"。

（2）配置单板

在机架 1 的第二个机框中，右击创建控制框各单板的配置：

11 槽位添加 OMP 单板，1+1 备份，OMP 单板必须第一个创建，主要配置，稳固插入 11、12 槽位。

10 槽位添加 UIMC 单板，1+1 备份，UIMC 单板 2 块，主备配置，固定插在 9、10 槽位，必须配置。

8 槽位添加 CMP 单板，CMP 单板 2～6 块，可以插在 3～8 槽位，数目根据配置容量可选。如果处理性能还需要扩容，CMP 也可以插在其他 BPSN 框。

13 槽位添加 CLKG 单板，CLKG 单板两块，主备配置，固定插在 13、14 槽位，必须配置。

15 槽位添加 CHUB 单板，CHUB 单板 2 块，主备配置，固定插在 15、16 槽位，必须配置。

在机架 1 的第一个机框中，右击创建资源机框各单板的配置：

10 槽位添加 UIMU 单板，UIMC 单板 2 块，主备配置，固定插在 9、10 槽位，必须配置。

8 槽位添加 DRTB 单板，其中配置信息中继电路组为 FR123-HR13。

4 槽位添加 SPB 单板，其中 PCM 线配置信息为：A 口 PCM 双帧格式，然后导入 9，如图 3.42 所示。

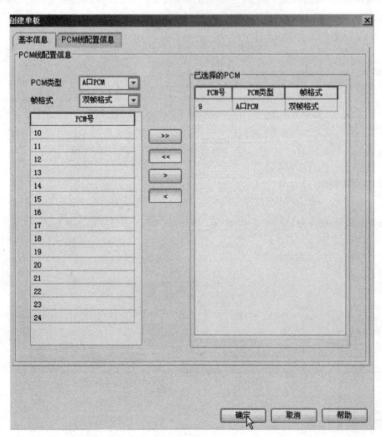

图 3.42　创建 SPB 单板

在机架 1 的第三个机框中,创建资源机框各单板的配置:

9 槽位添加 UIMU 单板。

11 槽位添加 BIPB 单板。

3 槽位添加 LAPD 单板,导入 PCM 连接 9,单击【确定】按钮,如图 3.43 所示。

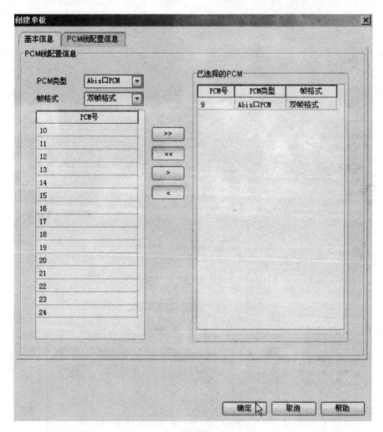

图 3.43　创建 LAPD 单板

在机架 1 的最后一个机框中创建交换框各单板的配置:

1 槽位添加 GLI 单板,其连接关系配置信息中,连接单元(911、931)分两次全部导入:端口号为 1 时导入 911,端口号为 2 时导入 931,单击【确定】按钮,如图 3.44 所示。

然后在交换框中创建单板:7 槽位添加 PSN 单板;15 槽位添加 UIMC 单板。

BSC 机架总体结构如图 3.45 所示。

3. A 接口相关配置

(1)创建信令子系统状态关系

右击 A 接口相关配置,选择创建信令子系统状态关系(分三次添加),子系统号分别为 0、1、254。

(2)创建本局信令点

右击 A 接口相关配置,选择创建本局信令点,设置网络类别:中国电信网,网络外貌无效,本局 14 位信令点编码为 1、3、5,如图 3.46 所示。

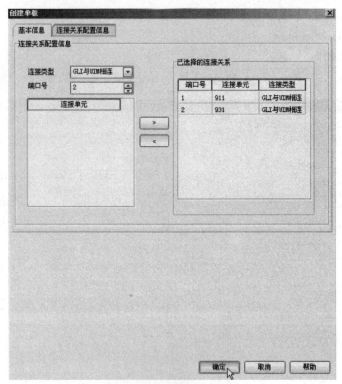

图 3.44 创建 GLI 单板

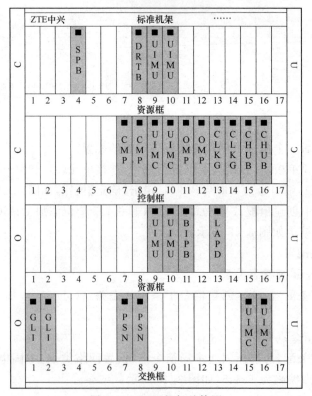

图 3.45 BSC 机架总体图

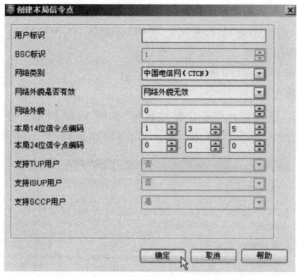

图 3.46　创建本局信令点

（3）创建邻接局

　　右击本局信令点 1，选择创建邻接局，如图 3.47 所示。设置用户标识：邻接局 1，邻接局局向号：1，类别：MSCSERVER，编号：00000000，地域型：CN 域，邻接局信令类型：信令端接点 SEP，子业务字段：国际信令点编码，编码类型为 14 位编码，编码为：1、4、7，与本信令点的连接方式：准直联方式，需要测试标志：不需要测试，协议类型：ITU，支持宽带属性：否。

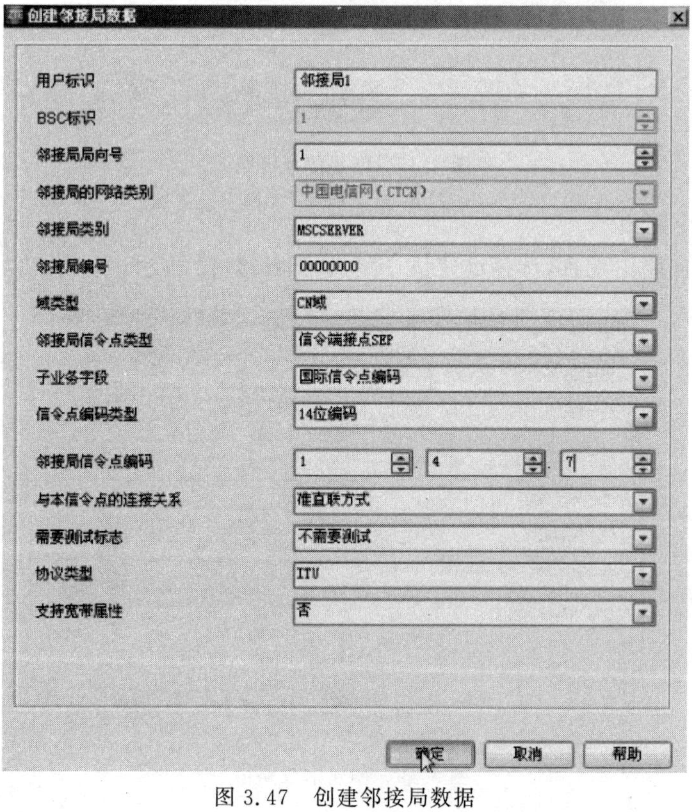

图 3.47　创建邻接局数据

（4）创建七号 PCM

右击邻接局配置,选择邻接局1,进入七号 PCM 配置,创建七号 PCM。

（5）创建信令链路组

右击信令链路组配置,选择创建信令链路组（组号1）。

（6）创建信令链路数据

右击信令链路组1,选择创建信令链路组数据,如图 3.48 所示。设置信令链路号:1,单元号:411,PCM 号:9,时隙:16,SMP 模块号:3,信令链路编码:1。

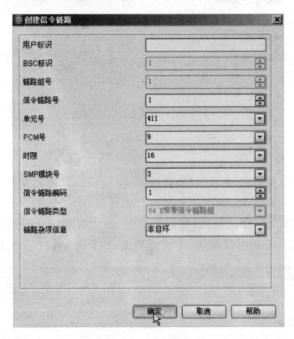

图 3.48　创建信令链路

（7）创建信令路由

右击信令局向路由配置,选择创建信令路由,如图 3.49 所示。

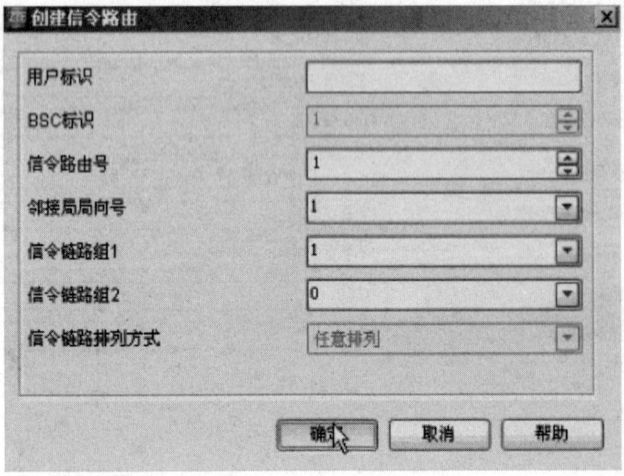

图 3.49　创建信令路由

右击信令局向路由配置,选择创建信令局向路由,设置第一信令路由号为 1,如图 3.50 所示。

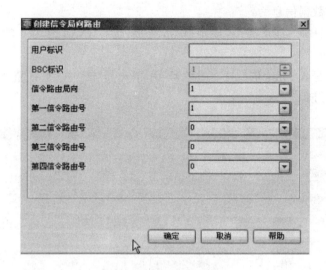

图 3.50　创建信令局向路由

4. B8018 基站配置

(1)基站配置

创建基站,如图 3.51 所示。

图 3.51　创建基站

(2)创建基站机架

右击基站设备配置,选择创建基站机架,在基站机架 1 的第一个机框中创建公共框,选择添加面板,设置如下:

1 槽位添加 PDM 单板；4 槽位添加 EIB 单板；3 槽位添加 CMB 单板；2 槽位添加 CMB 单板；

其中单板 2 的数据信息为：

连接类型模式：BSC；连接类型：连接；单击连接，选择 PCM 号为 9 的一行数据进行添加，单击【确定】按钮。

时隙号 1～15 导入 Abis 资源中，时隙号 16 导入 OMU 中，Abis 资源池号 1，单击【确定】按钮，如图 3.52 所示。

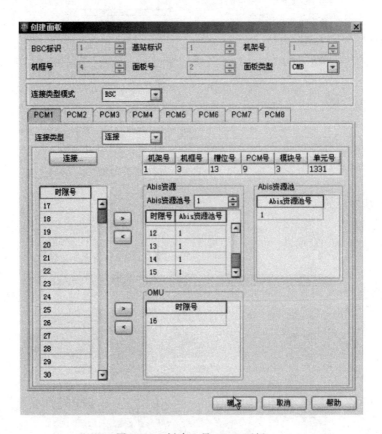

图 3.52　创建 2 号 CMB 面板

在基站机架 1 的第二个机框中创建资源框，选择创建面板，设置如下：

1、9 槽位添加 CDU10M 单板；

2 槽位添加 DTRU 单板，如图 3.53 所示。

其中单板 2 的数据信息为：

工作模式：单载波模式下，无四路分集，无 DPCT 或 DDT 设置；

合路器：添加机架号、机框号、面板号数据中的第一行数据，即 1、3、1；

分路器：添加机架号、机框号、面板号数据中的第一行数据，即 1、3、1；

分集接收器：添加机架号、机框号、面板号数据中的第二行数据，即 1、3、9；

B8018 资源框如图 3.54 所示。

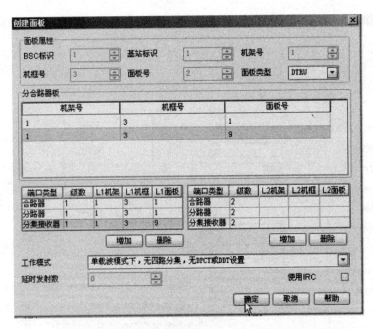

图 3.53　创建 DTRU 面板

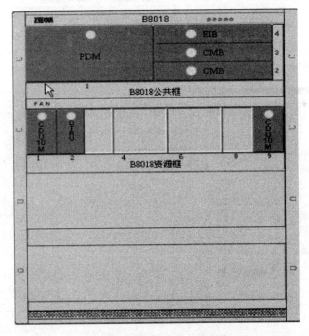

图 3.54　B8018 总体图

（3）创建小区

右击无线资源配置,选择创建小区 1,如图 3.55 所示。设置用户标识:小区 1,基站标识:1,小区标识:1,小区类型:宏蜂窝,位置区码:1,小区识别码:1。

（4）为小区 1 添加收发信机

右击小区 1,选择收发信机,如图 3.56 所示。

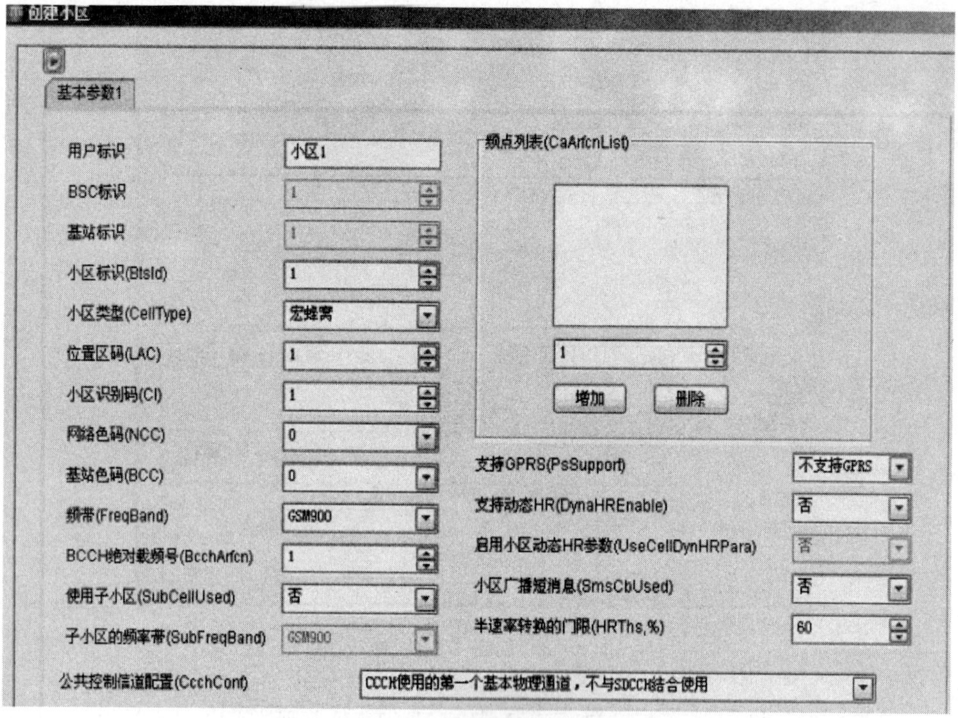

图 3.55　创建小区

收发信机信息设置如下：同类型载频分配优先级：1，BCCH 载频：是，静态功率输出等级：最大输出功率，跳频：否，频点：1。

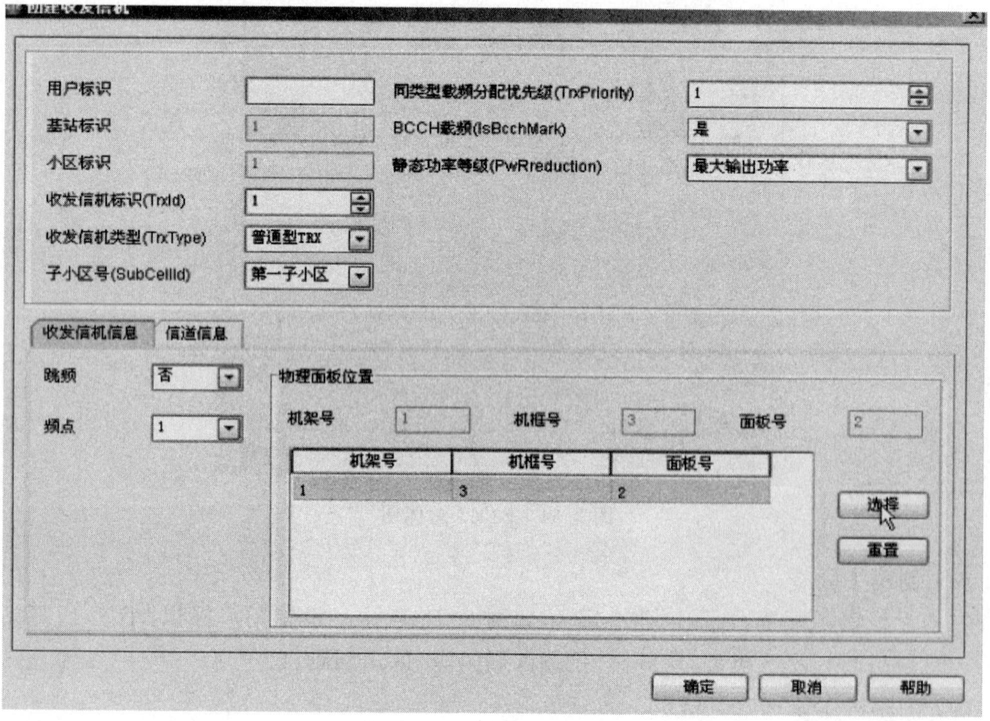

图 3.56　创建收发信机

选中机架号、机框号、面板号为 1、3、2 的一行数据,单击【选择】按钮,然后单击信道信息,如图 3.57 所示。

信道信息设置如下:

时隙号 1 中时隙信道组合类型:SDCCH/8+SACCH/C8,动态时隙:否。

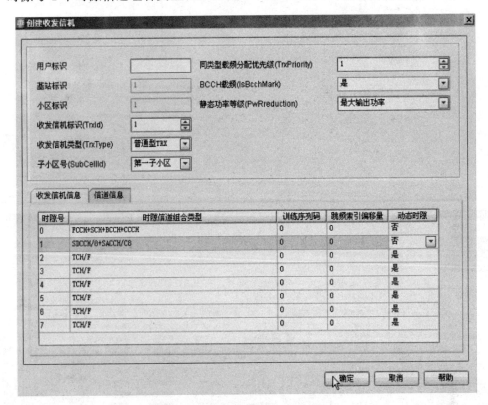

图 3.57　创建收发信机-信道信息

5. 整表同步

(1) 返回虚拟后台,打开 OMP,构建标识 1。

(2) 返回配置页面,选择视图,选择软件版本管理。

(3) 在 BSC 软件版本管理页面中,单击第二个加号,浏览文件打开此文件夹(选择 C:\Software for iBSC & BTS V3\iBSCv6 00.100a\Release 这个文件夹),单击【打开】按钮,如图 3.58 所示。

BSC 版本文件:全部添加到网元(分别选中每一行信息,右击选择添加到网元),选中并右击引用技数 0,创建通用版本后变为 1,显示操作成功后关闭,如图 3.59 所示。

BSC 通用版本:激活所有物理单板,如图 3.60 所示。

(4)在基站软件版本管理页面中,单击第二个加号(版本软件批量入库)浏览,打开文件,全选,执行操作。

基站版本文件:将所有文件标识同步到网元,右击引用计数创建通用版本(基站类型:B8018)。

基站通用版本:全部激活。

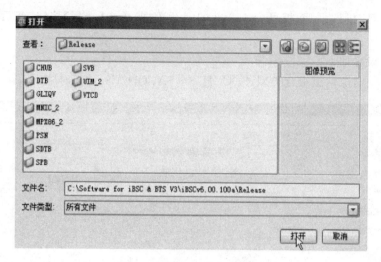

图 3.58　BSC 软件版本管理

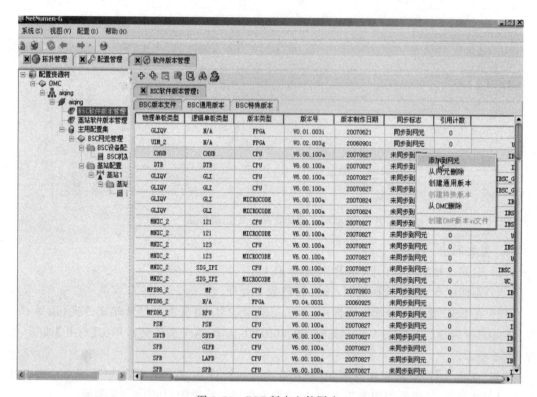

图 3.59　BSC 版本文件同步

（5）右击 BSC 管理网元，选择配置数据管理，选择全局数据合法性检查，选择整表同步。

（6）打开虚拟手机，拨打电话，通话成功，如图 3.61 所示。

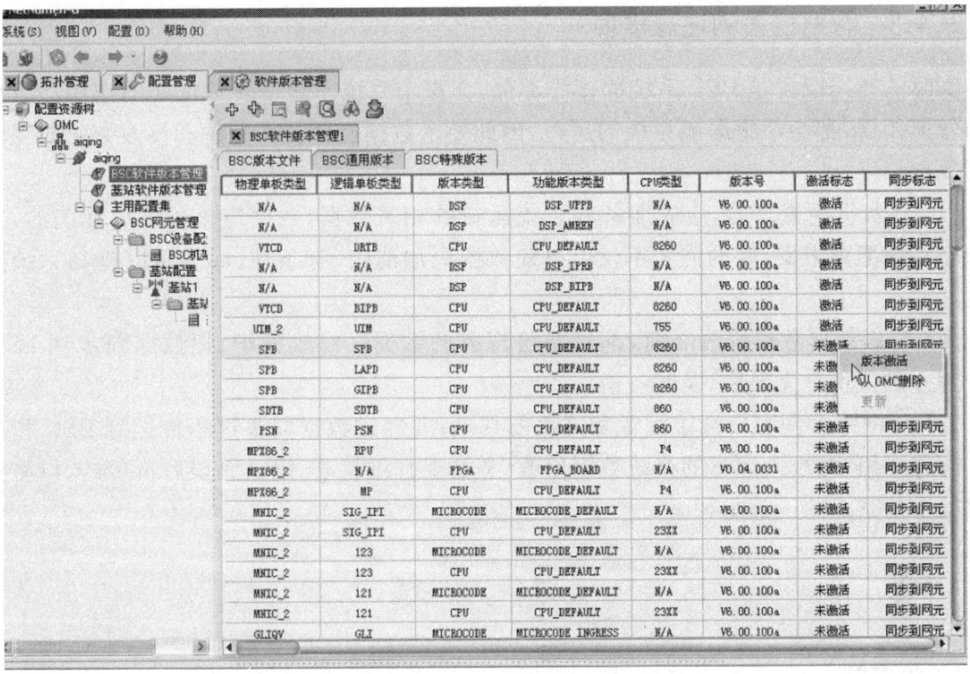

图 3.60　BSC 通用版本激活

图 3.61　虚拟手机拨打测试

3.4.3 数据配置的注意事项

实际的数据配置是 BSC 系统的核心部分,在整个系统中起着非常重要的作用。数据配置的任何错误,都会严重影响系统的运行,因此要求数据操作员在配置和修改数据时要注意以下几点:

(1) 在数据配置之前,应先准备好系统运行的相关数据,数据应该是可靠准确的,并做一个完整的配置方案,好的方案不仅可以使数据更加清晰、有条理,而且可以提高系统的可靠性。

(2) 在做任何数据修改之前,都应备份现有的数据。修改完毕、把数据同步到 BSC 和基站侧并确认正确无误后,及时备份。

(3) 从网络管理客户端中配置和修改的数据,要经过数据同步过程传送到 BSC 和基站侧才能起作用,对投入运行的系统数据修改,务必要仔细检查,确认无误后再传送,以防止错误数据干扰系统的正常运行。

习 题

一、填空题

1. GSM 所使用的频段为下行 _____ 、上行 _____ 。

2. GSM 系统的典型结构可分为 4 个组成部分 MS、_____ 、_____ 和 _____ 。

3. _____ 提供 MS 与 GSM 系统的功能实体之间的无线接口管理。

4. 用户能够直接接触的整个 GSM 系统中的唯一设备是 _____ 。

5. _____ 它包含所有与用户有关的身份及业务类型等信息、无线接口的信息,以及鉴权和加密信息,是 GSM 系统识别移动电话用户的关键。

6. 基站收发信台 BTS 主要分为 _____ 、_____ 、_____ 三大部分。

7. _____ 是网路的核心,它提供交换功能及面向系统其他功能实体和面向固定网的接口功能。

8. _____ 存储着鉴权信息和加密密钥,用来防止无权用户接入系统和保证通过无线接口的移动用户通信的安全。

9. _____ 定义为基站子系统的两个功能实体基站控制器(BSC)和基站收发信台(BTS)之间的通信接口。

10. GSM 系统通过 MSC 与其他公用电信网(如 PSTN、ISDN)互连,采用 _____ 接口。

11. MSISDN 的组成中,中国的国家码为 _____ 。

12. ZXG10 仿真软件虚拟机房中有 4 种主要设备:_____ 、_____ 、_____ 、_____ 。

13. 控制信道的复帧是 51TDMA 帧而 TCH 的复帧为 _____ TDMA 帧。

14. 当移动台接入网络时,它首先占用的逻辑信道是 _____ 。

15. 按 GSM900 的规范,GSM 系统的载频数为 125 个,但实际只用 _____ 个。

16. ZXG10 iBSC 包括三种机框,控制框,_____ 和 _____ 。

17. 各资源框通过 UIMU 板前面板的光口和交换框的_____板相连。

18. 控制框通过_____板对应的后插板与交换框的 UIMC 相连。

19. 分组交换框_____板完成交换的任务。

20. _____板是控制框的信令交换中心,用以完成各模块间的信息交换。

21. _____板实现整个系统操作维护相关的控制。

22. DTB 和 SPB 提供_____接口,SDTB 提供_____接口,BIPI 提供_____接口。

23. UIMC 称为_____,UIMU 称为_____。SPB 称为_____。

24. ZXG10 B8018 每层载频插框放置_____个 DTRU 和_____个 AEM。

25. ZXG10 B8018 顶层插框包括 PDM 和_____两部分。

26. ZXG10 B8018 的核心模块是_____。

二、选择题

1. 1994 年率先把 GSM 系统引入中国的是_____。

A. 中国移动　　　B. 中国联通　　　C. 中国网通　　　D. 中国电信

2. GSM 采用时分多址方式,每一个载频可提供给多少个用户来使用_____。

A. 8　　　　　　B. 16　　　　　　C. 24　　　　　　D. 32

3. GSM 系统中使用的通信方式为_____。

A. 单工　　　　B. 半双工　　　　C. 全双工　　　　D. 单工和半双工

4. 构成基站子系统的功能实体为_____。

A. MCS+BTS　　B. MSC+BSC　　C. VLR+AUC　　D. BSC+BTS

5. 存储着在自身控制区域内进行入网登记的所有移动用户的相关数据的设备是_____。

A. VLR　　　　B. EIR　　　　　C. HLR　　　　　D. AUC

6. GSM 的多址方式为_____。

A. TDMA 和 FDMA　B. TDMA 和 CDMA　C. FDMA 和 CDMA　D. TDMA

7. 中国没有引入的设备技术为_____。

A. VLR　　　　B. HLR　　　　　C. EIR　　　　　D. AUC

8. 下面哪个单元通常与 MSC 放在一起统一管理?_____

A. VLR　　　　B. HLR　　　　　C. AUC　　　　　D. EIR

9. GSM 系统中,用户寻呼所使用的标识码为_____。

A. 11 位拨号号码

B. IMSI(国际移动用户标识)号码或 TMSI(临时移动用户号码)号码

C. 动态漫游号码

D. 以上皆可

10. 在一个城市的 GSM 系统内,小区识别码 CGI_____。

A. 是唯一的。　　　　　　　　　B. 可以有 2 个小区相同。

C. 可以有 3 个小区相同　　　　　D. 可以有任意多个小区相同。

11. 移动台开户数据和当前数据分别存放于_____。

A. HLR、VLR　　　B. VLR、HLR　　　C. VLR、MSC　　　D. MSC、VLR

12. GSM900 系统中相邻频道的间隔和双工间隔为 _____。

A. 25KHZ 和 45MHZ　　　　　　　　B. 200KHZ 和 45MHZ

C. 200KHZ 和 75MHZ　　　　　　　　D. 200KHZ 和 95MHZ

13. GSM 每个频点的带宽是 _____。

A. 10G　　　　　　B. 1G　　　　　　C. 200K　　　　　　D. 2G

14. 基站控制器的英文缩写是 _____。

A. MSC　　　　　　B. HLR　　　　　　C. BSC　　　　　　D. BTS

15. 基站覆盖范围与以下哪些个因素无关 _____。

A. 天线高度　　　　B. 天线类型　　　　C. 基站发射功率　　　D. 用户

16. GSM 中,全速率话音信道的比特率为 _____。

A. 13 Kbit/s　　　　B. 64 Kbit/s　　　　C. 6.5 Kbit/s　　　D. 2 Mbit/s

17. 基站与 BSC 之间的接口叫 _____。

A. C 接口　　　　　B. B 接口　　　　　C. D 接口　　　　　D. A-bis 接口

18. 下列哪种情况,不需做位置更新 _____。

A. 用户开机

B. 用户从一个位置区(LA)转移到另一个位置区(LA)

C. 由网络通知手机做周期登记

D. 电话接续

19. 以下哪种不是 GSM 系统的控制信道 _____。

A. 广播信道(BCH)　　　　　　　　B. 话音信道(TCH)

C. 公共控制信道(CCCH)　　　　　　D. 专用控制信道(DCCH)

20. 在无线路径和 GSM PLMN 网中用来唯一识别某一用户的号码是 _____。

A. IMSI　　　　　　B. MSISDN　　　　C. TMSI　　　　　D. IMEI

21. 送基站识别码信息的逻辑信道是 _____。

A. CCCH　　　　　B. FCCH　　　　　C. SCH　　　　　　D. AGCH

22. 基站识别码由以下内容组成 _____。

A. NCC(网络色码)和 BCC(基站色码)

B. NCC(网络色码)、LAC(位置区号码)、BCC(基站色码)

C. MCC(移动国家号)和 BCC(基站色码)

D. CC(国家码)、NDC(国内目的地码)

23. 在 MSC 与 BSC 之间的接口为 _____。

A. A-bits 接口　　B. Gb 接口　　　　C. A 接口　　　　　D. Um 接口

24. GSM 通信中,物理信道共有多少 个 _____。

A. 496　　　　　　B. 1024　　　　　　C. 992　　　　　　D. 2048

25. 当移动台接入网络时,它首先占用的逻辑信道是 _____。

A. AGCH　　　　　B. PCH　　　　　　C. RACH　　　　　D. BCCH

26. 下面哪种信道既有上行也有下行 _____。

A. PCH　　　　　　B. SDCCH　　　　　C. BCCH　　　　　D. AGCH

27. 以下哪种功能在 BSC 中完成 _____。

A. 测量无线连接的信号强度　　　　　B. 分配无线信道

C. 本地交换　　　　　　　　　　　　D. 分配漫游号码

28. 临时移动用户识别号(TMSI)的作用是_____。

A. 识别出租的手机

B. 减少移动用户的身份在无线空间的暴露次数

C. 作为用户使用新设备的临时身份号

D. 用于识别用户所在的位置区

三、判断题

1. GSM 系统能提供跨越国际边界的自动漫游功能,对于全部 GSM 移动用户都可进入 GSM 系统而与国别无关。　　　　　　　　　　　　　　　　　　　　_____

2. GSM 采用时分多址方式,与模拟手机采用的 TDMA 频分多址方式比较,频谱利用率更高,进一步提高了系统容量。　　　　　　　　　　　　　　　　　_____

3. MSC 不负责鉴权、加密等安全性管理功能。　　　　　　　　　　　_____

4. VLR 是一种用于存储来访用户相关信息的动态数据库。　　　　　_____

5. GSM 对每个注册的移动台分配两个号码,储存在 VLR 中。　　　_____

6. 一个移动业务本地网可只设一个移动交换中心(局)MSC;当用户多达相当数量时也可设多个 MSC。　　　　　　　　　　　　　　　　　　　　　　　_____

7. 控制框必须先配 OMP 单板。　　　　　　　　　　　　　　　　_____

8. OMP、CLKG、CHUB 和 UIMC 单板都采用主备配置。　　　　　_____

四、综合题

1. 试述 IMSI 的作用。

2. 试述 GSM 无线覆盖区域的划分方式。

第4章　第三代移动通信设备运行与维护

4.1　3G 简介

3G 是第三代移动通信技术,是指支持高速数据传输的蜂窝移动通信技术。3G 服务能够同时传送声音及数据信息,速率一般在几百 kbit/s 以上。3G 是指将无线通信与国际互联网等多媒体通信结合的新一代移动通信系统,目前 3G 存在 3 种标准:CDMA2000、WCDMA、TD-SCDMA。

4.2　TD-SCDMA 网络简介

4.2.1　TD-SCDMA 网络结构

TD-SCDMA 的网络结构如图 4.1 所示,TD-SCDMA 的网络包括 3 部分,终端 Um、无线接入网和核心网。无线接入网包括基站 Node B 和无线网络控制器 RNC,核心网(CN)逻辑上分为 CS 域(电路交换域)、PS 域(分组交换域)。

CS 域的实体包括以下部分:

移动业务交换中心(MSC):CS 域的核心,执行所有必需的功能来处理和终端之间的电路交换业务,是一个对位于本 MSC 控制区域内的移动用户执行信令和交换功能的交换机。

网关 MSC(GMSC):负责转接相关网络间的呼叫。当网络传递一个呼叫到 PLMN,但无法查询 HLR 时,该呼叫将被路由到 GMSC,由 GMSC 查询 HLR,并将呼叫路由转接到 MS 处的 MSC。

PS 域的实体主要包括以下两部分:

服务 GPRS 支持节点(SGSN):主要完成分组的路由寻址和转发,负责跟踪记录终端的位置信息,执行安全性功能。

网关 GPRS 支持节点(GGSN):起网关的作用,主要完成移动性管理、网络接入控制、路由选择和转发、计费数据的收集和传送,以及网络管理等功能。

PS 和 CS 域的公共实体主要包括以下几个部分:

归属用户服务器(HSS):负责存储用户信息,包括支持网络实体呼叫/会议处理的相关签约信息。HSS 包括 HLR(归属位置寄存器)和 AuC(鉴权中心)。

访问位置寄存器(VLR):负责用户的位置登记和位置信息的更新,存储位于管辖区内的移动用户信息。

设备标识寄存器(EIR):负责存储国际移动设备标识(IMEI)的数据库,用于对移动设备的鉴别和监视,并拒绝非法终端入网。

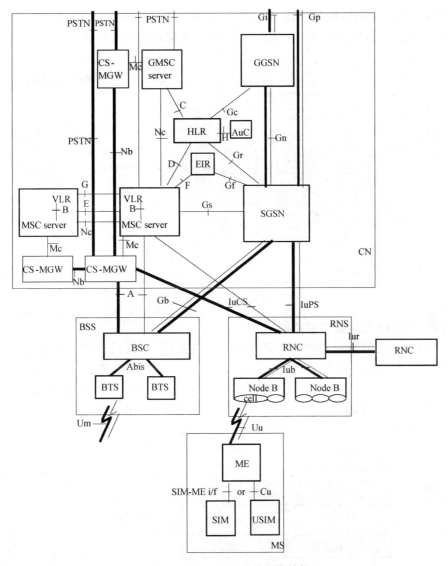

图 4.1　TD-SCDMA 的网络结构

4.2.2　TD-SCDMA 空中接口物理层

1. TD-SCDMA 空中接口采用的多址方式

TD-SCDMA 的多址接入方案是直接序列扩频码分多址（DS-CDMA），码片速率为 1.28 Mcps，扩频带宽约为 1.6 MHz，采用不需配对频率的 TDD（时分双工）工作方式。它的下行（前向链路）和上行（反向链路）的信息是在同一载频的不同时隙上进行传送的。

TD-SCDMA 空中接口采用了四种多址技术：TDMA，CDMA，FDMA，SDMA。综合利用四种技术资源分配时在不同角度上的自由度，得到可以动态调整的最优资源分配，如图 4.2 所示。

TD-SCDMA 的基本物理信道特性由频率、时隙、码和空间决定，其 1.6 MHz 的一个频道上包含 7 个常规时隙，每时隙上应用 CDMA，分成多个码分信道，码分信道的信息速率与信道编码后的符号速率有关，符号速率由 1.28 Mchip/s 的码速率和扩频因子所决定。上下

行的扩频因子在 $1\sim16$，因此各自调制符号速率的变化范围为 80.0 K 符号/秒 ~1.28 M 符号/秒。同一个码还可以由不同空间方位的用户以 SDMA 的方式共享。

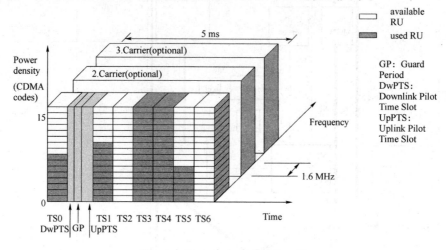

图 4.2　TD.SCDMA 空中接口图

2. TD -SCDMA 空中接口帧结构

　　TD -SCDMA 系统帧结构的设计考虑到对智能天线、上行同步等新技术的支持，一个 TDMA 帧长为 10 ms，分成两个 5 ms 子帧，这两个子帧的结构完全相同。每一子帧分成 7 个常规时隙（时长 675 μs）和 3 个特殊时隙（时长远小于 675 μs，不用于传递用户信息，有特殊用途），这三个特殊时隙分别为 DwPTS（下行导频时隙）、G（保护时隙）和 UpPTS（上行导频时隙），如图 4.3 所示。

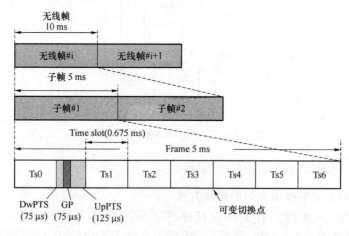

图 4.3　TD -SCDMA 空中接口帧结构

　　在 7 个常规时隙中，TS0 总是分配给下行链路，用于广播系统消息，而 TS1 总是分配给上行链路。上行时隙和下行时隙之间由转换点分开，在 TD-SCDMA 系统中，每个 5 ms 的子帧有两个转换点：第一个转换点是下行（DL）到上行（UL）的转换，在 TS0 和 TS1 之间；第二个转换点是 UL 到 DL 的转换，在 TS2 和 TS5 之间灵活选择，如图 4.4 所示。例如图 4.4(a) 中第二个转换点在 TS3 和 TS4 之间，这样传递用户业务信息的时隙有三个上行、三个下行，适合语音类的对称业务；图 4.4(c) 中第二个转换点在 TS2 和 TS3 之间，这样传递用户业务信息的时隙有两个上行、四个下行,适合下载、网页浏览类的不对称业务。通过灵活地配置第二个转换点的位置,可调整上下行时隙的个数,使 TD-SCDMA 适用于上下行对称及非对称的业务模式。

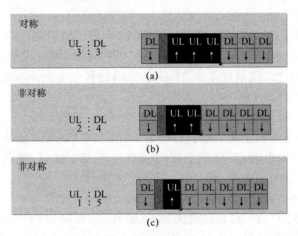

图 4.4　可变切换点

3. TD-SCDMA 系统码组汇总

小区码组配置是指小区特有的码组,不同的邻近小区将配置不同的码组。小区码组配置有:(1)下行同步码 SYNC_DL;(2)上行同步码 SYNC_UL;(3)基本 Midamble 码,共 128 个;(4)小区扰码(Scrambling Code),共 128 个 。

TD-SCDMA 系统中,有 32 个 SYNC_DL 码,256 个 SYNC_UL 码,128 个 Midamble 码和 128 个扰码,所有这些码被分成 32 个码组,每个码组包含 1 个 SYNC_DL 码,8 个 SYNC_UL 码,4 个 Midamble 码和 4 个扰码,如表 4.1 所示。

表 4.1　TD-SCDMA 系统码组汇总

码组	对应的码字			
	SYNC-DL ID	SYNC-UL ID (coding criteria)	扰码 ID	基本 Midamble 码
组 1	0	0~7 (000~111)	0(00)	0(00)
			1(01)	1(01)
			2(10)	2(10)
			3(11)	3(11)
组 2	1	8~15 (000~111)	4(00)	4(00)
			5(01)	5(01)
			6(10)	6(10)
			7(11)	7(11)
⋮				
组 32	31	248~255 (000~111)	124(00)	124(00)
			125(01)	125(01)
			126(10)	126(10)
			127(11)	127(11)

每个小区使用一个码组实现小区之间的区分,Midamble 部分通过基本 Midamble 码移位区分小区内用户,数据部分通过不同扩频码/时隙区分小区内用户;通信前的同步过程用下行同步码 SYNC_DL、上行同步码 SYNC_UL 进行。

① Midamble 码

Midamble 用于估计信道的冲击响应,144 chips,用于信道估计、测量;一共有 32 组基本 Midamble 码,每组 4 个;Midamble 码不需要扩频和驾扰;每个小区可选取一组基本 Midamble 码;小区内各用户之间通过基本 Midamble 码的移位得到不同的 Midamble 码,实现用户之间的区分。

② 扰码

加扰的目的是为了区分小区;扰码,长度为 16 的 128 个码字,被分为 32 组,每组 4 个,每组对应于相应的基本中间码;每个小区可选取一组基本扰码,扰码码组由基站使用的 SYNC_DL 序列确定。

③ 下行同步码(SYNC_DL)

下行同步码(SYNC_DL),UE 用来建立与 Node B 的下行同步;下行同步码作为 TD.SCDMA 系统中重要的资源只有 32 个,必须采用复用的方式在不同的小区中使用,一般而言,同频相邻小区将使用不同的下行同步码标识不同的小区;32 个不同的 SYNC-DL 码,可以用于区分不同的基站;为全向或扇区传输,不进行波束赋形。

④ 上行同步码(SYNC_UL)

上行同步码(SYNC_UL),建立与 Node B 的上行同步;SYNC_UL 有 256 种不同的码,可分为 32 个码组,以对应 32 个 SYNC-DL 码,每组有 8 个不同的 SYNC_UL 码,即每一个基站对应于 8 个确定的 SYNC_UL 码;Node B 可以在同一子帧的 UpPTS 时隙识别最多 8 个不同的上行同步码(SYNC_UL);多个 UE 可同时发起上行同步建立,但必须有不同的上行同步码。

⑤ 扩频码

TD-SCDMA 作为一个 CDMA,需要扩频,在 TD-SCDMA 系统中,使用 OVSF(正交可变扩频因子)作为扩频码,上行方向的扩频因子 1、2、4、8、16,下行方向的扩频因子为 1、16;SF=16 时,一共有 16 个码字。

小区内不同时隙用户不需要码字区分,可重用扩频码和扰码,上下行的区分方法相同。

4.2.3 TD-SCDMA RNC

RNC 是无线网络的控制核心,主要实现无线网络接入服务位置区内的 Node B 和 UE 之间的空中信道(控制信道和业务信道)的控制和管理,包括 NAS 信令传递、移动性管理,同时通过不同的传输方式(电路传输方式和分组传输方式)分别与 MSC Server、SGSN/GGSN 相连接,并按照 TD-SCDMA 协议标准将 UE 从空中信道传送来的业务流转换成相应的接口信息流,发送到不同的网络单元。

4.3 TD-SCDMA RNC 设备

4.3.1 RNC 机框介绍

按照功能和插箱所使用的背板分,RNC(无线网络控制器)设备包含 3 种机框:控制框、资源框、一级交换框。

（1）控制框

控制框提供 ZXTR RNC（v3）的控制流以太网汇接、处理以及时钟功能。控制框是 RNC 的控制核心，实现以下功能：完成对整个系统的管理和控制、提供 RNC 系统的控制面信令处理、提供全局时钟。

控制框的背板为 BCTC，可装配的单板及这些单板的后插板有：RNC 操作维护处理板（ROMB）、RNC 控制面处理板（RCB）、通用控制接口板（UIMC）、控制面互联板（CHUB）、时钟产生板（CLKG）。控制框配置如图 4.5 所示。

1号机柜控制框																
后插板								RUIM2	RUIM3	RMPB	RMPB	RCKG1	RCKG2	RCHB1	RCHB2	
1	2	3	4	5	6	7	8	9	10	11	12	13	14	15	16	17
前插板 RCB	RCB	RCB	RCB	RCB	RCB	RCB	RCB	UIMC	UIMC	ROMB	ROMB	CLKG	CLKG	CHUB	CHUB	

其他机柜控制框																
后插板								RUIM2	RUIM3							
1	2	3	4	5	6	7	8	9	10	11	12	13	14	15	16	17
前插板 RCB	RCB	RCB	RCB	RCB	RCB	RCB	RCB	UIMC	UIMC			RCB	RCB	RCB	RCB	

图 4.5　控制框配置

其中 ROMB，CHUB 和 CLKG 单板仅在 1 号机柜的控制框中配置，实现 RNC 系统的全局管理。在其他机柜的控制框里无需配置这些单板。在没有配置交换框，资源框数量在 2～6 的情况下，控制框 1～4 号槽位可用来插 GLI 单板。

(2) 资源框

资源框提供 ZXTR RNC(v3)的外部接入和资源处理功能,以及网关适配功能。资源框负责 RNC 系统中的各种资源处理和适配转换。资源框的背板为 BUSN 背板,可装配的单板有:ATM 处理板(APBE)、RNC GTP. U 协议处理板(RGUB)、数字中继板(DTB)、光数字中继板(SDTB)、IMA/ATM 协议处理板(IMAB)、通用媒体接口板(UIMU)、RNC 用户面处理板(RUB)。资源框配置如图 4.6 所示。

系统只有一个资源框时的资源框(BUSN)																	
后插板	RDTB	RDTB	RDTB	RDTB			RGIM1		RUIM1	RUIM1	RMNIC	RMNIC	RGIM1				
	1	2	3	4	5	6	7	8	9	10	11	12	13	14	15	16	17
前插板	DTB、SDTB	DTB、SDTB	DTB、SDTB	DTB、SDTB	IMAB	APBE	APBE	IMAB	UIMU	UIMU	RGUB	RGUB	APBE	RUB	RUB	RUB	RUB

系统资源框数目大于一个时的资源框(BUSN)																	
后插板	RDTB	RDTB	RDTB	RDTB			RGIM1		RUIM1	RUIM1	RMNIC	RMNIC	RGIM1				
	1	2	3	4	5	6	7	8	9	10	11	12	13	14	15	16	17
前插板	DTB、SDTB	DTB、SDTB	DTB、SDTB	DTB、SDTB	IMAB	APBE	APBE	IMAB	UIMU	UIMU	APBE	RGUB	RUB	RUB	RUB	RUB	RUB

图 4.6 资源框配置

(3) 一级交换框

一级交换框为 ZXTR RNC(v3)提供一级交换子系统,针对用户面数据较大流量时的交换和扩展。交换框的背板为 BPSN,可以插 GLI,PSN 和 UIMC 单板以及这些单板的后插板。交换框是 ZXTR RNC 的核心交换子系统,为产品系统内外部各个功能实体之间提供必要的消息传递通道。交换框的背板为 BPSN,可装配的单板有分组交换网板 PSN、千兆线路接口板 GLI、通用控制接口板 UIMC。资源框配置如图 4.7 所示。

一级交换框(BPSN)单板配置														RUIM2	RUIM3	
1	2	3	4	5	6	7	8	9	10	11	12	13	14	15	16	17
GLI	GLI	GLI	GLI	GLI	PSN	PSN	GLI	GLI	GLI	GLI	GLI	UIMC	UIMC			

图 4.7　资源框配置

4.3.2　RNC 单板介绍

(1) 操作维护处理板 ROMB 功能：各单板状态的管理和信息的搜集，维护整个 RNC 的全局性的静态数据；ROMB 上还可能运行负责路由协议处理的 RPU 模块。

(2) RCB 单板提供以下功能：实现 Iu/Iur/Iub/Uu 接口对应的 RNC 侧 RANAP/RN-SAP/NBAP/RRC 协议；No.7 信令处理。

(3) 时钟产生板 CLKG 为 RNC 提供系统所需要的同步时钟。CLKG 单板采用热主备设计，主备用 CLKG 锁定于同一基准，以实现平滑倒换。

(4) APBE 单板：ATM 处理板，用于 Iu/Iur/Iub 接口的 ATM 接入处理。每个 APBE 单板提供 4 个 STM.1 接口，支持 622 M 交换容量。

(5) DTB 单板提供 32×E1 物理接口；支持局间随路信令方式 CAS 和共路信令 CCS 通道透传；支持从线路提取 8 K 同步时钟，通过电缆传送给时钟产生板 CLKG 作为时钟基准。

(6) IMAB 单板：IMA/ATM 协议处理板，应用于 RNC 的 Iub、Iur、IuCS、IuPS 接口，与数字中继板 DTB 一起提供支持 ATM 反向复用 IMA 的 E1 接入。

(7) SDTB 单板提供一个 155 M 的 STM.1 标准接口；支持随路信令方式 CAS 和共路信令 CCS；输出 2 个差分 8K 同步时钟信号提供给时钟板作基准。

(8) UIMU＆UIMC 单板：UIMU 单板能够为资源框内部提供 16 K 电路交换功能；UIMC 单板对内提供的一个用户面 GE 口，用于在控制框内与 CHUB 进行级连。

(9) 控制面互连板 CHUB 在 RNC 系统中，用于系统控制面数据流的扩展：各资源框出 2 个百兆以太网(控制流)与 CHUB 相连，CHUB 通过千兆电口和本框 UIMC 相连。

(10) PSN 单板在 RNC v3.0 系统中位于交换框，实现一级交换平台的核心交换功能，提供双向各 40 Gbit/s 用户数据交换能力。

(11) GLI 单板属于交换单元，实现 ZXTR RNC 系统的交换单元 GE 线接口功能，提供与资源框的连接；提供 4 个 GE 端口，每个 GE 的光口 1＋1 备份；相邻 GLI 的 GE 口之间提供 GE 端口备份。

(12) RUB 单板功能：主要完成用户面协议处理；CS 业务 FP/MAC/RLC/IuUP 协议栈的处理；PS 业务 FP/MAC/RLC/PDCP/IuUP 的处理；Uu 口来的信令数据处理。

(13) GTP.U 处理板 RGUB 完成对于 PS 业务 GTP.U 协议的处理。RGUB 板提供以下功能:实现 GTP.U 协议、提供 1 条百兆控制流以太网接口、提供 1 条百兆以太网数据备份通道、提供 RS485 备份控制通道接口、支持单板的 1+1 主备逻辑控制、对外部网络提供 4 个百兆以太网接口。

4.3.3 RNC 组网配置考虑参数

组网配置要考虑的主要参数包括系统总的用户数、每话音用户的话务量、忙时每用户平均数据量、单板的处理容量、话务模型情况(CS/PS)、信令负荷。

硬件平台配置资源包括:

接口资源:APBE,DTB,IMAB;

系统控制资源:ROMP,CLKG;

用户面处理资源:RUB,RGUP;

控制面处理资源:RCB;

交换平台资源:UIMC,UIMU,CHUB,GLI,PSN。

为了保障系统安全,ZXTR RNC 系统的关键部件例均提供硬件 1+1 备份,如 ROMB、RCB、UIMC、UIMU、CHUB、PSN、GLI 等,而 RUB 和 RGUB 采用负荷分担的方式。接入单元根据需要可以提供硬件主备。

4.4 TD-SCDMA 基站设备

为有效解决馈线多、施工难度大以及站址资源获取难的问题,TD-SCDMA 系统无线基站采用的多为分体式基站。

分体式基站分为两部分,即 BBU(基带单元)和 RRU(射频单元)。BBU 实现基带处理、传输以及控制部分的功能,放在室内;RRU 实现中频和射频功放部分,在室外覆盖目标区域,一般放置在天线下方,和天线的近距离缩短了馈线的长度,大大简化了工程施工。BBU 和 RRU 通过光纤连接,传输 BBU 和 RRU 之间基带数据和 OAM 信令,由于光纤低损耗,BBU 和 RRU 之间距离最远可达 10 千米,所以这种分体式基站也叫拉远基站。运营商在组网的时候也可以更加灵活地选择室内基站的安装位置。

BBU 和 RRU 连接如图 4.8 所示。

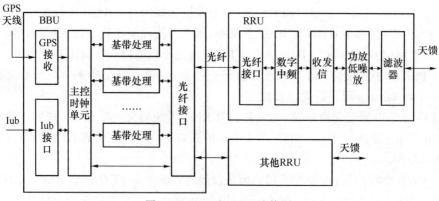

图 4.8　BBU 和 RRU 连接图

拉远基站是目前 TD-SCDMA 规模部署中常用的设备类型。由于其施工方便、建网成本低(节省同轴电缆)、满足运营商快速建网和赢利的需求,拉远基站在其他制式的 3G 网络中也多被采用。

BBU 的主要功能如下:通过光纤接口(GBRS 或 Ir)与 RRU 连接功能,完成对 RRU 控制和 RRU 数据的处理功能,包括信道编解码及复用解复用、扩频调制解调、测量及上报、功率控制以及同步时钟提供;通过 Iub 接口与 RNC 相连,主要包括 NBAP 信令处理(测量启动及上报、系统信息广播、小区管理、公共信道管理、无线链路管理、审计、资源状态上报、闭塞解闭)、FP 帧数据处理、ATM 传输管理;通过后台网络管理(OMCB/LMT)提供如下操作维护功能:配置管理、告警管理、性能管理、版本管理、前后台通讯管理、诊断管理。

RRU 的主要功能如下:通过光纤接口(GBRS 或 Ir)与 BBU 连接,进行 IQ 数据、操作维护以及告警信息的传递;完成基带 IQ 信号与射频信号的转换;通过射频接口与天线连接,完成射频信号的接收和发射。多通道 RRU 支持智能天线,完成天线校正和功率校准。

本书所讲基站为中兴的拉远基站,BBU 和 RRU 两部分各有多种型号。BBU 的型号如 B328、B326、B316;RRU 的型号如 R04、R08、R11。本书介绍 B328 和 R04。

4.4.1　B328 设备

ZXTR B328 标准机柜如图 4.9 所示。

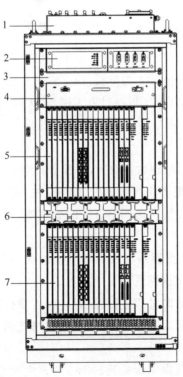

1—机顶;2—电源插箱;3—传输插箱(备选);4—风扇插箱;
5—上层 BCR 机框;6—走线插箱;7—下层 BCR 机框。

图 4.9　B328 标准机柜

机柜顶部布局包括 ET 模块、EMU 模块通过松不脱螺钉固定在机顶整件;公共层包括 BCR 插箱、各单板和模块插件(如 TBPA、BCCS、TORN、IIA)。BCR 机框满配如图 4.10 所示。

功能	单板	满配数量
Node B Control & Clock & Switch Board	BCCS	2
TD-SCDMA Node B Baseband Processing Board (Type A or E)	TBPA TBPE	12
TD-SCDMA Node B Iub Interface over ATM Board	IIA	2
TD-SCDMA Node B Optical Remote Network	TORN	2

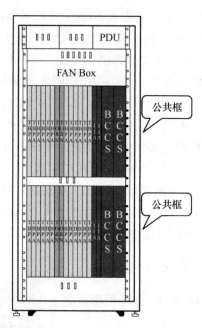

图 4.10 B328 机框满配图

B328 机柜满配支持上下两层 BCR 机框。上下两层机框通过光缆连接,用于传送时钟、数据和 O&M 消息。BCR 机框包括 4 类单板:BCCSIA、IIA、TBPA 和 TORN。BCCS 是系统的控制中心,IIA、TBPA 和 TORN 板通过以太网与 BCCS 相连,实现单板监控、维护以及信令数据的交互。

(1) BCCS

BCCS 是系统的控制中心,处理数据交换、单板管理和时钟分发。它完成以下功能:

Iub 接口协议处理:RNC 把协议数据送达 BII 板,在 BII 板内把协议 ATM 信元适配到以太网的 MAC 帧,通过以太交换网送到 BCCS 的处理器,处理器解析并处理协议消息,并发送回应消息。

主控功能:BCCS 通过以太交换系统收集各单板的状态信息,并且执行单板的管理、控制和接收,控制信息通过以太交换网送到各个单板。

时钟处理功能:接收外来的时钟源进行锁相处理,过滤抖动,并输出时钟,输出的系统时钟送到各单板作为基带和中频处理的时钟;还输出网络侧时钟给两块 BIIA 单板,作为 E1 和 STM.1 的发送时钟。

以太网交换功能:以太网交换主要是通过 BCCS 来完成归口和对外的维护接口,BCCS 提供一个具有 26 端口以上的以太网交换网。nLMT 用以太网接口直接连到 BCCS 的 CPU,这样 LMT 只能访问 BCCS 的 CPU,通过 CPU 与其他子系统通信,不能直接接入内部交换网。调试网口因为只在内部调试时使用,可以连接到交换网,调试时可以直接和各个子系统通信。

（2）TBPA 单板

TBPA 单板主要由 CPU、DSP、FPGA 等组成,如图 4.17 所示,实现 3 载波 8 天线业务数据处理。

（3）IIA

IIA 的全称是 Iub Interface over ATM,是 B328 设备与 RNC 设备连接的数字接口板,实现与 RNC 的物理连接。IIA 板主要完成的功能:ATM 的物理层、ATM 层和适配层处理;Iub 接口信令数据与用户数据的收发；时钟提取,从 STM.1 或者 E1/T1 上提取 8 kHz 送给时钟板作为时钟参考。

AAL5/AAL2 适配功能:IIA 板把来自 RNC 的 AAL2 信元流进行 CID 交换后适配成 MAC 包,通过 BCCS 分发到各个基带处理板 TBPA。AAL5 信元流经过 AAL5 适配后,转成 MAC 包发送给 BCCS 板。在上行方向则将 MAC 包转换成 ATM 信元。

ATM 交换功能:IIA 板将本板的信元流和级联的 ZXTR B328 的信元流,经过 ATM 交换后通过 UTOPIA 接口送到光接口或 E1 接口模块,通过标准的传输接口输送到 RNC;同时将接收到的下行 RNC 数据经交换后发给本 B328 和各个级联的 B328/Node B

（4）TORN 单板

TORN 单板实现 BBU 与 RRU 单元的光传输、IQ 交换和操作维护信令数据的插入与删除;提供 6 个 1.25 G 光接口支持 RRU 单元。每个光口支持 24 个 AxC;提供上下行 IQ 链路的复用和解复用处理;IQ 的交换;信令的插入提取,6 个 HDLC 通道(或 FE)对应 6 个光口的信令接口,实现和 RRU 非实时信令的交互;支持 BCCS 直接控制的本板电源开关功能;接收来自 BCCS 的系统时钟,并产生本板需要的各种工作时钟;BBU.RRU 时延测量。

（5）BEMU 模块

BEMU 模块主要提供和外部环境监控设备的通信接口功能:提供和外部环境监控设备的接口、外部或内部传输设备的网络管理信息接口,用于接入系统内部和外部的告警信息(包括环境监控、传输、电源、风扇等);为 BCCS 板提供外部设备的管理通道;提供 GPS、BITS 基准时钟,对外提供测试时钟接口等功能。

（6）ET

ET(Node B E1 Protect and Transfer)/ETT 是 E1 保护转接板,提供 E1 设备二级防雷功能,以保护 E1 设备在一定雷击范围内能够正常工作,从而延长 E1 的工作寿命。

4.4.2　R04 设备

以中兴 ZXTR R04(B)为例介绍 TD-SCDMA 的 RRU。中兴 ZXTR04 最大可支持 6 载波发射与接收,支持智能天线。每个 ZXTR R04 支持 4 个发射通道和接收通道,两个 RRU 共 8 个收发通道,可以共同组成一个 8 天线的扇区,支持 RRU 级联功能,提供上联光接口和下联光接口,使 RRU 级联组网。

R04 硬件结构如图 4.11 所示。

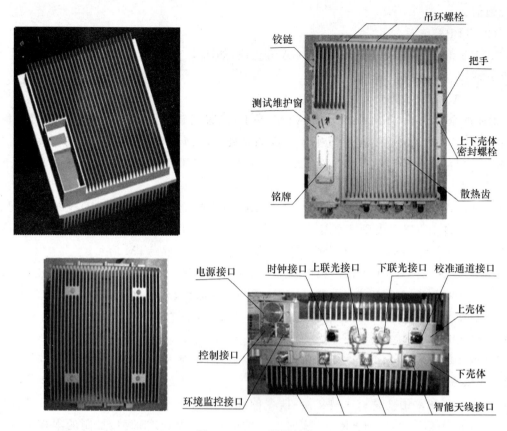

图 4.11　R04 硬件结构

R04(B)硬件原理图如图 4.12 所示。

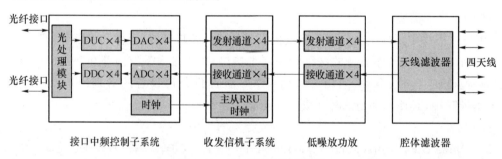

图 4.12　R04(B)系统原理图

R04 功能模块主要包括接口中频控制子系统(RIIC)、收发信机子系统(RTRB)、低噪放功放子系统(RLPB)、通道腔体滤波器(RFIL)。另外,R04(B)硬件还包含电源子系统、电源防雷子系统和信号防雷保护子系统。

从图 4.12 中可以看出,在下行方向,数据信号从光纤接口到达 RIIC 子系统,经过 RIIC 子系统处理后,发送到 RTRB 子系统,在 RTRB 子系统经过信号处理、滤波后发送到 RLPB 子系统,然后到达 RFIL 子系统后传送到天馈系统;上行方向按反方向处理后,数据信息经光纤接口发送给 BBU。

（1）接口中频控制子系统

接口中频控制子系统主要提供光传输的调制解调、时钟的恢复和提取、IQ 交换功能、下行基带变中频、上行中频变基带以及提供操作、维护、控制硬件平台等功能。

（2）收发信机子系统

收发信机子系统是整个 R04 系统中的重要部分。

下行主要接收来自中频子系统送来的下行中频模拟信号，进行放大滤波处理，调制到射频信号，放大滤波后送入低噪放功放子系统。

上行主要接收低噪放功放子系统送来的上行接收射频信号，经过滤波、变频、放大滤波后送入中频控制子系统。

收发信机子系统还提供校准端口和功率检测通道。

（3）低噪放功放子系统

低噪放功放子系统主要实现下行信号的线性放大功能、上行信号低噪声放大功能、发射信号的采集和传输功能以及系统的 TDD 双工功能。

（4）腔体滤波器子系统

腔体滤波器子系统主要完成对下行发射杂散和上行干扰的抑制功能，而且具有防雷功能，能够吸收天线残余雷击，防止对系统的损坏。

（5）信号防雷子系统

对主从通们和干节点输入输出提供防雷保护。

（6）电源防雷子系统

对电源输入进行防雷防护以及 EMI 滤波。

（7）电源子系统

将输入的电源转化为系统内部所需的电源，给系统内部所有硬件子系统或者模块供电。

4.4.3　R04 设备接口

R04（B）的对外接口关系如图 4.13 所示。

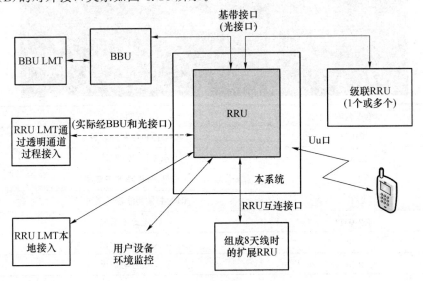

图 4.13　R04（B）接口关系图

R04(B)的接口主要有 Uu 接口、与 BBU 的基带接口、与 RRU 的级联光接口、与其他 RRU 组成 8 天线扇区时的控制接口、测试接口以及通过 BBU 透明传输的远程 LMT 接口。各个接口的接口关系如表 4.2 所示。

表 4.2 R04(B)外部接口关系表

外部系统	外部系统功能概述	相关接口说明
BBU	基带资源池,实现 GPS 同步、主控、基带处理等功能	光纤接口
UE	UE 设备属于用户终端设备,实现和 RNS 系统的无线接口 Uu,实现话音和数据业务的传输	Uu 接口
测试接口	完成设备生产时的测试等功能	
RRU LMT(远程接入)	对 RRU 进行操作维护,在 BBU 远程接入	通过以太网连接到 BBU,BBU 通过光纤接口连接到 RRU
级联 RRU	同其他 RRU 进行级联	光纤接口
组成 8 天线扇区的 RRU	和本地另外一个 RRU 组成一个 8 天线扇区	控制接口
外部监控设备	完成透明通道的功能,帮助外部设备完成传输组网的功能	干节点

4.4.4 R04 单板介绍

R04 内部结构如图 4.14 所示。

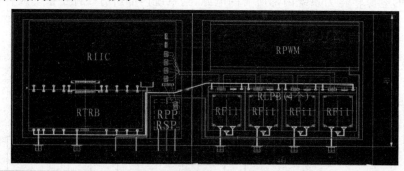

单板名称	说明
RIIC	RRU接口中频控制板
RTRB	RRU收发信板
RLPB	RRU低噪放功放子系统
RFIL	RRU腔体滤波器子系统
RPWM	RRU电源子系统
RPP	RRU电源防护板
RSP	RRU信号防护板

图 4.14 R04 内部结构

各单板功能如下：

（1）RIIC,GBRS 接口中频控制单板

GBRS 接口的处理；数字中频功能（下行 4 路发射功能，基带变中频；上行 4 路接收功能，中频变基带）；时钟管理；天线校准（天线校准的目的是计算并补偿通道间的幅相差异，使 4 通道/天线口的幅相一致。天线校准和功率校准一起为波束赋形和联合检测提供最优的条件。天线校准的具体功能包括：下行通道间的幅相补偿、上行通道间的幅相补偿、辅助进行通道异常的检测，包括通道增益异常、通道损坏等）；功率校准控制（功率校准对下行通道增益进行补偿，从而使输出功率满足期望值；初始校准：通道各环节的实际增益存储在 EE-PROM，初始化时，对各通道实际增益进行补偿；实时校准：在下行时隙，通过功率检测接收通道，对输出功率进行测量，根据实际输出和期望输出功率差异对输出功率进行实时补偿）；射频通道控制；外部设备监控（干节点）。

（2）RTRB,收发信板

四个下行通道：中频信号滤波、放大、上变频到射频，滤波、放大输出至 RLPB；四个上行通道：射频信号滤波、混频到中频后，滤波、放大输出至 RIIC；上行通道提供下行检测旁路功能；实现校准信号的发射和接收；射频本振信号的产生，四个收发通道共本振；RRU 之间互连时钟接口；板位识别，版本以及部分离线参数的存储功能；通道的电源管理功能。

（3）RLPB 低噪、功放子系统

下行信号的线性功率放大；上行通道的信号低噪声放大；TDD 双工功能；发射信号采集，并通过上行通道传输功能。

（4）RFIL 腔体滤波器，主要完成对下行发射杂散和上行干扰的抑制。

（5）RPP,电源防护板，实现电源的雷击浪涌保护。

（6）RSP,信号防护板，实现对外 485 信号、干结点的防雷保护，RPP、RSP 安装在操作维护窗内，RSP 在下层，RPP 在上层。

（7）RPWM,电源子系统，为各单板提供所需电源。

4.4.5　基站配置说明

（1）B328 系统配置

影响配置的主要因素：

① ZXTR B328 所处理的载扇数目。载扇数目是 BBU 所处理容量的最主要指标。

② Iub 口采用的接口方式：E1 或 STM1。每块 IIA 只有最多 8 路 E1 或 8 路 STM1。B328 满配置可装载 4 块 IIA。

③ 一个 TORN 只有 6 个 1.25G 光接口，每个光接口的容量为 24A×C（载波天线）。B328 满配置可装载 4 块 TORN。

④ 基带板是否备份。如果基带板需要备份，需要多配置基带板。

硬件配置原则：

先配置上层框，然后根据需要配置下层框。每一层框中，在容量满足的情况下，尽量满足优先使用左边的 TORN 单板。

ZXTR B328 系统配置举例，支持 1 个站点，每个站点支持 9 载扇（三扇区，每扇区 3 载波），每载扇支持 8 个天线，Iub 口采用 E1 传输，Node B 无级连，单板配置图如图 4.15 所示。

1	2	3	4	5	6	7	8	9	10	11	12	13	14	15	16	17	18	19	20	21
T B P A	T B P A	T B P A				T O R N								I I A	B C C S			B C C S		

图 4.15　B328 单板配置

(2) R04 系统配置

标准配置(单扇区频点数大于等于 3 的情况):外部设备配置的基础单元是一个扇区。

每个扇区需要两个 R04,一个主一个从。

电源防雷箱:一个扇区配置一个防雷箱。

天线阵:每个扇区一个 8 天线阵列。

每个扇区配置安装组件 1 套。

每个扇区(单扇区 3 个频点以上)配置的外部电缆如下:

RRU 馈电电缆:2 根。

RRU 主从通信电缆:1 根。

RRU N 型 2M 标准射频跳线:9 根(有一根用于校正)。

大于 50M 单头 2 芯铠装光缆:2 根(每个 RRU 一根)。

4.5　TD-SCDMA 仿真软件配置

1. 启动 TD-SCDMA 仿真教学软件

单击"TD-SCDMA 仿真教学软件"进入主页,菜单上有虚拟机房和虚拟后台。在虚拟机房可以查看 RNC、BBU、RRU 以及天线的配置。

在虚拟后台可以进行数据配置,数据配置时先启动服务器,然后启动客户端,进入数据配置界面,如图 4.16 所示。在视图配置管理界面的 UTRAN 资源树的 OMC 下创建 UT-RAN 子网,如图 4.17 所示。

2. 以 S3/3/3(即三个扇区,每个扇区分配三个载波)为例进行数据配置

(1) RNC 数据配置

① 创建子网

执行【数据管理】|【数据恢复】|【init】操作,单击【确定】按钮,恢复仿真配置的初始状态,如图 4.18 所示。

图 4.16　启动服务区及客户端

图 4.17　配置管理视图

图 4.18　恢复初始状态

单击视图,选择配置管理,选择 OMC,右击创建 TD UTRAN 子网,如图 4.19 所示,设置子网标识:1。

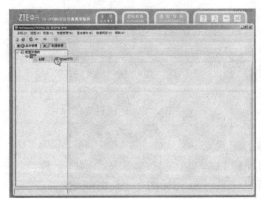

图 4.19　创建 TD UTRAN 子网

② 创建 TD RNC 管理网元

如图 4.20 所示,选择 TD UTRAN,单击创建,选择 TD RNC 管理网元,配置数据如下。用户标识:TD RNC 管理网元;RNC 标识:1;操作维护单板 IP 地址:129.0.31.1。

③ 创建 RNC 全局资源

如图 4.21 所示,右击配置集,选择创建,选择 RNC 全局资源。

图 4.20　TD RNC 管理网元　　　　　　　图 4.21　创建 RNC 全局资源

在 RNC 信息界面配置数据,如图 4.22 所示。

用户标识:RNC 全局资源;移动国家码:460;移动网络码:07;本局 24 位信令点编码:14.31.11;ATM 地址编码方式:NSAP;ATM 地址:第三位改为 1。

④ 创建机架

右击设备配置,选择创建,选择快速创建机架,打开小容量机架,选择标准机架 1,创建机架如图 4.23 所示。

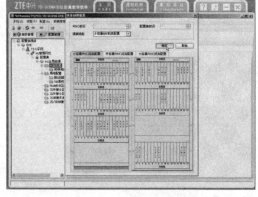

图 4.22　RNC 关键信息　　　　　　　　图 4.23　创建机架

⑤ 对机架 1 各单板(GIPI、ROMB、APBE)的配置

修改 IMAP 板,右击 IMAP,选择修改,选择接口信息,设置端口号:1、IP 个数:1、IP:140.13.100.100、接口掩码:255.255.0.0、广播:140.13.0.0,如图 4.24、图 4.25 所示。

修改 GIPI 板,右击 GIPI,选择修改,选择接口信息,设置端口号:1、IP 个数:1、IP:139.1.100.102、接口掩码:255.255.255.0、广播:255.255.255.255,如图 4.26 所示。

修改 APBE 板,右击 APBE,选择修改,选择接口信息,设置端口号:3、IP 个数:1、IP:20.2.33.4、接口掩码:255.255.255.0、广播:255.255.255.255,如图 4.27 所示。

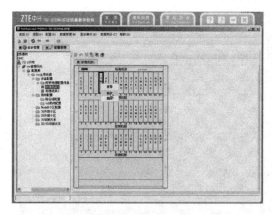

图 4.24　修改 IMAP 单板 1

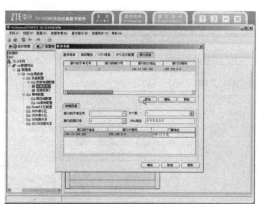

图 4.25　修改 IMAP 单板 2

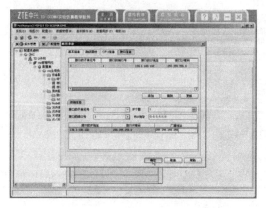

图 4.26　修改 GIPI 单板 2

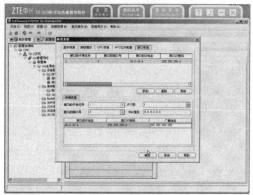

图 4.27　修改 APBE 单板

修改 ROMB 板，右击 ROMB，选择修改，选择接口信息，如图 4.28 所示。

设置端口号：1；IP 个数：1；IP：136.1.1.1；接口掩码：255.255.255.255；广播：255.255.255.255。

⑥ ATM 通信端口配置

右击局向配置，选择创建，选择 ATM 通信端口配置，依次添加通信端口：4、6，添加(1/1/6)，如图 4.29 所示。

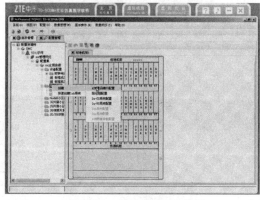

图 4.28　修改 ROMB 单板

图 4.29　ATM 端口配置修改

⑦ IU-CS AAL2 路径组配置

右击局向配置,选择路径组配置,如图 4.30 所示。

添加用户标识:路径组配置,默认参数即可,如图 4.31 所示。

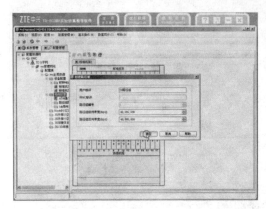

图 4.30 路径组配置图

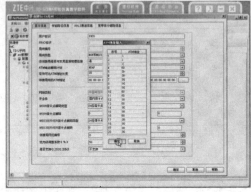

图 4.31 局向配置基本信息

⑧ IU-CS 局向配置

右击局向配置,选择 IU-CS 局向配置,如图 4.32 所示。

配置基本参数。用户标识:IU-CS 局向配置;ATM 地址编码:NSAP;ATM 地址编码计划:前三位改为 1;MGW 信令点编码:14.29.5;MSC SERVER 信令点编码:14.27.5。

配置传输信道,如图 4.32 所示。设置路径组编号:1。

配置 AAL2 通道,如图 4.33 所示。设置 AAL2 通道编号:1;管理该通道的 SMP 模块号:11;VPI/VCI:2/41。

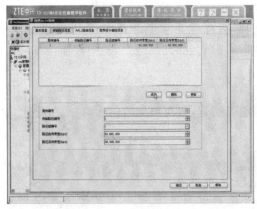

图 4.32 局向传输路径信息

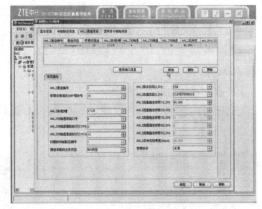

图 4.33 AAL2 通道信息

配置 AAL2 通道,如图 4.34 所示。设置宽带信令信息,管理该链路放入 SMP 模块号:10;信令链路组内编号:0;VPI/VCI:1/32;AAL2 服务类别:CBR。

⑨ Iu-PS 局向配置

右击局向配置,选择 Iu-PS 局向配置,如图 4.35 所示。

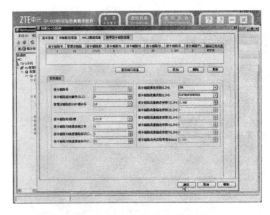

图 4.34　宽带信令信息

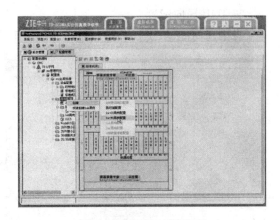

图 4.35　IU-PS 局向配置

　　配置基本参数。用户标识：Iu-PS 局向配置；ATM 地址编码：NSAP；24 位信令点编码：14.26.5，如图 4.36 所示。

　　配置 IPOA 消息，如图 4.37 所示。目的 IP 地址：20.2.33.3；源 IP 地址：20.2.33.4；地址掩码：255.255.255.0；IPOA 对端通信端口：6；VPI/VCI：1/50。

图 4.36　IU-PS 局向配置基本信息

图 4.37　IU-PS 局向 IPOA 信息

　　配置宽带信令链路消息，如图 4.38 所示。信令链路组内编号：0；SMP 模块号：11；通信端口号：6；VPI/VCI：1/42。

图 4.38　IU-PS 局向宽带信令链路信息

⑩ IUB 局向配置

右击局向配置,选择快速创建 IUB,如图 4.39 及图 4.40 所示。

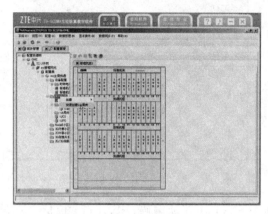
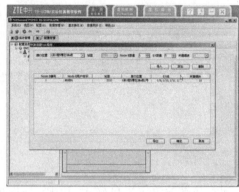

图 4.39 快速创建 IUB 1   图 4.40 快速创建 IUB 2

配置站型:S3/3/3;Node B 数量:1;E1 数量:5。

⑪ 创建服务小区

右击 Node B,选择创建,选择服务小区,如图 4.41 所示。

配置基本参数。用户标识:服务小区 1、2、3;小区标识:10、11、12;本地小区标识:10、11、12;Node B 内小区标识:0、1、2;小区参数标识:0、1、2;位置区码:7;服务区码:10;路由区码:2;载频、时隙和功率配置频点:2010.8、2012.4、2014。

⑫ 添加路由

进入 rnc 全局资源,单击高级属性,添加路由信息并保存,如图 4.42 所示。

图 4.41 配置管理视图   图 4.42 路由信息

(2) 手工开动 Node B

① 创建 Node B

右击 TD UTRAN,选择创建,选择 B328 管理网元,如图 4.43 所示。配置 Node B 信息,如图 4.44 所示。

设置 Node B 号:1;用户标识:B328;提供商:zte;位置:sjzpc;模块一 IP 地址:140.13.0.1。

图 4.43 创建 B328 网元

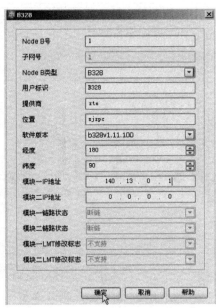

图 4.44 配置 B328 信息

② 创建模块

右击 B328,选择配置集,选择模块,如图 4.45 所示。

配置用户标识:模块;ATM 地址:第二十位 1;Iub 接口联机介质属性:E1 双绞线。

③ 配置机架、机框、单板

如图 4.46 所示,右击设备配置,选择创建,选择快速创建机架。

图 4.45 创建模块

图 4.46 创建机架

将第二机框内除三块 TBPA、一块 TORN、一块 IIA、一块 BCCS 单板之外板子删除,与前台配置匹配,如图 4.47 所示。

④ IIA 单板 E1 线维护

设置 E1 线维护端口号:0、1、2、3、4、5;复帧标志:无复帧,如图 4.48 所示。

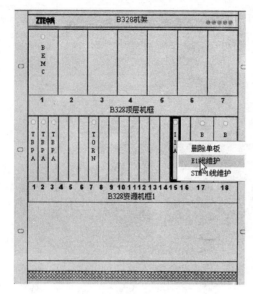

图 4.47　配置机架、机框、单板

图 4.48　IIA 单板 E1 维护

⑤ TORN 单板光纤维护

TORN 单板光纤维护如图 4.49 所示，设置光口编号：0、1、2、3、4、5；光线编号：0、1、2、3、4、5，如图 4.50 所示。

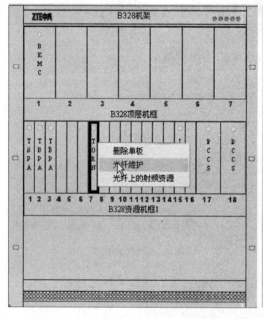

图 4.49　TORN——单板光纤维护

图 4.50　光纤操作

⑥ TORN 单板射频资源配置

TORN 单板射频资源配置如图 4.51 所示，设置光线编号：0、1、2、3、4、5；射频资源号：0、1、2、3、4、5(或者是配置三根光纤，每根光纤带两个 R04)。

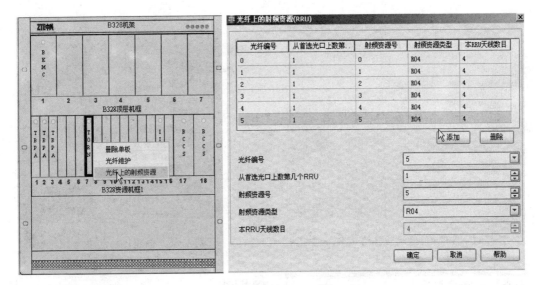

图 4.51 TORN 单板射频资源配置

⑦ 配置承载链路

右击 ATM 传输,选择承载链路,如图 4.52 及图 4.53 所示。

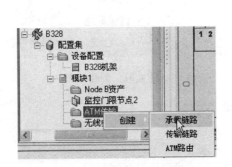

图 4.52 创建 ATM 传输承载链路

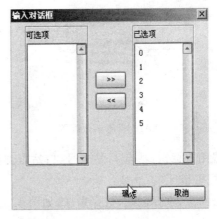

图 4.53 修改链接标识

设置连接标识:1111100,如图 4.54 所示。

⑧ 配置传输链路

如图 4.55 所示,右击 ATM 传输,选择创建,选择传输链路。

配置 AAL5 链路如图 4.56 所示,设置 AAL5 链路标识:64501、64502、64503;VPI/VCI:1/46、1/50、1/40;AAL5 类型:控制端口 NCP;通信端口 CCP、承载 ALCAP CCP 链路号:0、1、1。

同理配置 AAL2 资源参数。

设置 AAL2 链路标识:1、2、3;VPI/VCI:1/150、1/151、1/152。

⑨ 配置无线模块

右击无线参数,选择创建,选择物理站点,如图 4.57 所示。

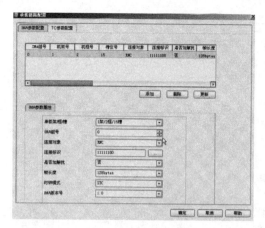

图 4.54 ATM 传输承载链路 IMA 参数

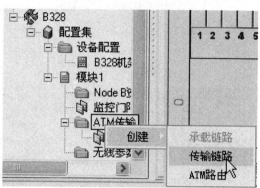

图 4.55 创建传输链路

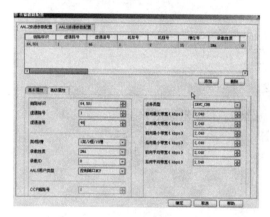

图 4.56 AAL5 资源参数配置

图 4.57 创建物理站点

设置用户标识:站点 1;站点号:1;站点类型:S3/3/3,如图 4.58 所示。

⑩ 配置扇区

右击站点,选择创建,选择扇区,如图 4.59 所示。

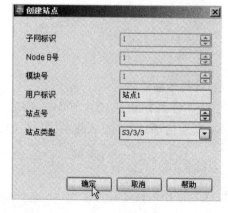

图 4.58 创建物理站点

图 4.59 创建扇区 1

设置扇区号:1、2、3;天线个数:8 天线;天线类型:线阵智能天线;天线朝向:0、120、240;射频资源:0　1,2　3,4　5;扇区属性参数:自动功率校准、扇区中所有天线所在通道正常才可以工作,如图 4.60 及图 4.61 所示。

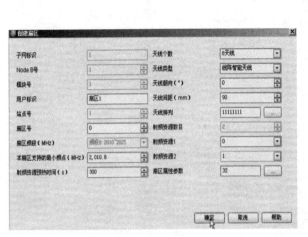

图 4.60　配置管理视图 2

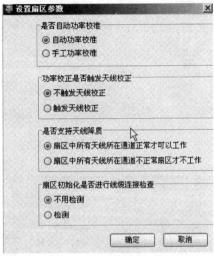

图 4.61　设置扇区参数

⑪ 配置本地小区

右击扇区 1,选择创建,选择本地小区(注:每个本地小区内要有 3 个载波),如图 4.62 所示。

设置本地小区号:10、11、12,如图 4.63 所示。

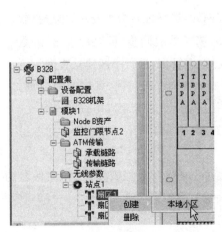

图 4.62　创建本地小区

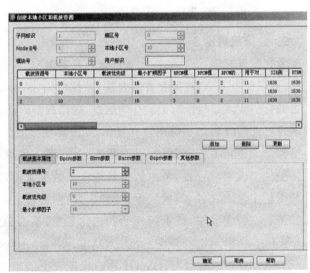

图 4.63　配置本地小区

创建服务小区,如图 4.64 所示,修改服务小区信息,如图 4.65、图 4.66 及图 4.67 所示。

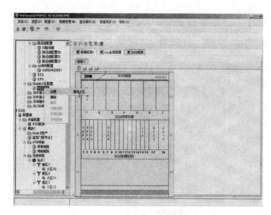

图 4.64　创建服务小区

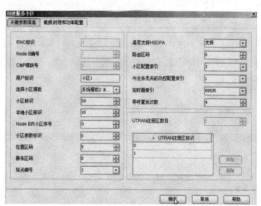

图 4.65　小区 1 参数修改

图 4.66　小区 2 参数修改

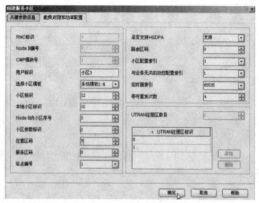

图 4.67　小区 3 参数修改

3. 数据配置检查

数据配置完毕,进行数据配置检查。右击 RNC 管理网元,选择配置数据管理,再选择整表同步,可以检查 RNC 数据配置的合法性;然后右击 B328,选择整表同步,可以检查 B328 数据配置的合法性。如两者的合法性均通过,选择视图的动态数据管理,进行小区建立查询、AAL2 通道建立查询、7 号信令链路建立查询、局向建立查询。如果查询没有问题,可以返回主页,进入虚拟电话进行拨打测试;如果查询有问题,可以根据相应提示,进行故障排查。

配置完成可以存盘,单击数据管理选择数据备份,选择备份的网元 OMC,然后在备份文件前缀栏中输入文件名,然后单击【确定】按钮即可。

若数据配置完毕,想重新开始初始化界面,单击数据管理选择数据恢复,选择文件名为 init.ztd 的文件,再选择备份的网元 OMC,然后单击【确定】按钮即可。

4. S3/3/3 与 S1/1/1、O3、O1 在数据配置上的不同之处

S1/1/1:配置三个扇区,每个扇区只分配一个载波。

O3:在配置过程时小区与扇区的个数为 1,但载波的个数仍为 3;天线类型由线阵智能天线改为圆阵智能天线,没有方位角。

O1:在配置过程时小区与扇区的个数为 1,载波的个数为 1;天线类型由线阵智能天线

改为圆阵智能天线,没有方位角。

4.6 大唐 TDR3000A 开通调测

我校移动通信设备实训室的大唐 TD-SCDMA 移动设备组网如图 4.68、图 4.69 所示,主要包括终端设备、Node B、RNC、核心网、操作维护终端等部分组成。

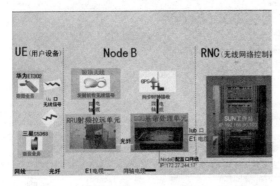

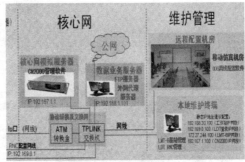

图 4.68　TD 实验网拓扑图(1)　　　　　　图 4.69　TD 实验网拓扑图(2)

终端包括语音业务的三星 S5368 手机,数据业务使用华为 ET302。

注:终端中使用实验室特定的 SIM 卡,如果学生使用支持中国移动 TD 网络的手机,也可以插入实验 SIM 卡,来验证语音业务。

Node B 由 BBU 和 RRU 组成,BBU 型号为大唐 18AE,RRU 为单端口 RRU,RRU 外接室内吸顶天线,BBU 的时钟来自教学楼楼顶的 GPS 天线。

核心网采用 Windows 2000 系统安装核心网模拟软件实现。

其中 RNC 是网络的关键设备,包括机框板卡和 SUN 服务器,SUN 服务器的 OAMS 内存储了 RNC 各板卡软件版本,以及传输参数、无线网络参数等数据,所以工作站首先上电;由于工作站启动脚本存储在操作维护平台侧,所以同时启动操作维护计算机,待工作站工作正常后,上电启动 RNC,RNC 会通过 192.169.0.1 这个网段,从工作站内取用板卡版本及数据文件;待 RNC 启动完毕后,上电启动基站和 RRU,待基站和 RRU 启动完毕,传输建链,小区激活,系统启动完毕。

4.6.1　准备工作

1. 设置维护计算机(PC)IP 地址

所有网元设备通过网线连接至机柜内交换机,只需将计算机连接至交换机,在计算机上配置各网元对应 IP 地址网段,即可对各个网元进行操作维护。操作维护计算机如图 4.70 所示。

本地操作维护计算机静态 IP 地址建议配置:

192.168.30.161(工作站/SUN 服务器 IP 网段);

192.169.0.161(LDT 登录 IP 网段);

172.27.244.161(LMT-B 登录 IP 网段)；

192.167.1.161(CN2000 IP 网段)。

双击【网络邻居】图标，打开网络邻居窗口，右击本地连接，选择"属性"，选择"TCP/IP 协议"，单击【高级属性】，添加 IP 地址，如图 4.71～图 4.76 所示。

图 4.70　维护计算机

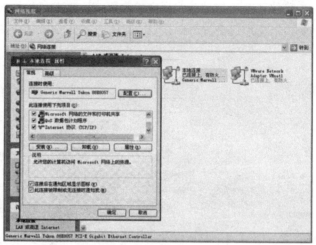

图 4.71　本地连接属性

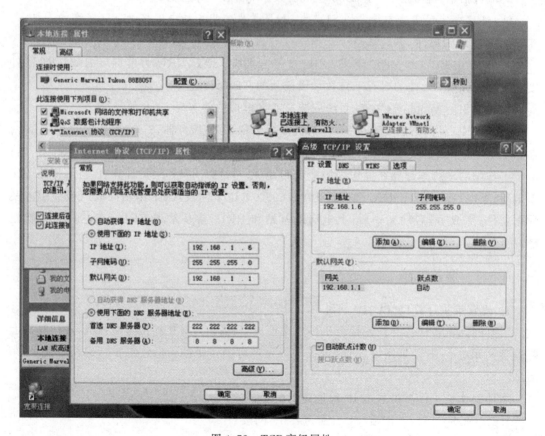

图 4.72　TCP 高级属性

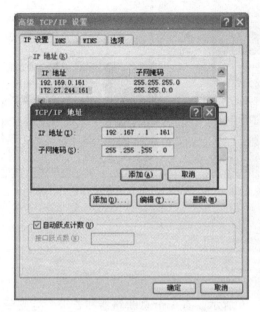

图 4.73 配置 CN2000(核心网)网段 IP

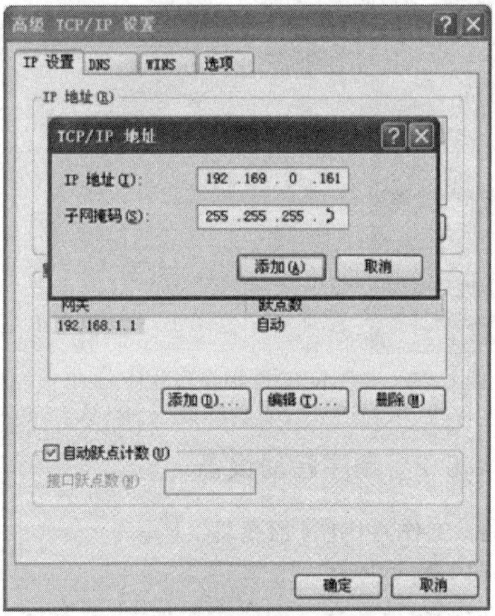

图 4.74 配置 LDT(RNC)网段 IP

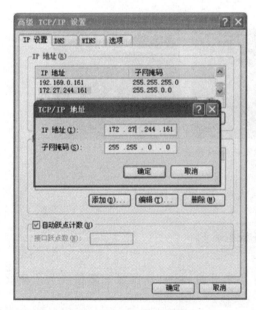

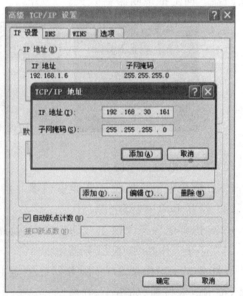

图 4.75 配置 Node B 网段 IP

图 4.76 配置 SUN 服务器网段 IP

2. 安装 RNC、Node B 维护操作软件

① 安装 RNC 维护操作软件 LDT,如图 4.77 所示。

② 安装 Node B 维护操作软件 LMT-B,如图 4.78 所示。

 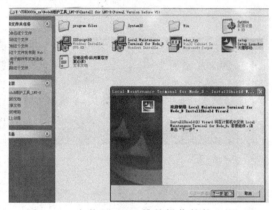

图 4.77　安装 RNC 维护操作软件 LDT　　　　图 4.78　安装 Node B 维护操作软件 LMT-B

4.6.2　顺序启动设备

1. 工作站(SUN 服务器)上电

(1) 打实验室房电源

实验室电源位于实验室南墙东侧,如图 4.79 所示。有 1 个总断路器和若干个分支断路器组成,上面的断路器为总断路器,下面中间 4 个分支断路器的第 1 个即为 RNC 电源支路的断路器。向上推该断路器开关。

图 4.79　实验室房电源开关

(2) RNC 电源插座链接

RNC 电源电源插座位于实验室西墙北侧,大唐 TD 设备附近。

(3) 打开 RNC 内部电源

RNC 内部电源开关位于 TDR3000A 设备机柜后侧。

(4) 打开工作站 SUN 服务器电源

红灯亮表示工作站 SUN 服务器已供电并且未开机,将服务器状态旋钮置为中间竖线位置,按下电源按钮,如图 4.80 所示。

图 4.80　SUN 服务器开关

（5）工作站（SUN 服务器）连通性测试

工作站启动需 10 分钟左右，可以通过 ping 命令验证服务器是否已启动完毕。

为确保工作站正常启动，运行 RNC 启动脚本前，必须测试能够 ping 通 SUN 工作站的 IP 地址 192.168.30.180。

执行【开始】|【运行】|【cmd】操作，打开命令提示符窗口，输入 ping 192.168.30.180-t，按下 Enter 键，如图 4.81 及图 4.82 所示。

图 4.81　运行 cmd　　　　　　　　　图 4.82　ping 命令

（6）运行 RNC 工作运行脚本

当 ping 通 192.168.30.180 后，按顺序执行 2 个启动脚本：第一步_add_IP、第二步_start_oams。

① 运行脚本 1，如图 4.83 所示。

打开工作站启动脚本第一步 add_IP 目录，单击最终版自启动命令（批处理文件），等待 2 分钟。

注：批处理文件是指以.BAT 为后缀的脚本文件。

② 运行脚本 2

打开工作站启动脚本第二步 start_oams 目录，单击最终版自启动命令批处理文件，等待 5～10 分钟，中间会暂停一会儿，结束界面如图 4.84 所示，可能会略有不同。

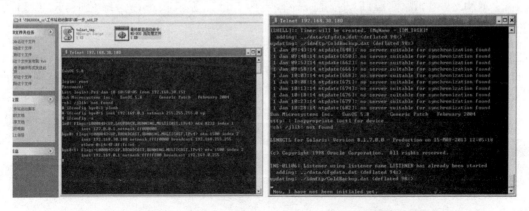

图 4.83　脚本 1 运行　　　　　　　　图 4.84　脚本 2 运行

2. 登录 RNC

① 工作站启动完毕后，LDT 已经可以登录。

LDT 登录地址：192.169.0.1；端口：5000；用户名：idm。

2013 年密码：

1 月：srbsfu	7 月：linlvg
2 月：aphmso	8 月：ezfzro
3 月：wpomqq	9 月：wuucno
4 月：ujgvna	10 月：fbjqrq
5 月：xvorzs	11 月：tehonc
6 月：qjeduy	12 月：yhfuzw

2014 年密码：

1 月：eqylte	3 月：cqelxg
2 月：svmxzs	4 月：bhafjo

② 登录 LDT 后，右击设备管理，选择设备监视图，可以看到 RNC 各板卡状态，如图 4.85 所示。

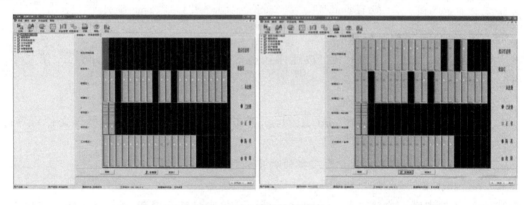

图 4.85　板卡运行状态

③ RNC 上电，观察 LDT 设备监视图，当所有已插板卡状态都为绿色时，RNC 启动完毕。

3. 启动基站、RRU

（1）上电启动基站及 RRU

打开 RRU 电源开关，如图 4.86 所示。

（2）登录基站操作维护软件 LMT-B

登录地址：172.27.244.17；用户名：administrator；密码：111111。

登录 LMT-B，如图 4.87 所示。

图 4.86　打开 RRU 电源开关

图 4.87　登录 LMT-B

（3）初始化配置

执行【系统维护】|【初始化参数设置】操作，无 GPS 基站启动。

（4）传输参数

查看传输参数，如果基站参数改变则选择设置传输参数，如图 4.88 所示。

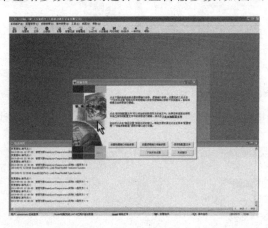

图 4.88　传输参数

（5）查看板卡等信息

① 通过"一单开站"可以查看板卡、频点等信息。板卡状态都为可用，说明板卡启动成功，如图 4.89 所示。

② 通过 IUB 一单查询可以查看 IUB 口情况，确认传输是否正常建立，如图 4.90 及图 4.91 所示。

③ 执行【对象树】|【小区资源】|【本地小区】|【查询本地小区信息】操作，在框中填入本地小区标识，可以查看小区是否建立成功，如图 4.92 及图 4.93 所示。

因为目前 RNC 上对本小区配置的小区标示为 2 或者 0!!，应在输入框内输入 2(0)，单击【查询】按钮。如果显示本地小区已建立，小区操作状态和小区可用状态为"可用"，证明小区已经成功建立；否则，需要修改 RNC 上参数，或激活小区。

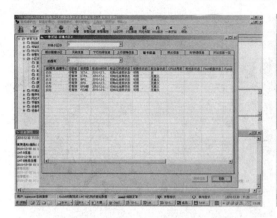

图 4.89 查看板卡信息

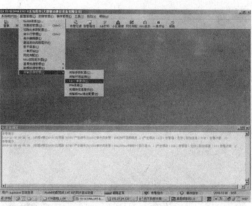

图 4.90 查询 IUB 链路

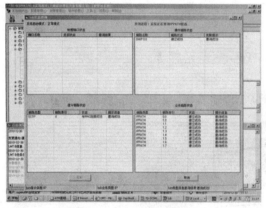

图 4.91 IUB 状态查询

图 4.92 查询小区信息 1

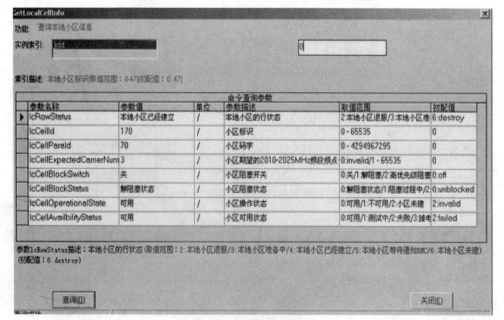

图 4.93 查询小区信息 2

④ 核实 RNC 小区参数。

在 LDT 软件上,单击参数管理,右击小区 1,选择修改,修改后激活该小区,如图 4.94 及图 4.95 所示。

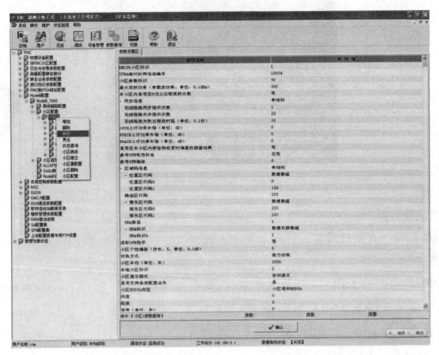

图 4.94　修改 RNC 小区参数

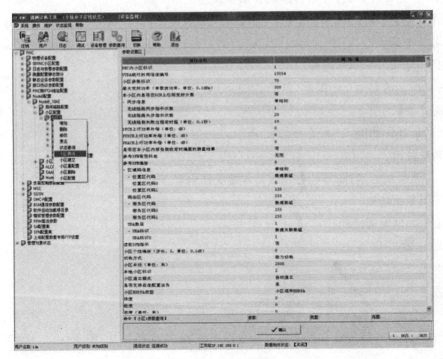

图 4.95　小区激活

⑤ 启动核心网 CN2000,如图 4.96 所示。

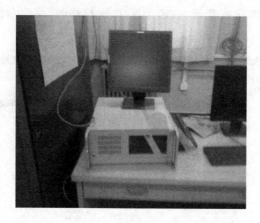

图 4.96　核心网工控机

4. 启动核心网

登录核心网有直接登录和远程登录两种方式。

① 直接登录

核心网(CN2000)工控机,如果连有鼠标、键盘可直接登录,用户名:administrator,密码:cn2000,按下 CTRL＋ALT＋Delete 键,打开任务管理器,结束 CN2000 进程。

单击桌面上的 CN2000 图标,启动 CN2000 程序。

② 远程方式

利用维护操作计算机,可进行远程登录方式连接核心网。

执行【开始】|【程序】|【附件】|【通信】|【远程桌面连接】操作,输入你要控制的计算机的IP、用户名及密码,进入。IP 地址:192.167.1.1;用户名:administrator;密码:cn2000。搜索task 并打开,结束 CN2000 进程。

单击桌面上的 CN2000 图标,启动 CN2000 程序。

5. 测试验证

测试验证操作如图 4.97 及图 4.98 所示。

6. 系统关闭

除工作站及核心网外,其他各网元可直接关闭电源下电。

① 关闭基站电源。

② 关闭基站电源按钮。

③ 关闭 RNC 电源。

④ 关闭 RNC 电源按钮。

⑤ 关闭工作站(SUN 服务器)。

工作站正确关闭流程:

(1) 在本地操作维护计算机上打开命令提示符窗口,如图 4.99 所示。

图 4.97 拨打测试   图 4.98 核心网业务监控

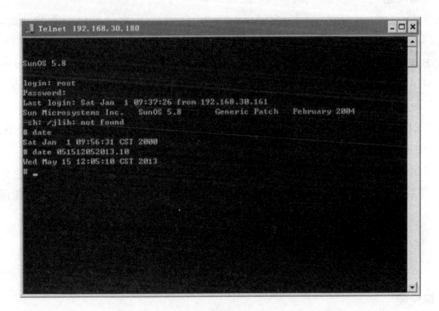

图 4.99 关闭 SUN 服务器

（2）输入：telnet 192.168.30.180，按下 Enter 键。

（3）输入用户名：root，按下 Enter 键。

（4）输入密码：root，按下 Enter 键。

（5）输入：init 5，按下 Enter 键。

（6）等待工作站自动完成关闭，指示灯变红。

（7）关闭核心网，执行【开始】|【关闭计算机】操作，按计划关闭 RNC 电源支路合路器。

4.6.3 工作站数据备份

在操作维护计算机上，用 FTP 软件登录工作站，登录 IP：192.168.30.180；用户名：root；密码：root；数据存放路径：/oams_v2.1/data/cfgdata.dat。

4.6.4 离线查看信令

右击 LDT 图标,选择属性,在目标位置最后添加:空格-debug。

4.6.5 TDR3000a 故障实例

故障描述:2013 年 5 月 15 日对大唐 TDR3000a 设备例行开机维护,LDT 登录时提示密码错误,无法登录。

故障原因分析:

(1) 怀疑 RNC 脚本运行不正常

重启 SUN 工作站,问题依旧;修改登录用户名,单击登录,提示用户名不正确,说明认证程序能够工作,只是密码对不上,不是脚本运行问题。

(2) 时间问题

登录 SUN 工作站,登录显示上次登录时间为:Fri Jan 1,在计算机上查找此时间,发现不是 2013 年内的时间,估算为 2000 年 1 月 1 日,星期五。

查找 SUN OS5.8 的系统命令,date 显示确实为 2000 年 1 月 1 日。

使用 date 051512352013.10 修改系统时间。重新登录 LDT,使用 2013 年 5 月密码,登录成功。

确定为时间问题,猜测 SUN 工作站长期不供电,该设备又是现网替换下设备,CMOS 电池没电,时间丢失。

(3) 启示

2014 年后如果无法获取新密码,可修改系统时间为 2013—2014 年之间,实现用旧密码登录。

习 题

一、填空题

1. 第三代移动通信系统可以分为三大部分:_____、_____和移动终端(ME)。

2. 国际电联对第三代移动通信系统 IMT-2000 划分了_____频段。

3. TD-SCDMA 的网络结构中无线接入网包括_____和_____。

4. TD-SCDMA 的网络结构中核心网(CN)逻辑上分为_____域和_____域。

5. TD-SCDMA 的多址接入方案是_____。

6. TD-SCDMA 空中接口采用了四种多址技术:_____、_____、_____、_____。

7. TD-SCDMA 系统中,有_____个 SYNC_DL 码,_____个 SYNC_UL 码,_____个 Midamble 码和_____个扰码。

8. _____是 TD-SCDMA 系统无线网络的控制核心,主要实现无线网络接入服务位置区内的 Node B 和 UE 之间的空中信道(控制信道和业务信道)的控制和管理。

9. ZXTR RNC 单资源框最大可支持_____万话音用户和_____万分组域用户,以及最大支持 3750 爱尔兰话务量或 225 Mbit/s 数据吞吐量。

10. 在 R4 中, MSC 演化为 MSC Server 和 _____ 。

11. TD-SCDMA 的信道带宽是 _____MHz, CDMA2000 的信道带宽是 _____MHz。

12. TD-SCDMA 的双工方式是 _____, CDMA2000 的双工方式是 _____。

13. TD-SCDMA 系统中, 多个 UE 可同时发起上行同步建立, 但必须有不同的 _____
_____。

14. 对于 TD-SCDMA 系统, 码片速率是 _____; 帧长度是 _____, 每帧又分为 2
个子帧。

15. TD-SCDMA 的 7 个常规时隙中, TS0 总是用于 _____, TS1 总是用于上行。

二、选择题

1. TD-SCDMA 中 PS 和 CS 域的公共实体主要包括 _____。

A. HSS+AUC+EIR　　　　　　　　B. HSS+VLR+EIR

C. HLR+VLR+EIR　　　　　　　　D. RAN+HSS+EIR

2. ZXTR RNC 整个系统可以通过机框和机架的进一步扩展, 最大用户的容量
为 _____。

A. 10 万　　　　　B. 50 万　　　　　C. 100 万　　　　　D. 150 万

3. TD-SCDMA 系统中, 用于区分小区的是 _____。

A. 下行同步码　　B. 上行同步码　　C. 扰码　　　　　D. Midamble

4. TD-SCDMA 系统中扰码分为 _____组。

A. 128　　　　　B. 32　　　　　　C. 16　　　　　　D. 8

5. 从技术角度考虑, 下列更适于非对称业务的是 _____。

A. TD-SCDMA　　B. CDMA2000　　C. WCDMA　　　D. GPRS

6. 下列采用 TDD 工作方式的是 _____。

A. GPRS　　　　B. CDMA2000　　C. WCDMA　　　D. TD-SCDMA

7. TD-SCDMA 的标准化工作由 _____负责。

A. 3GPP　　　　B. 3GPP2　　　　C. ITU-T　　　　D. ANSI

三、判断题

1. TD-SCDMA 系统帧结构的设计考虑到对智能天线、上行同步等新技术的支持, 一
个 TDMA 帧长为 10ms, 分成两个 5 ms 子帧, 这两个子帧的结构不完全相同。 _____

2. Midamble 用于估计信道的冲击响应, 124 chips, 用于信道估计, 测量。 _____

3. 多个 UE 可同时发起上行同步建立, 但必须有不同的上行同步码。 _____

4. TD-SCDMA 网络中, 如果某用户要上网, 其信号需经 CS 域相关设备处理。

_____

5. TD-SCDMA 系统小区内各用户之间通过基本 Midamble 码的移位得到不同的 Mi-
damble 码, 实现用户之间的区分。

_____

6. 在第三代移动通信系统中, 语音业务经 PS 域传送, 数据业务经 CS 域传送。

_____

7. TD-SCDMA 每个 5ms 子帧有 2 个时隙转换点, 其中第一个转换点的位置固定在

DwPTS 结束处,第二个转换点位置可灵活配置在 TS1~TS5 结束处。

8. TD-SCDMA 系统中扰码共 256 个,分为 32 组,每组 8 个。

9. TD-SCDMA 系统上、下行信息可以在同一载频传送。

10. MSC SERVER 是第三代移动通信系统中基于 PS 域的网络实体。

四、综合题

1. 按照功能和插箱所使用的背板分,RNC3.0 包含 3 种机框,试述其功能的不同。

2. 试述 TD-SCDMA 系统帧结构。

3. 简述 TD-SCDMA 系统 CS 域、PS 域及共有实体有哪些?

4. TD-SCDMA 系统与 GSM 系统比较,核心网有什么变化。

5. TD-SCDMA 采用的多址技术有哪些? 分别解释各多址技术的具体含义。

第 5 章　CDMA2000 运行与维护

CDMA2000 的标准化工作由 3GPP2 负责,CDMA2000 的核心网、无线接入网被划分成相对独立的模块,每个模块通常按照自己的发展道路演进,尽可能地避免依赖其他模块,这就确保了它的平滑演进。

CDMA2000 核心网的发展大致可以分为 4 个阶段,分别是 phase0、phase1、phase2、phase3。phase0 网络由传统电路域和分组域组成,如同 CDMA2000-1X 的网络结构,电路域主要实体是 MSC,分组域主要实体是 PDSN;phase1 保持了与 phase0 阶段相同的网络结构和协议族,增加了与分组域数据相关的功能,丰富了业务功能;phase2 是核心网向 IP 演进的开始,引入了软交换,电路域主要实体是 MSC,分为 MSCe 和 MGW,提高了电路域的承载效率;phase3 实现了真正的全 IP 网络,提出了 IMS 子系统和分组数据子系统。

CDMA2000 无线接入网的标准演进和技术发展现状如图 5.1 所示。

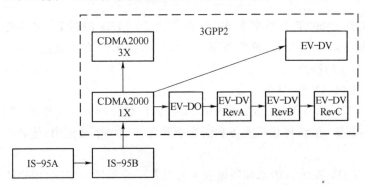

图 5.1　CDMA2000 无线接入网标准演进图

1. CDMA2000-1X

CDMA2000-1X 原意是指 CDMA2000 的第一阶段(速率高于 IS-95,低于 2 Mbit/s),在 3G 领域泛指前向信道和反向信道均用码片速率 1.2288 MChip/s 的单载波直接序列扩频方式,它可以方便地与 IS-95(A/B)后向兼容,实现平滑过渡。运营商可在某些需求高速数据业务而导致容量不够的蜂窝(IS-95)上,用相同载波部署 CDMA2000-1X 系统,从而减少了用户和运营商的投资。

2. CDMA2000-3X

CDMA2000-3X 是指前向信道和反向信道的码片速率均是单载波直接序列扩频方式 1.2288 MChip/s 的 3 倍,其前向信道有 3 个载波,每个载波均采用 1.2288 MChip/s 直接序列扩频,故前向信道采用多载波扩频方式;其反向信道则采用码片速率为 3.6864 MChip/s (1.2288 MChip/s 的 3 倍)的直接扩频。CDMA2000-3X 的信道带宽为 3.75 MHz(单载波信道带宽 1.25 MHz 的 3 倍),因为它占用频带过宽,因此许多开发商目前更对 CDMA2000-1X EV 感兴趣。

3. CDMA2000-1X EV

CDMA2000-1X EV 是在 CDMA2000-1X 基础上进一步提高速率的增强体制,采用高速率数据技术,能在 1.25 MHz(同 CDMA2000-1X)带宽内提供 2 Mbit/s 以上的数据业务,是依托在 CDMA2000-1X 基础上的增强型 3G 系统。除基站信号处理部分及用户手持终端不同外,它能与 CDMA2000-1X 共享原有的系统资源。

CDMA2000-1X EV 的演进分为两个阶段,第一个阶段叫 CDMA2000-1X EV-DO,第二个阶段叫 CDMA2000-1X EV-DV。

(1) CDMA2000-1X EV-DO

CDMA2000-1X EV-DO(Data Only)采用将数据业务和语音业务分离的思想,在独立于 CDMA2000 1X 的载波上向移动终端提供高速无线数据业务,在这个载波上不支持话音业务。

目前有 3 个版本。Rev 0(前向最高速率 2.4 Mbit/s,反向最高速率 153.6 Kbit/s)于 2002 年 10 月发布,前向链路速率可达 2.46 Mbit/s,而对于反向链路上的数据传输和 CDMA2000-1X基本相同。

Rev-A(前向最高速率 3.1 Mbit/s,反向最高速率 1.8 Mbit/s)于 2004 年 4 月发布,提高了反向速率。

Rev-B 标准于 2006 年 1 季度发布,支持高达 20 MHz 的带宽,支持捆定多达 15 个 1.25 MHz 载频(2x, …, 15x),峰值速率达 73.5 Mbit/s,具有更高的频谱效率、低终端功耗、更长的电池寿命的特点。

(2) CDMA2000-1X EV-DV

CDMA2000-1X EV-DV(Data and Voice)克服了 CDMA2000-1X EV-DO 在资源共享以及组网方面的缺陷,重新将数据业务和语音业务合并到一个载波中,使频率资源得到了有效的利用。

由于 1X/EV-DV 系统将语音和数据业务合并在一个载波中实现,用户的业务数据在基站上分为两个支路,语音业务交给 MSC 处理,而数据业务交给 PDSN 处理。

1X EV-DV 可完全后向兼容 CDMA2000-1X,目前有 2 个版本:Rev-C 和 Rev-D。Rev-C 主要改进和增强了 CDMA2000-1X 的前向链路,前向峰值速率达到 3.1 Mbit/s;Rev-D 则改进和增强了反向链路,反向峰值速率达到 1.8 Mbit/s。

目前,3GPP2 基本完成 CDMA2000-1X EV-DV 技术规范的制订工作,但 1X EV-DV 技术控制复杂,成本较高,目前很少运营商垂青它,大部分运营商选择了 1X EV-DO。

5.1 CDMA2000-1X 系统

1. CDMA2000-1X 系统结构

CDMA2000-1X 系统,主要是由移动台(MS)、基站子系统(BSS)、网络子系统(NSS)、操作维护子系统(OSS)组成,如图 5.2 所示。其中,为了支持数据交换系统引入分组交换,网络子系统逻辑上又分为电路域和分组域,这样所有业务在无线网分流,语音业务走电路域网络交换系统,数据业务走分组域网络交换系统。

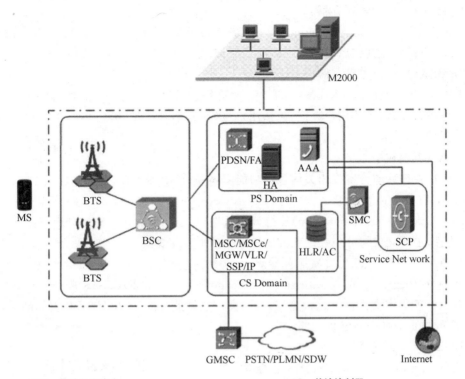

BTS：基站收发信台　　　　　　　　　BSC：基站控制器
MSC：移动交换中心　　　　　　　　　PDSN：分组数据服务节点
MSCe：分组化移动交换中心　　　　　　MGW：媒体网关
GMSC：网关移动交换中心　　　　　　　HA：本地代理
FA：外部代理　　　　　　　　　　　　AAA：鉴权、授权和计费中心
VLR：拜访位置寄存器　　　　　　　　　SCP：业务控制点
SSP：业务交换点　　　　　　　　　　　IP：智能外设
HLR：归属位置寄存器　　　　　　　　　AC：鉴权中心
SMC：短消息中心　　　　　　　　　　　M2000：移动网元管理系统
ISDN：综合业务数字网　　　　　　　　　PSTN：公共交换电话网
PLMN：共用陆地移动通信网

图 5.2 CDMA2000-1X 系统结构图

2. 各主要部件功能

（1）BTS（基站收发信台）

BTS 是在 BSC 控制下服务于某一小区的无线收发信设备，主要功能有基带的调制与解调、射频信号（RF）发射和解调、无线资源的分配、呼叫处理、功率控制与软切换等。

（2）BSC（基站控制器）

BSC 为 CDMA2000-1X 网络中的重要网元，是无线网络中的控制部分。一个 BSC 可以与多个 BTS 相连。

（3）MSC（移动交换中心）

MSC 是 CDMA 网络的核心，对位于它所覆盖区域中的移动台进行控制和完成话路接续的功能，也是 CDMA 和其他网络之间的接口。它完成通话接续，计费，BSS 和 MSC 之间的切换和辅助性的无线资源管理、移动性管理等功能。另外，为了建立至移动台的呼叫路由，每个 MSC 还完成 GMSC 的功能，即查询移动台位置信息的功能。

（4）HLR（归属位置寄存器）

HLR（Home Location Register）是一个静态数据库，存储用于管理移动用户的数据。每个移动用户都应在其归属位置寄存器注册登记。

（5）VLR（拜访位置寄存器）

VLR（Visitor Location Register）是一个动态用户数据库，存储 MSC 所管辖区域中的移动台（称拜访客户）的相关用户数据，包括用户号码、移动台的位置区信息、用户状态和用户可获得的服务等参数。

（6）AUC（鉴权中心）

AUC 是管理移动台鉴权相关信息的功能实体，物理上和 HLR 合设。

（7）PCF（分组控制功能）

PCF（Packet Control Function）支持分组数据，用于转发无线系统和分组数据服务节点之间的消息，主要完成与分组数据业务的控制。

（8）AAA（鉴权、授权与计费服务器）

AAA（Authentication/Authorization/Accounting），采用 RADIUS 服务器方式实现。AAA 对用户的脚本文件信息进行鉴权认证，完成数据业务的授权和计费功能。同时，AAA 完成用户的数据业务开户管理功能。

（9）HA（归属代理）

HA（Home Agen）是 MS 归属网上的路由器，负责维护 MS 的当前位置信息，建立 MS 的 IP 地址和 MS 转交地址的对应关系。

当 PPSN 系统提供简单 IP 服务时，不需要 HA，只有当 PDSN 系统提供移动 IP 业务时，才会需要 HA。

（10）FA（外部代理）

外部代理（Foreign Agent，FA）位于移动台拜访网络的一个路由器，为在该 FA 登记的移动台提供路由功能。移动 IP（Mobile IP）接入时，PDSN 充当归属代理（Home Agent，HA）的外部代理（Foreign Agent，FA）。

（11）PDSN（分组数据服务节点）

PDSN（Packet Data Serving Node）是承接无线网络和分组数据网络的接入网关，为移动台提供访问 Internet 或 Intranet 的分组数据服务。

3. CDMA2000-1X 分组数据业务实现方式

通常用户有两种接入 CDMA2000-1X 分组数据业务实现方式：简单 IP 和移动 IP。

（1）简单 IP

每次给移动台分配的 IP 地址是动态可变的（移动台的 IP 地址由接入地的 PDSN 分配），可实现移动台作为主叫的分组数据呼叫，协议简单，容易实现，但跨 PDSN 时需要中断正在进行的数据通信。

（2）移动 IP

移动 IP 技术是在全球 Internet 上提供一种 IP 路由机制，使移动台可以以一个永久的 IP 地址连接到任何子网中，可实现移动台作为主叫或被叫时的分组数据业务通信，并可保证移动台在切换 PPP 链路（跨 PDSN）时仍保持正在进行的通信。

4. CDMA2000-1X 系统接口

在 CDMA2000-1X 网络中,相关的接口如图 5.3 所示,虚线为信令接口,实线为业务接口。

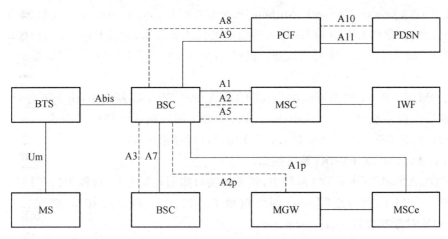

图 5.3　CDMA2000-1X 网络接口

5.1.1　CDMA2000-1X EV-DO 概述

CDMA2000-1X EV-DO 源于 IS-2000,是为分组数据和分组语音优化设计的第三代移动通信系统。利用单独的载频实现高速数据传输,1X EV-DO 又叫作 Data Only。

1. CDMA2000-1X EV-DO 系统结构

CDMA2000-1X EV/DO 系统作为 CDMA2000-1X 的演进,网络结构基本上继承了 CD-MA2000-1X 的特点,但是,CDMA2000-1X EV-DO 和 CDMA2000-1X 无论从网络结构、空口技术,还是承载的业务类型都有显著的区别,所以说 CDMA2000-1X EV-DO 和 CD-MA2000-1X 本质上是两张网络,其系统结构如图 5.4 所示。

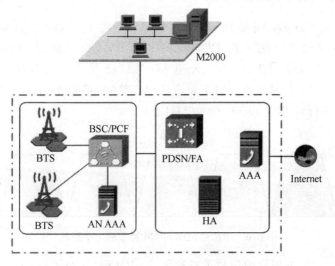

图 5.4　CDMA2000-1X EV/DO 系统结构

2. 各主要部件功能

CDMA2000-1X EV/DO 系统作为 CDMA2000-1X 的演进,各部件功能基本相同,只是在网络结构上增加了 AN-AAA(接入网鉴权、授权与计费服务器)。

AN-AAA(Access Network-Authentication/Authorization/Accounting),采用 RADIUS 服务器架构,承担 EV-DO 网络接入网级的鉴权认证功能,完成 EV-DO 用户终端身份合法性的校验,即 AN-Level 级别的认证。同时,AN-AAA 完成 EV-DO 用户终端的开户管理功能。

与 CDMA2000-1X 网络不同的是,在 CDMA2000 EV-DO 网络中,由于没有原 1X 网络中的电路域交换系统(Circuit Switch,CS),EV-DO 用户接入网络时的身份认证将不通过 HLR 进行,而是通过 AN-AAA 对 EV-DO 用户进行身份认证。

3. CDMA2000-1X EV-DO 系统接口

在 CDMA2000-1X EV-DO 网络中,相关的接口如图 5.5 所示,虚线为信令接口,实线为业务接口。CDMA2000-1X EV-DO 网络新增了 A12、A13 和 A16 接口,其余接口与 CDMA2000-1X 对应的接口一致。

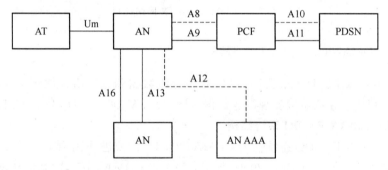

图 5.5　CDMA2000-1X EV-DO 网络接口

5.1.2　中国电信 CDMA2000 频率

目前中国电信 CDMA 网使用 800 M 频率,一共 7 个载波,目前频率规划按照 CDMA2000-1X 从频段高段往下走,CDMA2000-1X EV-DO 从低段开始往上走的原则进行,如图 5.6 所示,即目前 CDMA2000-1X 用 283 号、242 号、201 号等频道,而 CDMA2000-1X EV-DO 用 37 号、78 号等频道。每个频道的中心频率:基站收(上行):825.00+0.03 N(MHZ),基站发(下行):870.00+0.03N(MHZ)。

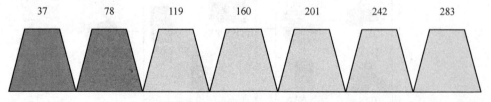

图 5.6　中国电目前 800M 宽带的 7 个载波

在 CDMA2000-1X 的网络中用到了三种码:短 PN 码(区分不同的小区)、长 PN 码(区分不同的移动台)、信道化码(用于区分不同的前反向信道)。

5.2　中兴 ZXC10 硬件介绍

5.2.1　BSC 硬件系统

ZXC10 BSC 是中兴通讯股份有限公司开发的基于全 IP 技术的新一代基站控制器。全 IP 网络分为 MS(移动台)、RAN(无线接入网)、CN(核心网)三个部分。

MS:即手机或称移动台、移动终端。

RAN:位于 MS 及 CN 之间,完成无线信号的处理,无线协议的终结,起到连接 MS 及 CN 的作用。RAN 在 ZXC10 BSSB 产品中由两部分组成:BSC 和 BTS(基站收发信机)。

CN:提供网络侧鉴权、公网接口等功能;现阶段具体的产品包括 MSS(移动交换子系统)和 PDSS(分组数据服务器子系统)。

BSC 是 RAN 的控制部分,主要负责无线网络管理、无线资源管理、RAN 的维护管理、呼叫处理,控制完成移动台的切换,完成语音编码及支持 1X 分组数据业务和 1X EV-DO 分组数据业务。BSC 通过 Abis 接口与 BTS 相连,通过 A 接口与 MSC、PDSN 相连。

1. BSC 硬件结构

1) 机柜

BSC 机柜从上到下主要由电源分配插箱、风扇插箱、业务插箱、GPS(全球定位系统)插箱组成,如图 5.7 所示。

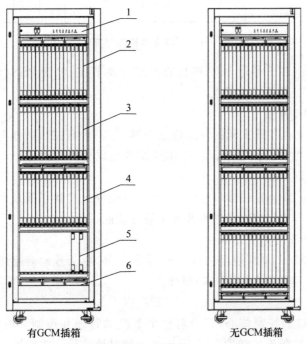

有GCM插箱　　　　　　　无GCM插箱

1—电源分配插箱;2—业务插箱;3—业务插箱;

4—业务插箱;5—GCM 插箱;6—风扇插箱。

图 5.7　BSC 机柜

2）系统插箱

（1）一级交换插箱

一级交换插箱作为 BSC 的核心交换系统，为系统内部各个功能实体之间以及系统外部各个功能实体之间提供必要的数据传递通道。一级交换插箱完成包括语音业务、数据业务在内的媒体流数据交互，并且可以根据业务的要求为不同的用户提供相应的 QoS 功能。在容量较小的局中不需要配置一级交换插箱。

一级交换插箱前插板及后插板的配置示例如图 5.8 所示。

一级交换插箱前插板																
1	2	3	4	5	6	7	8	9	10	11	12	13	14	15	16	17
G L I Q V	G L I Q V	G L I Q V	G L I Q V	G L I Q V	G L I Q V	P S N 4 V	P S N 4 V	G L I Q V	G L I Q V	G L I Q V	G L I Q V	G L I Q V	G L I Q V	U I M C	U I M C	N C

一级交换插箱后插板																
1	2	3	4	5	6	7	8	9	10	11	12	13	14	15	16	17
N C	N C	N C	N C	N C	N C	R P S N	N C	N C	N C	N C	N C	N C	N C	R U I M 2	R U I M 3	N C

图 5.8　一级交换插箱配置图

一级交换子系统（BPSN）是 BSC 的核心分组交换节点，包含 PSN4V/PSN2 、GLIQV/GLI2、UIMC/UIMC2 及 BPSN 背板。

① PSN4V/PSN2 单板

PSN4V/PSN2 完成各线卡间的分组数据交换，是一个自路由的矩阵交换系统，最大提供 40 Gbit/s 的用户数据交换容量，与 GLIQV 配合完成交换功能。

② GLIQV/GLI2 单板

GLIQV（Vitesse 4×GE 线接口）/GLI2 板是一级分组交换子系统的线路接口板，完成物理层适配以及 IP 包查表、分片、转发和流量管理功能。

③ UIMC/UIMC2 单板

UIMC 属于 UIM/UIM2（通用接口单元）中的一种，称为控制面通用接口单元，由 UIM 母板和 GCS（1000 M 以太网互连子卡）组成。

（2）控制插箱

控制插箱是 BSC 的控制核心，完成对整个系统的管理和控制。控制插箱完成包括信令、协议控制消息等控制流数据的交互，并产生各种时钟信号。在容量较小的局中可以不配置单独的控制插箱，而是将控制功能集成在资源插箱中。

控制插箱前插板及后插板的配置示例如图 5.9 所示。

控制插箱前插板																
1	2	3	4	5	6	7	8	9	10	11	12	13	14	15	16	17
MP	MP	MP	MP	MP	MP	MP	MP	UIMC	UIMC	OMP	OMP	CLKG	CLKG	CHUB	CHUB	NC

控制插箱后插板																
1	2	3	4	5	6	7	8	9	10	11	12	13	14	15	16	17
NC	NC	NC	NC	NC	NC	NC	NC	RUIM2	RUIM3	RMPB	RMPB	RCKG1	RCKG2	RCHB1	RCHB2	NC

图 5.9　控制插箱配置图

控制子系统(BCTC)完成 BSC 系统信令层面的处理,包含 CHUB、ICM/CLKG/CLKD、UIMC/UIMC2、MP/MP2 单板以及 BCTC 背板。

① BCTC 背板

BCTC 是控制插箱的背板,提供以下功能:

- 提供百兆、千兆控制流以太网接入能力;
- 负责 BCTC 框时钟接收和分发;
- 为 BCTC 框提供-48 V 电源。

② CHUB 单板

在 BSC 中,CHUB 单板用于分布式处理平台的扩展,可以通过一对或多对 CHUB 单板实现各业务插箱之间的控制面通信交互功能。CHUB 单板通过 1000 M 电接口与本插箱内的 UIMC 单板相连(背板连线)。

③ CLKG 单板

CLKG(时钟产生板)单板为 BSC 的时钟产生板,采用热主备设计。

④ CLKD 单板

CLKD(时钟分发驱动)单板采用热主备设计。当 BSC 系统中的插箱数量大于 15 个时,必须加配该单板。

⑤ ICM 单板

集成时钟模块(Integrated CLK Module,ICM)单板为 BSC 系统提供全局同步时钟,实现卫星系统时钟接入、BITS 时钟接入、线路时钟提取、时钟同步锁相和时钟分发功能,具有 GCM ＋ CLKG 的功能,可用于替代 GCM 单板和 CLKG 单板。

⑥ MP/MP2 单板

a. 功能

MP(主处理器单元:子卡类型为 SCT_3G_PPC755)/MP2(主处理器单元 2 型:子卡类型为 SCT_3G_85XX)是 BSC 的主处理板,具有极强的处理能力。

一块 MP/MP2 单板上设计有两套 CPU 处理器,称为 CPU 子卡。两套 CPU 子卡的软件层面相互独立。当单板需要拔出时,由硬件信号通知两套 CPU 子卡分别倒换成备用。各 MP/MP2 单板进行 1+1 备份时,不能采用一块单板上的两套 CPU 来构成,而必须使用两块单板上对应位置的两套 CPU 子卡来构成主备。

b. 功能模块

通过在 MP/MP2 的 CPU 子卡上加载不同的功能软件,可构成多种不同的功能模块。MP/MP2 单板所用的各种模块如表 5.10 所示。

表 5.10　MP/MP2 单板模块类型

模块类型	功能说明
IXCMP(1X 业务呼叫主处理器)	负责 1X ReleaseA 业务的呼叫处理和切换处理
DOCMP(DO 业务呼叫主处理器)	负责 DO 业务的呼叫处理和切换处理
DSMP(专用信令主处理器)	负责 1X ReleaseA 业务的专用信令处理和切换处理
RMP(资源主处理器)	负责管理声码器、选择器、CIC 和 DSMP 等系统资源
SPCP(分组控制功能信令面处理单元)	负责 PCF 信令处理,数据业务开通时需要配置
OMP(操作维护处理器)	负责整个系统单板的前台通信控制与后台的操作维护接口处理,完成 GCM 或 ICM 的收发控制、PWRD 的通信控制
RPU(路由协议单元)	负责整个系统的路由协议处理

(3) 资源插箱

资源插箱提供 BSC 的对外接口,完成各种方式的接入处理以及底层协议的处理。

资源插箱前插板及后插板的配置示例如图 5.10 所示。

资源插箱前插板																
1	2	3	4	5	6	7	8	9	10	11	12	13	14	15	16	17
DTB	DTB	DTB	NC	IPCFE	NC	ABPM	ABPM	UIMU	UIMU	UPCF	UPDC	SDU	SDU	SDU	SDU	SDU

资源插箱后插板																
1	2	3	4	5	6	7	8	9	10	11	12	13	14	15	16	17
RDTB	RDTB	RDTB	NC	RMNIC	NC	RMNIC	RMNIC	RUIM1	RUIM1	NC	NC	NC	NC	NC	NC	NC

图 5.10　资源插箱配置图

资源子系统(BUSN)是 BSC 系统资源处理的最小单元,完成用户面处理,多个 BUSN 通过 BPSN 的核心分组交换互联,可以平滑地进行扩容。

① BUSN 背板

BUSN 背板是资源插箱的背板,提供的功能如下:

- 提供百兆控制流以太网接入能力;
- 提供百兆、千兆用户面以太网接入能力;
- 提供 32 K 时隙 TDM 总线;
- 负责 BUSN 框时钟接收和分发。
- 为 BUSN 框提供－48 V 电源。

② DTB 板(数字中继板)

DTB 完成 E1/T1 信号和 8 M HW 信号之间的转换,将 32 路 E1/T1 信号复接成 8 路 8 M HW 信号,经电路交换后,8 路 8 M HW 信号通过 UIM 板送往相应的协议处理板进行处理。

③ SDTB(光数字中继板)

SDTB 是提供 155 Mbit/s 光接口的数字中继板。

④ ABPM/ABPM2(Abis 处理单元)

在 BSC 中,ABPM 单板用于 Abis 接口的协议处理,提供低速链路完成 IP 压缩协议的处理。

⑤ SPB/SPB2(信令处理板)

SPB/SPB2 完成窄带信令处理,可处理多路 SS7 的 HDLC 及 MTP-2(消息传递部分级别 2)以下层协议,还能够支持 V5 协议处理,支持 V5 和 SS7 信令共存于同一系统。

⑥ VTCD 板(基于 DSP 的语音码型变换板)

VTCD 配置于 BSC 的声码器子系统中,实现电路域的语音编解码,支持 VoIP(基于 IP 技术的语音)、速率适配和回声抑制功能。

⑦ SDU/SDU2 板(选择器和分配器单元/选择器和分配器单元 2 型)

SDU:(子卡类型为 SCT_3G_PPC755)/ SDU2(子卡类型为 SCT_3G_85XX)作为选择器处理板,处理无线话音和数据协议,完成数据的选择、复用、解复用的处理,同时处理 RLP(无线链路协议)及 A8 接口协议。

⑧ UPCF/UPCF2(分组控制功能用户面处理单元)

UPCF 单板提供 PCF 用户面协议处理,支持 PCF 的数据缓存、排序以及一些特殊协议的处理。UPCF2 是 UPCF 硬件升级版本,软件功能和 UPCF 相同。

⑨ IPCFE/IPCF2(百兆 PCF 接口单元)

IPCFE 单板实现 PCF 与 PDSN(分组数据服务节点)、BSN(广播服务节点)、AAA Server(鉴权认证计费服务器)的连接,接收外部网络的 IP 数据进行数据的区分,分发到内部 UPCF(分组控制功能用户面处理单元)、UPDC(PDC 用户面处理单元)、SPCF(分组控制功能信令面处理单元)功能单板和模块上。

⑩ UIMU(用户面通用接口单元)

UIMU 是 UIM/UIM2(通用接口单元)的另外一种类型。UIMU 由 UIM 母板和 GXS(1000 M 以太网 BASE1000_X 子卡)组成。

⑪ 资源子系统其他单板

在资源子系统根据需求还可以配置其他单板,主要包括:

a. ABES(Abis 以太网接入单板)

ABES 单板提供基于以太网的 Abis 接口,负责处理 Abis 接口数据和信令的分离。Abis 接口信令通过控制通道转交给 BCTMP(BSC 控制面主处理器)、CMP(呼叫主处理器)等 MP(主处理器)模块进行处理;对于 Abis 接口数据则需要进行 pNAT(端口地址转换)、内部封装,进而实现网元内部的数据转发。

b. HGM (HIRS 网关单元)

作为兼容 CDMA IS-95、CDMA2000 1X HIRS(高速互联路由子系统)设备的 HIRS 网关,提供 HIRS BTS 到全 IP BSC 的 Abis 接入功能。HGM 实现 HIRS 协议与 IP 协议的转换,并在单板内部终结 HIRS 协议。

c. IBBE (BSC 互联以太网接口板)

IBBE 提供 A3/A7、A13 接口及底层协议处理,采用以太网承载,实现 IP BSC 与 IP BSC 之间的软切换接口。

d. IPI (IP 承载接口板)

IPI 实现 BSC 与 MGW 的 A2p 接口功能。

e. IWFB (IWF 处理单元)

作为网间互通功能板,IWFB 实现异步数据和 G3 类传真业务。每块单板提供 36 路电路数据业务的处理能力。

f. SIPI (信令传送 IP 承载接入板)

SIPI 实现 BSC 与 MSCe(移动交换中心仿真)的 A1p 接口功能,用于终结 IP 信令。

g. UPDC (PDC 用户面处理单元)

UPDC 是 PTT(按下通话)业务帧的聚集和分发集中点,负责调度呼叫中业务帧的处理,包括业务帧的复和分发。

(4) GCM 插箱

当 BSC 配置了 GCM 单板时,必须同时配置 GCM 插箱,完成接收、分发 GPS 卫星信号的功能。为了满足市场的需求,还支持 GLONASS 卫星信号的接收功能,同时支持中国的北斗卫星定位系统。当 BSC 中配置 ICM 单板时,不需要再配置 GCM 插箱。

(5) 电源分配插箱

电源分配插箱是 BSC 必不可少的插箱,完成防雷、电源滤波分配、动力和机房环境监控功能。

(6) 风扇插箱

BSC 机柜中可装配 3 个风扇插箱和一个顶装风扇。风扇插箱对机柜风扇模块的运行状态进行监控,并提供风扇自动调速的功能,在整个机柜体系内形成封闭的下进上出的风道,对设备进行强迫风冷。

2. 信号流程

在通信系统中一般可将系统信号分为业务数据信号、控制信号、时钟信号三种。

业务数据信号也称媒体流,指用户需要交流的数据,一般有语音、图像、数据等形式。控制信号也称控制流,指为业务数据交换提供控制机制而产生的信号,一般有信令、控制协议消息等形式。时钟信号是维持一个系统正常工作的时间或频率信号。

BSC 系统采用控制流和媒体流分离设计,可以避免因任一信号流过载导致系统总线拥塞从而提高系统容量。

时钟模块向各框提供时钟信号。

资源框背板设计两套以太网：一套用于承载控制流，一套用于承载媒体流。当系统配置有一级交换平台(一级交换框)，各资源框的媒体流交换在一级交换平台完成；若没有，则在资源框的 UIMU 完成。

当系统配置有控制流汇接中心(控制框)，各资源框的控制流交换通过控制流以太网在控制流汇接中心完成；若没有，则在资源框的 UIMU 完成。

下面介绍系统信号在机框及机柜间的流向和线缆连接。

(1) 媒体流

资源框各单板的媒体流先到本框接口板 UIMU，在本框能完成交换的媒体流在 UIMU 上完成，需要和其他资源框交换的，通过外部光纤连接到一级交换框的 GLIQV，在一级交换框 PSN 单板实现媒体流的交换。如图 5.11 所示，其中实线表示资源框和一级交换框互连的光纤，用来承载媒体流，虚线表示每个机柜的电源监控线缆。

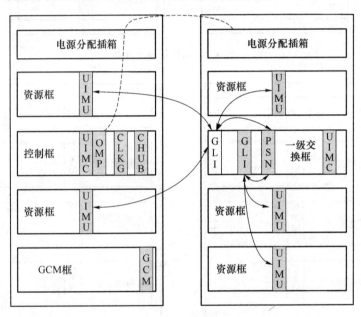

图 5.11　BSC 系统媒体流连接图

(2) 控制流

资源框各单板的控制流先到本框接口板 UIMU，在本框能完成交换的控制流就在 UIMU 上完成，需要和其他资源框、控制框交换的通过外部线缆连接到控制框的 CHUB；控制框内各 MP 板的控制流先到本框的 UIMC，UIMC 通过内部千兆口和 CHUB 互连。控制流交换在 UIMC 和 CHUB 实现。如图 5.12 所示，其中实线表示资源框和控制框互连的线缆，承载控制流，虚线表示控制框 UIMC 和 CHUB 直连的内部千兆通道。

(3) 时钟信号

BSC 各资源框和交换框需要系统时钟，系统的信号时钟分发通过 CLKG 的后插板连接线缆至各资源框的 UIMU 板以及交换框的 UIMC 板，进而通过 UIMU 或 UIMC 分发至本框的各单板。CLKG 提供时钟信号的流向如图 5.13 所示，实线表示承载时钟信号的线缆。

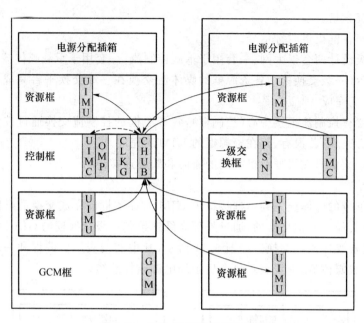

图 5.12 BSC 系统控制流连接图

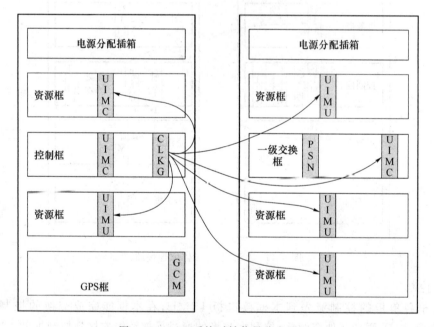

图 5.13 BSC 系统时钟信号分发图(1)

ICM 提供时钟信号的流向如图 5.14 所示。

BSC 支持 1X Release A 语音业务和数据业务、1X EV-DO 高速分组数据业务、传真业务,本节将介绍这些业务的信号处理过程。

① 语音业务/传真业务

语音业务/传真业务处理流程如图 5.15 所示。

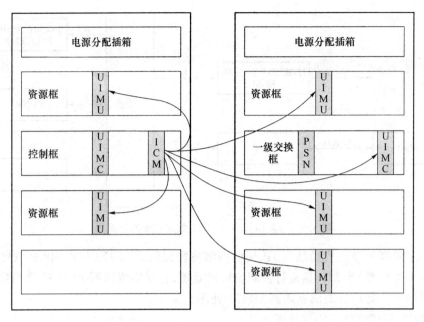

图 5.14　BSC 系统时钟信号分发图(2)

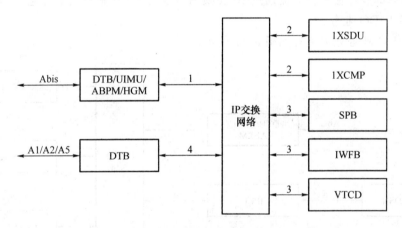

图 5.15　电路业务处理流程

• DTB 将 Abis 口消息在 UIMU 通过 HW 交换到 ABPM/HGM,由 ABPM/HGM 完成 Abis 协议处理。

• Abis 协议处理完成后通过交换网络将控制流送到 1XCMP 处理。用户数据帧到 1XSDU 板进行解复用及无线协议处理。

• 如果是话音数据(A2 接口),则将数据送到声码器板 VTCD 处理相关 A2 接口用户面协议;如果是传真数据(A5),则送到 IWFB 板进行处理;SPB 处理信令 MTP-2 消息。

• 处理后的媒体流、控制流通过 DTB 送出。

② 数据业务

1X Release A 数据业务处理流程如图 5.16 所示。

• DTB 将 Abis 口消息在 UIMU 通过 HW 交换到 ABPM/HGM,由 ABPM/HGM 完成 Abis 协议处理。

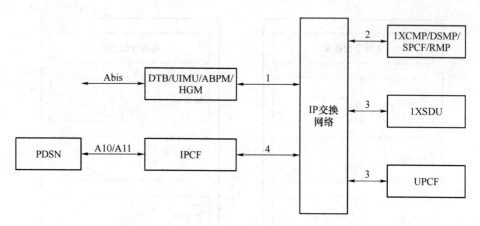

图 5.16　1X Release A 分组数据业务处理流程

• Abis 协议处理完成后通过 IP 交换网络将控制流送到 1XCMP/SPCF/RMP/DSMP（专用信令主处理器）等 MP 板进行控制流协议处理;将媒体流送到 1XSDU 进行解复用、完成无线协议处理,处理后的消息送到 UPCF 处理。

• UPCF 完成媒体流协议处理。

• 处理后的媒体流和控制流通过 IP 交换网络送到 IPCF 进行封装打包送到 PDSN。

③ 1X EV-DO 业务

1X EV-DO 业务处理流程如图 5.17 所示。

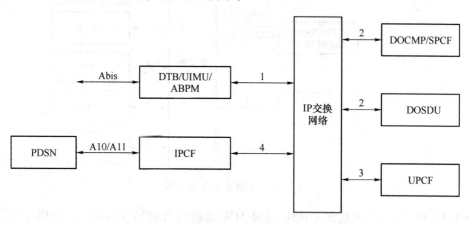

图 5.17　1X EV-DO 业务处理流程

• DTB 将 Abis 口消息在 UIMU 通过 HW 交换到 ABPM,由 ABPM/HGM 完成 Abis 协议处理。

• Abis 协议处理完成后通过 IP 交换网络将控制流送到 DOCMP/SPCF 进行控制流协议处理;将媒体流送到 DOSDU 进行解复用、完成无线协议处理,处理后的消息送到 UPCF 处理。

• UPCF 完成媒体流协议处理。

• 处理后的媒体流和控制流通过 IP 交换网络送到 IPCF 进行封装打包送到 PDSN。

5.2.2　BTS 硬件系统

ZXC10 CBTS 是中兴通讯股份有限公司开发的基于全 IP 技术的新一代紧凑型室内基站,具有体积小、容量大、技术先进等特点。CBTS I2 机柜可靠墙安装,所有前台的操作均在前面板和机顶上完成。

CBTS I2 位于移动台 MS 与 CDMA 基站控制器 BSC 之间,相当于移动台和 BSC 之间的一个桥梁,完成 Um 接口和 Abis 接口功能。

1. BTS 硬件结构

ZXC10 CBTS I2 机柜由 BDS 和 TRX 框、RFE 和 PA 机框、风扇插箱 3 大功能框组成。CBTS I2 的物理架构如图 5.18 所示。

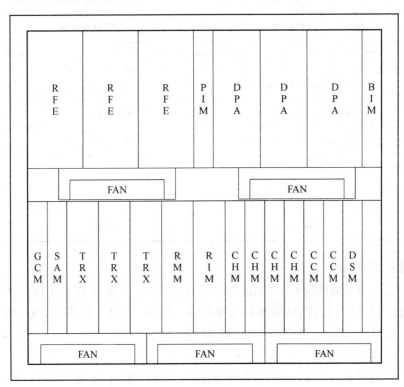

图 5.18　CBTS I2 机框

各单板说明如表 5.11 所示。

表 5.11　CBTS I2 单板表

单板	英文含义	中文含义
BDS		
CCM	Communication Control Module	通信控制板
DSM	Data Service Module	数据服务板
CHM	Channel Processing Module	信道处理板

续表

单板	英文含义	中文含义
BDS		
RIM	RF Interface Module	射频接口板
GCM	GPS Control Module	GPS 接收控制板
SAM	Site Alarm Module	现场告警板
BIM7-E	BDS Interface Module 7 Type E	BDS 系统接口板 7 E 型
BIiM7-B	BDS Interface Module 7 Type B	BDS 系统接口板 7 B 型
CBM	Compact BDS Module	紧凑型 BDS 板
RFS		
RMM	RF Management Module	射频管理板
OIB	Optical Interface Board	光接口板
TRX	Transmitter and Receiver	收发信机板
PIM	Power Amplifier Interface Module	功放接口板
DPA	DigitalPredistortion Power Amplifie	数字预失真功放
RFE	Radio Frequency End	射频前端

2. 基带子系统 BDS

BDS 是 BTS 中最能体现 CDMA 特征的部分,包含了 CDMA 许多关键技术,例如扩频解扩、分集技术、RAKE 接收、软切换和功率控制。BDS 是 BTS 的控制中心、通信平台,实现 Abis 口通信以及 CDMA 基带信号的调制解调。

（1）信道处理板 CHM

CHM 是信道单板,主要完成基带的前向调制与反向解调,实现 CDMA 的多项关键技术,如分集技术、RAKE 接收、更软切换和功率控制等。目前 BDS 子系统中的 CHM 有四种:CHM0、CHM1、CHM2、CHM3。其中,CHM0、CHM3 单板支持 CDMA2000-1X 的业务,CHM1 单板支持 CDMA2000-1X EV-DO Release 0 业务,CHM2 单板支持 CDMA2000-1X EV-DO Release 0 & REV A 业务。

（2）射频接口模块 RIM

实现"CE 共享",完成 BDS 的系统时钟、电路时钟的分发,并建立基带与射频间的数据传输接口。

RIM 有三种型号:RIM1、RIM3、RIM5,三种型号的 RIM 使用情况如表 5.12 所示。

表 5.12　RIM 型号说明

型号	应用范围
RIM1	提供 12 载扇射频信号处理能力,一般用于单机柜配置或需要扩展 BDS 双机柜配置时主/扩展机柜配置,与 RMM7 成对配置
RIM3	提供 24 载扇射频信号处理能力,需要扩展 RFS 多机柜或射频拉远配置时主机柜配置,基本配置的 RIM3 可连接一个远端 RFS,通过扩展 OIB 子卡最多可接入六个远端 RFS
RIM5	提供 24 载扇射频信号处理能力,需要扩展 RFS 多机柜或射频拉远配置时主机柜配置,基本配置的 RIM5 可连接 1 个本地 RFS 和 6 个远端 RFS,并且可配置为支持 CPRI 光接口

前向数据处理流程:RIM 收集来自各个信道板的前向基带数据,对数据进行解复用、校验、求和并按照一定的帧格式打包复用发送到 RFS。来自于 CCM 的射频前向控制信令(HDLC)也将与数据一起复用到前向通道中。

反向数据处理流程:RIM 接收来自射频系统的数据,对数据进行解帧,并将这些数据按照一定规则进行重组,丢弃掉无用的数据,生成原始的基带反向数据。再通过反向数据总线广播到各个信道板去。射频的反向监控信令也将与数据一起复用到反向通道中。RIM 将这些信令识别并解析后送到 CCM。

RIM 接收 GCM 时钟,并将其分发给信道板、CCM 和本地/远端射频模块。

RIM5 支持 CPRI 光接口,通过 CPRI 处理模块,可支持最多 6 个 CPRI 光接口,提供最大 6 个远端 RFS 的支持。

(3) 通信控制模块 CCM

CCM 是 BTS 的信令处理、资源管理和操作维护的核心,主备配置,提供媒体流和控制流两个独立的交换平台,保证基站内的数据无阻塞地传送。控制流采用交换式以太网,保证 BTS 内各个模块之间的信令传送。

CCM 有 2 种型号:CCM_6、CCM_0,CCM_6 支持 12 载扇 DO 业务以及 24 载扇 1X 业务,扩展机柜配置时主机柜配置 CCM_0,扩展机柜配置 CCM_6。

(4) 数据服务模块 DSM

DSM 实现 Abis 接口的中继功能、Abis 接口数据传递和信令处理功能。

DSM 单板根据需要对外可提供 4 条、8 条、12 条、16 条 E1/T1。

DSM 可灵活配置用来与上游 BSC 连接以及与下游 BTS 连接 E1/T1。同时 DSM 可以接传输网,支持 SDH 光传输网络。

DSM 单板目前有 DSM0、DSM2 和 DSM3 三种,三种 DSM 的功能和区别描述如表 5.13 所示。

表 5.13　三种 DSM 功能说明

版本	功能说明
DSM0	DSM0 不支持主备功能,内置传输、并柜功能,提供 T1、E1 连接
DSM2	DSM2 支持主备功能,内置传输、并柜功能,提供 T1、E1 连接
DSM3	该单板支持 Abis 口以太网连接,对外提供 1 条到 BSC 的百兆以太网(FE)接口

（5）SNM

完成 SDH 接口功能,提供 STM-1(155.520 Mbit/s)的传输速率。

（6）现场告警板 SAM

完成所属机柜内温度监控、前门/后门门禁告警、风扇告警、水淹告警和内置电源监控。SAM 有 3 种型号:SAM3、SAM4、SAM5。各种型号 SAM 使用情况如表 5.14 说明。

表 5.14 SAM 型号说明

型号	应用范围
SAM3	用在单机柜配置(不包括机柜外监控和扩展监控接入)
SAM4	扩展机柜配置时主机柜使用
SAM5	扩展机柜配置时从机柜使用(完成本机柜监控信号转接到主机柜的 SAM4,是一个无源模块)

（7）GPS 接收控制模块 GCM

GCM 是 CDMA 系统中产生同步定时基准信号和频率基准信号的单板。

GCM 接收 GPS 卫星系统的信号,提取并产生 1PPS 信号和相应的导航电文,并以该 1PPS 信号为基准锁相产生 CDMA 系统所需要的 PP2S、16CHIP、30 MHz 信号和相应的 TOD 消息。

GCM 具有与 GPS /GLONASS 双星接收单板的接口功能。

GCM 有两种型号:GCM_3、GCM_4。两种型号的 GCM 使用情况如表 5.15 所示。

表 5.15 GCM 型号说明

型号	应用范围
GCM3	用于单机柜配置
GCM4	用于并柜或射频拉远配置时主机柜配置

（8）BDS 接口模块 BIM

BIM7 为可拔插的无源单板,完成系统各接口的保护功能及接入转换,提供 BDS 级联接口、测试接口、勤务电话接口、与 BSC 连接的 E1/T1/FE 接口以及模式设置等功能。

3．射频子系统 RFS

CDMA 系统的 RFS 完成 CDMA 信号的载波调制发射和解调接收,并实现各种相关的检测、监测、配置和控制功能,以及小区呼吸、繁荣、枯萎等功能。

（1）收发信机模块 TRX

完成前反向信号的载波调制和载波解调,并有衰减控制功能,是射频子系统的核心单板,也是决定基站无线性能的关键单板。

每块 TRX 可以支持 4 个载频的应用。

（2）射频管理模块 RMM

RMM 作为射频系统的主控板,主要完成三大功能:

- 对 RFS 的集中控制,包括 RFS 的所有单元模块,如 TRX、PA、PIM;
- 完成"基带—射频接口"的前反向链路处理;
- 系统时钟、射频基准时钟的处理与分发。

RMM 有 3 种型号:RMM5、RMM6、RMM7。各种型号 RMM 使用情况如表 5.16 所示。

表 5.16　RMM 型号说明

型号	应用范围
RMM5	用于近端射频子系统,支持 24 载扇的基带数据的前反向处理,与 RIM3 成对配置
RMM6	用于拉远射频子系统或扩展机柜射频子系统,支持 24 载扇的基带数据的前反向处理,与 RIM3 成对配置
RMM7	用于近端射频子系统,支持 12 载扇的基带数据的前反向处理,与 RIMI 成对配置

(3) 数字功放 DPA

DPA 对 TRX 的前向发射信号进行功率放大,使射频信号达到需要的功率值。

DPA 提供过温告警、过功率告警、驻波比告警、器件失效告警和电源告警,可保证 DPA 在适当的温度环境和工作电源漂移情况下有良好的工作性能。

每个 DPA 支持放大 4 个载波的射频信号。

DPA 支持 800 MHz、1900 MHz、450 MHz 三个频段。

DPA 自身带有电源开关,需关断自身电源后,才可以插拔。

(4) 射频前端 RFE

RFE 主要实现射频前端功能及反向主分集的低噪声放大功能。

RFE 面板无状态指示灯,其状态检测和状态指示由 PIM(PA 接口模块)提供。

RFE 的电源由对应链路的 TRX 提供。

RFE 有两种类型:RFE_A 和 RFE_B,RFE_A 用于 4 载波及其以下,RFE_B 用于 4 载波以上。两种型号的 RFE 使用情况如表 5.17 说明。

表 5.17　RFE 型号说明

型号	应用范围
RFE_A	4 载波及其以下应用
RFE_B	4 载波以上应用

(5) 功放接口模块 PIM

PIM 担当 RMM 在 RFE/PA 框的代理,对机柜中所有 PA 与 RFE 进行监控,完成 PA/RFE 框的告警/状态管理、版本管理(硬件版本、硬件类型、厂家标识)等信息的收集,节省 RMM 与 PA/RFE 框的信号连线。

PIM 自身带有电源开关,需关断自身电源后,才可以插拔。

5.3　CDMA2000 仿真软件配置

5.3.1　CDMA2000 仿真软件配置流程

CDMA2000 业务配置流程如图 5.19 所示。

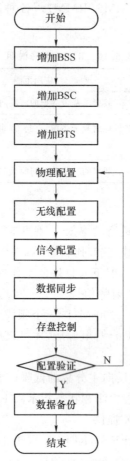

图 5.19 业务配置流程

系统登录过程包括以下六个步骤：

（1）选择进入一个机房进入，如图 5.20 所示。

图 5.20 进入机房

可以单击设备边的箭头查看每种设备的机柜、机框和单板,如图 5.21、图 5.22 所示。

图 5.21　查看机架

图 5.22　查看机框

(2) 打开虚拟后台,可以查看 CDMA 网络拓扑图,并出现登录界面,如图 5.23 所示。

(3) 登录 ZXC10 BSSB 服务端,如图 5.24 所示。

(4) 登录 ZXC10 BSSB 客户端,用户名 admin,密码为空,服务器地址 127.0.0.1,如图 5.25 所示。

(5) 执行【视图】|【配置管理】|【数据备份与恢复】操作,清空数据,如图 5.26 所示。

(6) 恢复空数据,如图 5.27 所示。

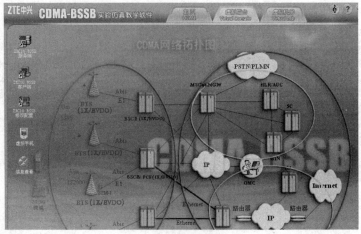

图 5.23　登录虚拟后台

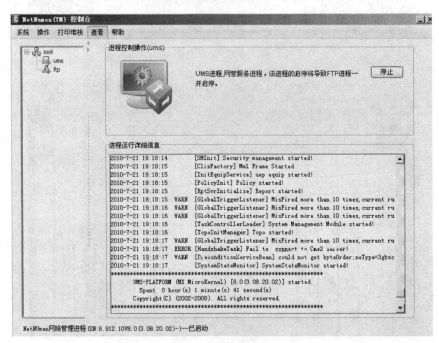

图 5.24　登录服务端

图 5.25　登录客户端

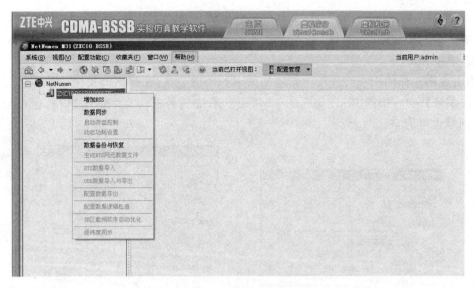

图 5.26　数据备份与恢复

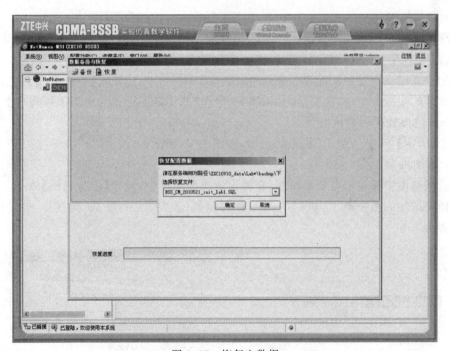

图 5.27　恢复空数据

5.3.2　CDMA2000 语音业务配置

BSS 的网络管理数据配置基于网元,在进行配置之前,必须按照现场的组网结构为系统增加网元。增加网元的顺序为 BSS→BSC→BTS。BSS、BSC、BTS 网元的增加过程在 ZXC10 BSSB 的配置管理视图中完成。步骤如下:

1. 添加 BSS

在 ZXC10 BSSB 的主控界面,执行【视图】|【配置管理】操作,打开配置管理视图。

右击视图左侧配置管理树上的 ZXC10 BSSB 树节点,在弹出的快捷菜单中,选择【增加 BSS】命令,增加 BSS,BSS 别名可根据实际情况命名,这里命名为"石家庄邮电",如图 5.28 所示。

2. 增加 BSC

右击视图左侧的配置管理树中新增加的 BSSB 树节点,在弹出的快捷菜单中,选择【增加 BSC 系统】命令,增加 BSC,如图 5.29 所示。系统别名根据实际情况填写,也可空着不填,序列号也可为空。

图 5.28 增加 BSS

图 5.29 增加 BSC

(1)增加机架

物理设备是按照机架→机框→单板的顺序进行增加的,常规删除操作与增加操作的顺序相反,即按单板→机框→机架的顺序进行删除。

在配置管理视图左侧的配置管理树中,展开 BSCB 树节点,右击【物理配置】。

在弹出的快捷菜单中,选择【增加机架】命令,从弹出的界面机架类型下拉列表框中选择 IP 机架,其他参数采用默认设置。

单击【确定】按钮,完成 IP 机架的增加,如图 5.30 所示。

(2)增加机框

右击机架图中某一层空机框位置,在弹出的快捷菜单中,选择【增加机框】命令。

选择要增加的机框类型,机框的类型有资源框、控制框、一级 IP 交换框、GCM 框,如图 5.31所示。

图 5.30 增加机架

图 5.31 增加机框

第一机框无须添加。

在第二机框,增加机框,机框类型选择"控制机框",单击【确定】按钮。

在第三机框,增加机框,机框类型选择"资源机框",单击【确定】按钮。

在第四机框,增加机框,机框类型选择"GCM 机框",单击【确定】按钮。

(3) 添加单板

物理配置中最重要的一点就是单板类型,在增加单板的时候,需要选择单板类型,单板类型选择必须和实际设备物理单板的类型完全一致,如图 5.32 所示。

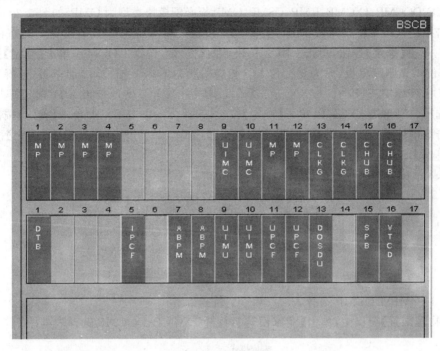

图 5.32　添加单板

控制框(第二框)单板配置如下:

9 槽位,增加单板,UIMC,BT-3G-UIM-2、SCT-3G-GCS,确定。

10 槽位,增加单板,UIMC,BT-3G-UIM、SCT-3G-GCS,确定。

11 槽位,增加单板,MP,BT-3G-WPBCB、SCT-3G-PPC755,确定。

12 槽位,增加单板,MP,BT-3G-WPBCB、SCT-3G- PPC755,确定。

13、14 槽位,增加单板,CLKG,确定(主备用)。

15、16 槽位,增加单板,CHUB,确定。

1~4 槽位,增加单板,MP,BT-3G-WPBCB、SCT-3G- PPC755,确定。

资源框(第三框)单板配置如下:

9 槽位,增加单板,UIMU,BT-3G-UIM-2、SCT-3G-GCS,确定。

10 槽位,增加单板,UIMU,BT-3G-UIM、SCT-3G-GCS,确定。

11、12 槽位,增加单板,UPCF,BT-3G-MNIC-2、SCT-3G-NULL,确定。

13 槽位,增加单板,DOSDU,BT-3G-SPB-2、SCT-3G- PPC755,确定。

15 槽位,增加单板,SPB,确定。

16 槽位,增加单板,VTCD,确定。

1 槽位,增加单板,DTB,确定。

5 槽位,增加单板,IPCF,BT-3G-MNIC-2、SCT-3G-NULL,确定。

7、8 槽位,增加单板,ABPM,BT-3G-MNIC-2、SCT-3G-HPS,确定。

说明:14 号槽位应该添加 1XSDU 单板,但此时添加不了,需要先配置无线参数中的接口类型后,再添加。

(4) 配置模块类型

在 MP 单板上右击,选择"配置模块类型",每块 MP 单板可以配置 2 个模块,MP 板必配模块为 SPCF、DOCMP、1XCMP、RMP、DSMP,OMP 板必配模块类型为 OMP,如图 5.33 所示。

右击控制框第 1 槽位单板 MP,选择"配置模块类型",单击 CPU1 模块下的空白处,选择 SPCF,单击【确定】按钮,单击 CPU2 模块下的空白处,选择 DOCMP,单击【确定】按钮。

2 槽位需先删除单板(原为 1 槽位 MP 板备份板),右击 2 槽位,增加单板,选择 MP,单击 BT-3G-WPBCB、SCT-3G-85XX,单击【确定】按钮;右击 2 槽位单板 MP,选择"配置模块类型",选择"1",单击 1XCMP,单击【确定】按钮;选择"2",单击 RMP,单击【确定】按钮。

右击 3 槽位单板 MP,选择"配置模块类型",选择"1",单击 DSMP,单击【确定】按钮;选择"2",单击 DSMP,单击【确定】按钮。

1、2、3 槽位 MP 单板配置模块类型如图 5.33 所示。

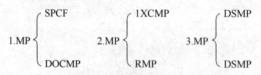

图 5.33　1、2、3 槽位 MP 板模块类型

(5) 1XCMP\DOCMP 选择表

在【物理配置】窗口中,单击【专家模式】,打开 1XCMP\DOCMP 选择表如图 5.34 所示。

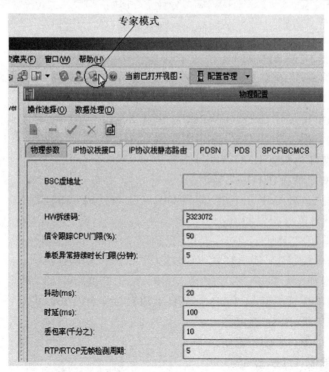

图 5.34　专家模式

　　DSMP 与 RMP 连接关系,需对模块 6、模块 7 两行内容分别进行连接,如图 5.35 所示,将左边"可用的 DSMP"和右边对应的"可用的 RMP"对应内容选中,单击【连接(N)】按钮即可,如图 5.36 所示。

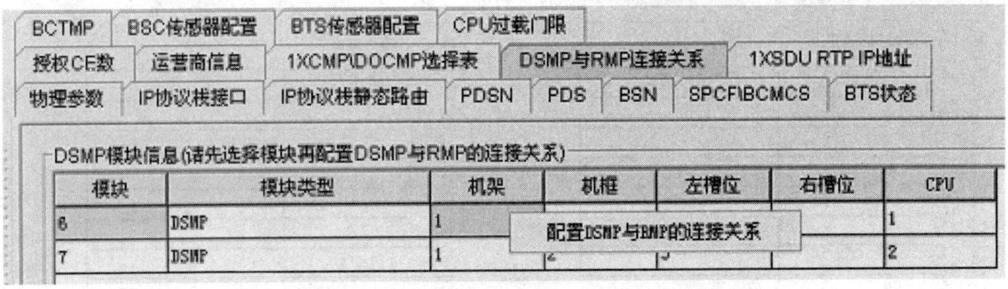

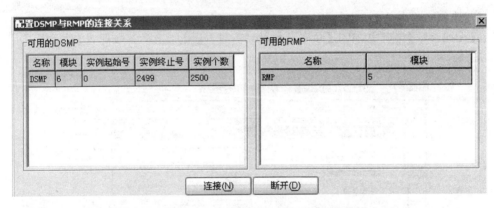

图 5.35　配置 DSMP 与 RMP 的连接关系

图 5.36　配置 DSMP 与 RMP 连接关系

　　配置 1XCMP\DOCMP 选择表,如图 5.37 所示,1XCMP\DOCMP 选择表最终配置结果如图 5.38 所示。

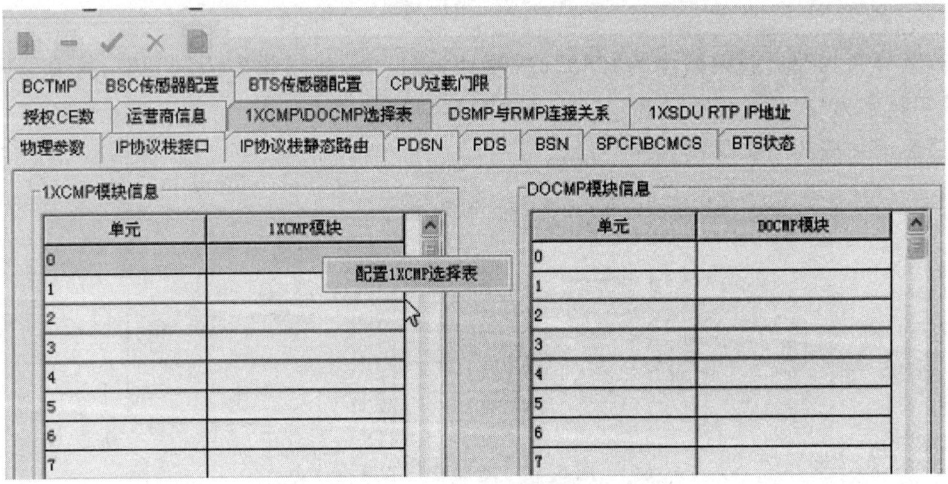

图 5.37　1XCMP\DOCMP 选择表

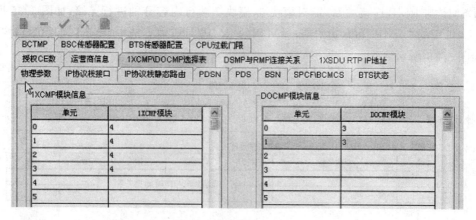

图 5.38 1XCMP\DOCMP 配置结果

（6）加载频频点

在【无线参数】窗口中，单击【频率参数】标签，打开【增加频率参数配置】对话框，如图 5.39 所示。

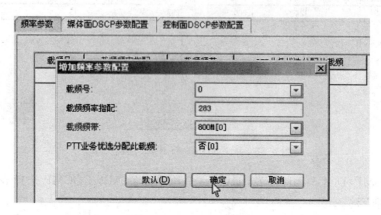

图 5.39 增加载频

载频号为"0"时，载频频率为"283"；载频号为"1"时，载频频率为"242"；载频号为"2"时，载频频率为"201"；载频号为"3"时，载频频率为"37"。

最终增加载频结果如图 5.40 所示。

载频号	载频频率指配	载频频带	PTT业务优选分配此载频
0	283	800M[0]	否[0]
1	242	800M[0]	否[0]
2	201	800M[0]	否[0]
3	37	800M[0]	否[0]

图 5.40 增加载频结果

说明：需要根据实际情况添加载频，语音载频 283、242、201，DO 载频 37、78、119。

(7) 配置 1X 系统参数

单击【1X 系统参数】标签,配置结果如图 5.41 所示,配置完成后,单击"√"确认所做配置。

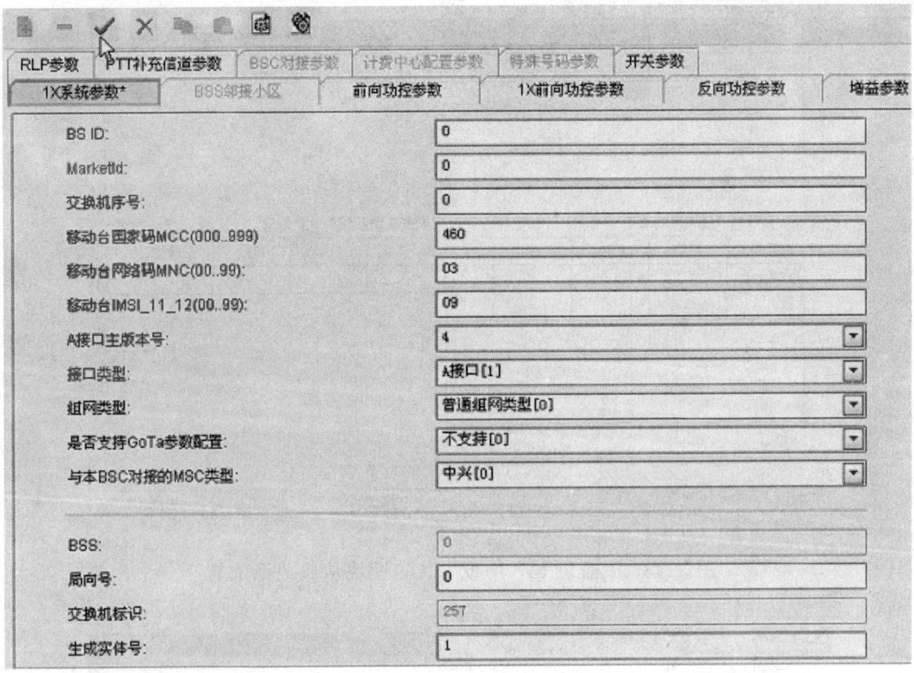

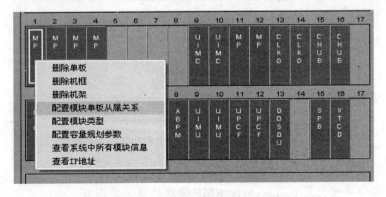

图 5.41 配置 1X 系统参数

(8) 添加单板 1XSDU

在【物理配置】窗口中,右击机架 1,选择资源框,选择添加单板,在 3 框 14 槽位添加"1XSDU"单板。

(9) 配置模块从属关系

进入机架 1 的控制框,右击 MP 单板,选择"配置模块单板从属关系",如图 5.42 所示。

图 5.42 配置模块单板从属关系

右击机架 1 第 2 框的 1、2、3、11、12 槽位,选择"配置模块单板从属关系",单击"单板的模块信息"中的某一行,若"可配置模块从属关系的单元"中有可选单元,就全部选择,单击

【增加（A）】按钮，若没有就从"单板的模块信息"中换一行，每一行都需增加，最后关闭。

1 槽位 MP 模块从属关系配置如图 5.43 及图 5.44 所示。

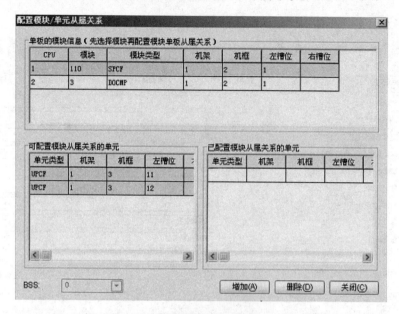

图 5.43　1 槽位 MP 单板 SPCF 模块从属关系配置

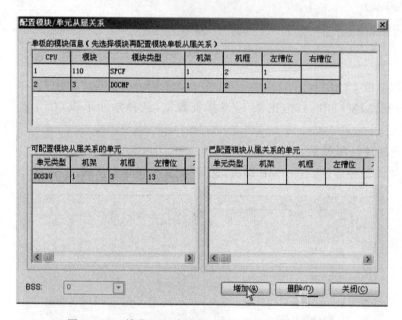

图 5.44　1 槽位 MP 单板 DOCMP 模块从属关系配置

2 槽位 MP 板从属关系配置如图 5.45 所示。

1XCMP 模块从属关系不用配，只配 RMP 模块从属关系即可。

11 槽位 MP 板配置如图 5.46 所示。

RPU 模块从属关系不用配，只配 OMP 模块从属关系即可。

上述从属关系配置完成后，各单板都会变成蓝色，如图 5.47 所示。

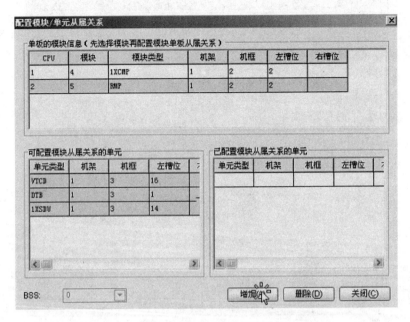

图 5.45　2 槽位 MP 单板 RMP 模块从属关系配置

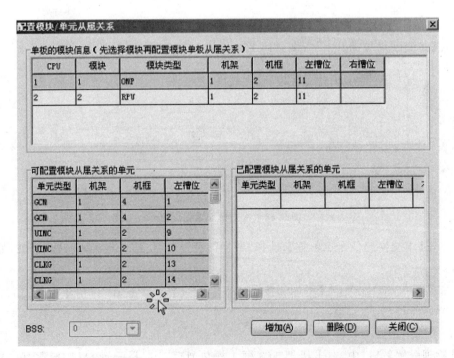

图 5.46　11 槽位 MP 单板 OMP 模块从属关系配置

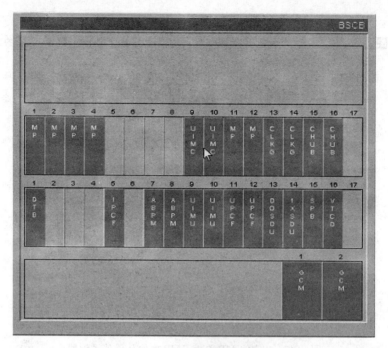

图 5.47　从属关系配置完成后所有单板变成蓝色

（10）信令配置

信令配置过程如下：

① 在【本交换局数据】中设置测试码 777，单击"√"确认，如图 5.48 所示。

图 5.48　本交换局数据配置

② 右击【本交换局信令点数据】，选择"增加"，设置 24 位信令点编码：22、22、22，如图 5.49 所示。

③ 邻接局（BSC）配置，在【增加邻接局（MSC）配置】中，设置 24 位信令编码：15、15、15，如图 5.50 所示。

（11）配置中继

在【物理配置】窗口中，右击机架 1（3 框 1 槽位）DTB，选择配置 DTB 参数，单击【增加（A）】按钮。

① 配置 PCM，增加 PCM，单击【确定】按钮，如图 5.51 所示。

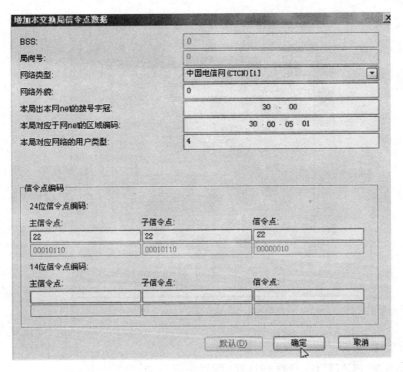

图 5.49　本交换局信令点数据配置

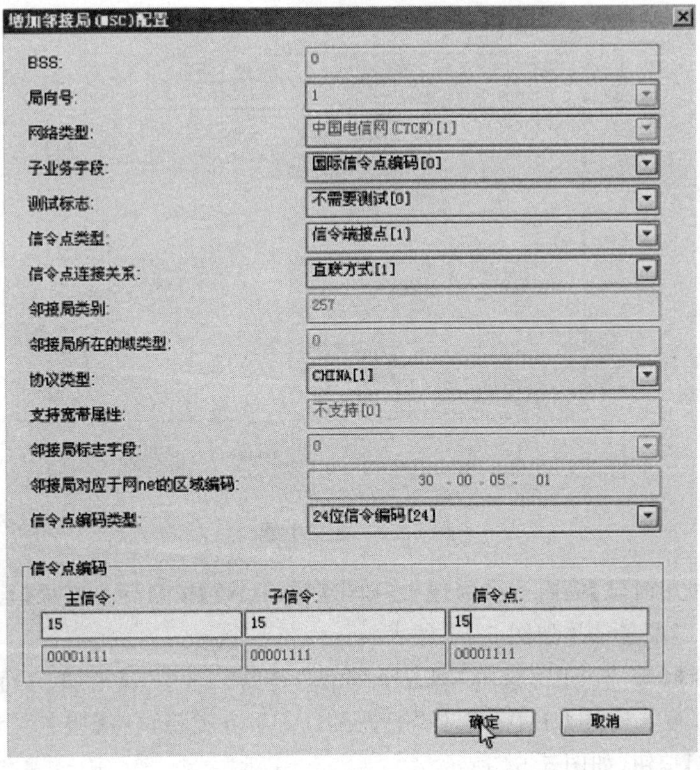

图 5.50　邻接局(BSC)配置

图 5.51 增加 PCM

② 配置中继

右击【已配的 PCM】第一行数据选择"配置中继",如图 5.52 所示。

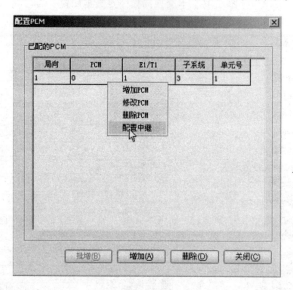

图 5.52 配置中继

将左面的【可用时隙】框内容全部选中,单击【增加(A)】按钮导入右面【已配时隙】框,然后删除 TS16,中继配置结果如图 5.53 所示。

(12) 右击 3 框 15 槽 SPB,选择"配置窄带信令链路二",单击【增加(A)】【确定】按钮。

(13) 右击 3 框 9 槽位 UIMU,选择"配置 MDM 服务类型",将【服务类型】框内容全部选中,单击【确定】按钮,如图 5.54 所示。

图 5.53　中继配置结果

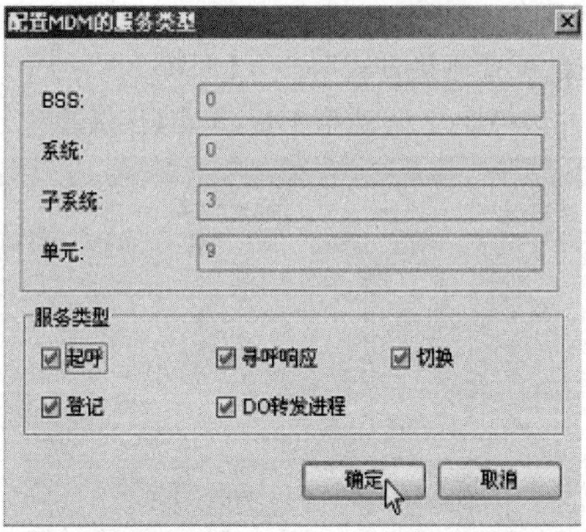

图 5.54　配置 MDM 的服务类型

(14) MTP 配置

① 双击信令链路组,单击【增加(A)】【确定】按钮。

② 双击信令链路,单击【增加(A)】按钮,设置信令链路组号:1,单击【确定】按钮。

③ 双击信令链路,单击【增加(A)】【确定】按钮。

④ 双击信令局向,单击【增加(A)】【确定】按钮。

(15) 右击 SSN 配置,选择增加(共需增加 10 个),如图 5.55 所示。

BSS	局向号	子系统代码
0	0	0
0	0	1
0	0	4
0	0	253
0	0	254
0	1	0
0	1	1
0	1	4
0	1	253
0	1	254

图 5.55　SSN 配置

3. 增加 BTS

（1）增加 BTS I2 机架。

（2）增加机架组 1,右击 CBTS,选择物理配置,打开【增加 CBTS I2 机架】对话框,选择不支持 CBM,单击【确定】按钮。

（3）增加单板

依次增加单板:

第二框 12、13 槽位:CCM;14 槽位:DSMA;1 槽位:GCMB; 2 槽位:SAM3;3～5 槽位:TRXB;6 槽位:RMM7;7 槽位:RIMI; 8、9 槽位:CHMO　10、11 槽位:CHM2。

第一框:1～3 槽位:RFEC; 4 槽位:PIMB;5～7 槽位:右击 DPAB,选择"增加单板",打开【增加 DPA】对话框,选择 30 单板。

（4）配置与 BSC 的连接

右击 DSMA 单板,选择"配置连接方式",打开【配置 BSC 与 BTS 之间的连接关系】对话框,选择 E1\T1,分别选中左边第 3 行、右边第 1 行,单击【连接】【确定】按钮,如图 5.56 所示。

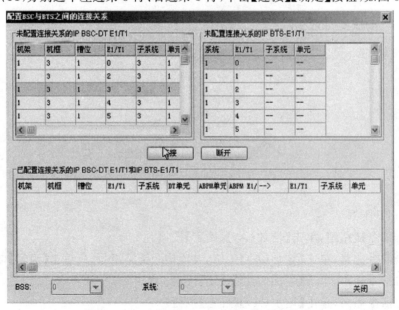

图 5.56　配置 BSC 与 BTS 之间的连接关系

（5）双击 BTS 无线参数，直接单击"√"确认。

（6）BTS 无线参数配置

右击无线参数，选择"增加小区"，单击【1×小区】按钮，如图 5.57 所示。

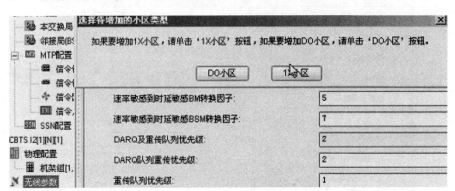

图 5.57　增加小区

小区实体参数配置如图 5.58 所示。

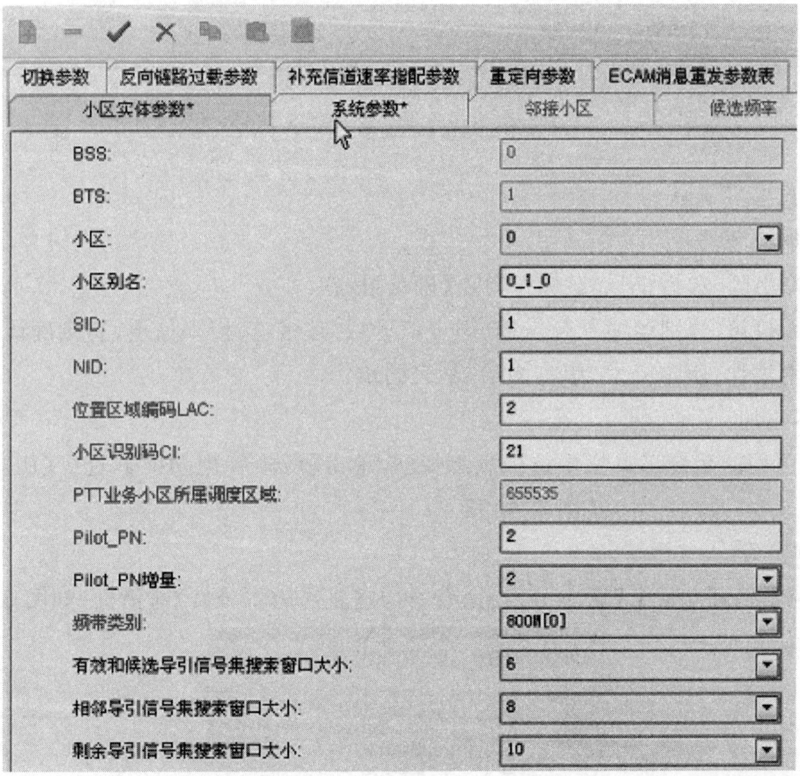

图 5.58　小区实体参数配置

系统参数配置如图 5.59 所示。

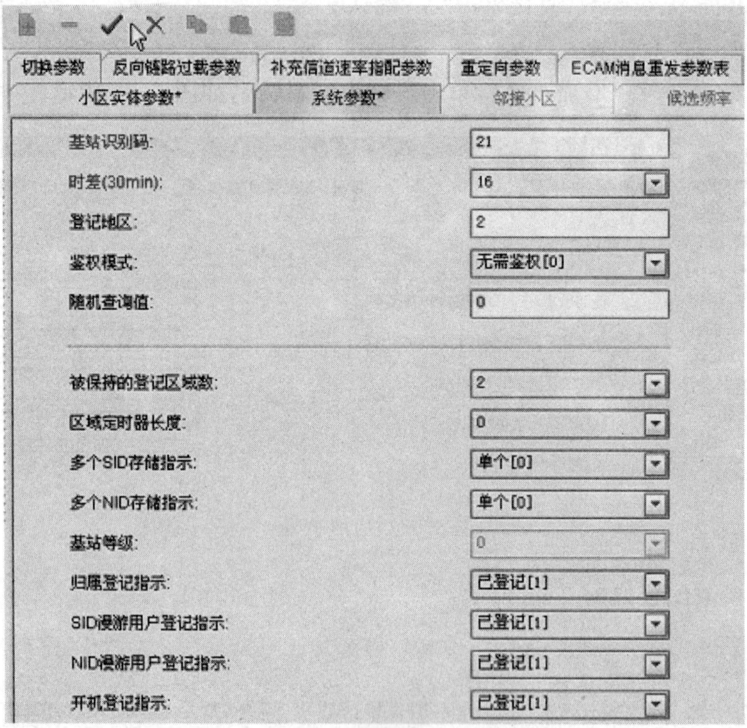

图 5.59　系统参数配置

最后单击"√"确认。

(7) 增加载频

右击 1×小区,选择"增加载频",单击【确认】按钮。

增加 1×载频,分别增加导频信道、同步信道、寻呼信道、接入信道,直接确认即可。

(8) 版本添加、版本分发、版本激活、整表同步

① 版本添加

在视图页面的系统工具栏中选择版本管理,单击【版本管理功能】,选择【版本添加】,操作过程如图 5.60 及图 5.61 及图 5.62 所示。

② 版本分发

执行【版本管理功能】|【版本分发】命令,打开【普通版本分发】对话框,如图 5.63 所示。

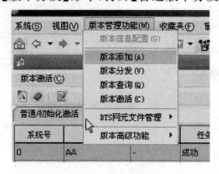

图 5.60　版本管理

图 5.61　选择版本

逻辑板类型	物理板类型	版本类型	功能类型	CPU类型	PCB号	文件路径	子卡类型
CCA	DEFAULT	FPGA	DEFAULT	CCA	DEFAULT	verSion\	-
PM	DEFAULT	MCU	DEFAULT	PM	DEFAULT	verSion\	-
SA	DEFAULT	MCU	DEFAULT	SA	DEFAULT	verSion\	-
DPAB	DEFAULT	MCU	DEFAULT	DPA	DEFAULT	verSion\	-
RIM1	DEFAULT	MCU	DEFAULT	RIM	DEFAULT	verSion\	-
SAM3	DEFAULT	MCU	DEFAULT	SAM	DEFAULT	verSion\	-
PIMB	DEFAULT	MCU	DEFAULT	PIMB	DEFAULT	verSion\	-
PM	DEFAULT	MCU	DEFAULT	PM	DEFAULT	verSion\	-
RFE	DEFAULT	MCU	DEFAULT	RFE	DEFAULT	verSion\	-
RIM1	DEFAULT	MCU	DEFAULT	RIM	DEFAULT	verSion\	-
SA	DEFAULT	MCU	DEFAULT	SA	DEFAULT	verSion\	-
SAM3	DEFAULT	MCU	DEFAULT	SAM	添加版本	verSion\	-
TRXC	DEFAULT	CPU	DEFAULT	TRX	取消任务	verSion\	-
RMMS	DEFAULT	CPU	DEFAULT	RMM	删除记录	verSion\	-
GCMB						verSion\	

图 5.62　添加版本

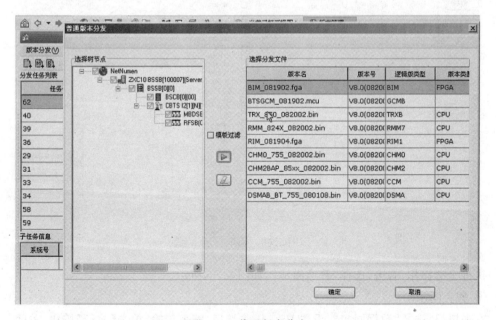

图 5.63　普通版本分发

执行全选操作,单击【确定】按钮。

特殊 MCU 分发,执行全选操作,单击【确定】按钮,如图 5.64 所示。

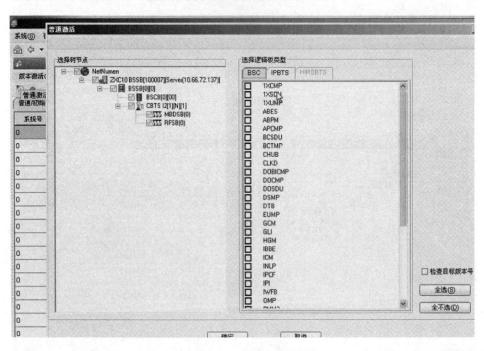

图 5.64　特殊分发版本

执行全选操作,右击,选择"分发版本"。

③ 版本激活

执行【版本管理功能】|【版本激活】|【普通激活】|【BSC】操作,单击【全选】按钮,选择【IPBTS】标签,单击【全选(S)】【确定】按钮,如图 5.65 所示。

图 5.65　版本激活

执行全选操作,右击,选择"普通激活",如图 5.66 所示。

④ 整表同步

右击树根,选择"数据同步",设置 BSC 传输类型:整表传输,单击【执行】按钮,关闭。

版本类型	激活版本	备用版本	CPU类型	物理板类型	专用版本	PCB号	详细信息	功能类型
CPU	V8.0(082002)	V8.0(0820(	-	CHM	-	-	存储查询失败,(获取逻辑板所有版本	-
CPU	V8.0(082002)	V8.0(0820(	-	CHV	-	-	存储查询失败,(获取逻辑板所有版本	-
MCU	V8.0(082002)	V8.0(0820(	-	DPA	-	-	激活操作成功,数据库操作成功,不	-
CPU	V8.0(082002)	V8.0(0820(	-	DSM	-	-	激活操作成功,数据库操作成功,不	-
CPU	V8.0(082002)	V8.0(0820(	-	FSA	-	-	存储查询失败,(获取逻辑板所有版本	-
	V8.0(082002)	V8.0(0820(	-		-	-	激活操作成功,数据库操作成功,不	-
MCU	V8.0(082002)	V8.0(0820(	-	PIMB	-	-	激活操作成功,数据库操作成功,不	-
MCU	V8.0(082002)	V8.0(0820(	-	PM	-	-	存储查询失败,(获取逻辑板所有版本	-
MCU	V8.0(082002)	V8.0(0820(	-	RFE	-	-	激活操作成功,数据库操作成功,不	-
FPGA	V8.0(082002)	V8.0(0820(	-	RIM	-	-	激活操作成功,数据库操作成功,不	-
FPGA	V8.0(082002)	V8.0(	普通激活 取消激活 选择备用版本	RIM	-	-	存储查询失败,(获取逻辑板所有版本	-
CPU	V8.0(082002)	V8.0(		RMM	-	-	激活操作成功,数据库操作成功,不	-

图 5.66　普通激活

（9）虚拟手机、互拨

电话拨打测试如图 5.67 所示。

图 5.67 电话拨打测试

5.3.3　CDMA2000 数据业务配置

1. BSC 物理配置

（1）配置 IP 协议栈接口

① 打开 SPCF,右击"已经配置的 IP 接口地址信息",选择"增加 IP 协议栈的接口",设置 IP 地址:10.1.1.2,单击【确定】按钮。

② 打开 IPCF,右击"已经配置的 IP 接口地址信息",选择"增加 IP 协议栈的接口",设

置 IP 地址：10.1.1.1，单击【确定】按钮。

（2）打开 PDSN，右击"增加 PDSN"，设置 IP 地址：10.1.1.3，绑定 IP 地址：10.1.1.3，名称：SJZ，位置：youdian，单击【确定】按钮。

（3）打开 SPCF/BCMCS

① 右击"配置 PCF 方式"，选择"PCF 的模式"，选中"PCF"，单击【确定】按钮。

② 配置 PCF 防火墙和 A10 参数，选择"增加"，单击【确定】按钮。

③ 配置 SPCF 与 PDSN 连接，分别选中左边第 1 行、右边第 1 行，单击【连接】【确定】按钮。

④ 增加 SPI 参数，设置 SPI：101，编码鉴权＝解码鉴权＝1234567890ABCDEF，单击【确定】按钮，关闭。

2. 无线参数下的 DO 参数

执行【非 QOS 参数】|【系统参数】|【总体参数】命令，设置 AN-ID：1，SID：1，NID：1，单击【确认】按钮。

执行【A12 接口参数】命令，设置 AN 的 IP 地址：10.1.2.21，AAA 参数：先增加一个 10.1.2.22，再删除原来的，单击【确认】按钮。

右击"子网参数配置"，选择"增加"，设置色码：6，子网地址：倒数第四位为 16，单击【确认】按钮。

3. BTS 无线参数下的 DO 小区配置

① 右击 DO 小区，选择"小区无线参数"，设置小区别名：0，PILOT－PN：4，全局标识：倒数第三位为 1。

② 设置小区状态关系：时间 北京，单击【确认】按钮。

③ 右击 DO 小区，选择"增加载频"，单击【确认】按钮。

对 NETMEN 下的 BSSB 进行整表同步。

打开模拟手机，打开网页，如图 5.68 所示。

图 5.68　模拟手机打开网页

习　题

一、填空题

1. CDMA2000-1X EV 的演进分为两个阶段,第一个阶段叫 CDMA2000-1X EV-DO,第二个阶段叫＿＿＿＿＿＿＿＿。

2. 与 IS-95 相比,CDMA2000 网络结构新增了＿＿＿＿和＿＿＿＿两个模块。

3. 目前中国电信 CDMA 网使用 800 M 频率,一共＿＿＿＿个载波。

二、选择题

1. CDMA2000 的标准化工作由＿＿＿＿负责。
A. 3GPP　　　　　B. 3GPP2　　　　　C. ITU-T　　　　　D. ANSI

2. CDMA2000-1X 的网络中区分小区的码是＿＿＿＿。
A. 长 PN 码　　　B. 短 PN 码　　　C. 信道化码　　　D. OVSF 码

3. CDMA2000-1X 的网络中区分不同移动台的码是＿＿＿＿。
A. 长 PN 码　　　B. 短 PN 码　　　C. 信道化码　　　D. OVSF 码

三、判断题

1. CDMA2000-1X EV-DO 采用将数据业务和语音业务分离的思想,在独立于 CDMA2000-1X 的载波上向移动终端提供高速无线数据业务,在这个载波上不支持话音业务。　　　　　

2. CDMA2000-1X EV-DV 克服了 CDMA2000-1X EV-DO 在资源共享以及组网方面的缺陷,重新将数据业务和语音业务合并到一个载波中,使频率资源得到了有效地利用。　　　　　

3. 1X EV-DO 技术控制复杂,成本较高,目前很少运营商垂青它。大部分运营商选择了 1X EV-DV。　　　　　

四、综合题

1. CDMA2000-1X EV-DO 和 CDMA2000-1X EV-DV 的区别是什么?

2. CDMA2000-1X 网络结构由哪四部分组成? 与 IS-95 系统的区别在哪里?

第6章 LTE 原理与设备运行维护

6.1 LTE 演进过程概述

移动通信从 2G、3G 到 3.9G 发展过程,是从低速语音业务到高速多媒体业务发展的过程。3GPP 正逐渐完善 R8 的 LTE 标准:2008 年 12 月 R8 LTE RAN1 冻结,2008 年 12 月 R8 LTE RAN2、RAN3、RAN4 完成功能冻结,2009 年 3 月 R8 LTE 标准完成,此协议的完成能够满足 LTE 系统首次商用的基本功能。

无线通信技术发展和演进过程如图 6.1 所示。

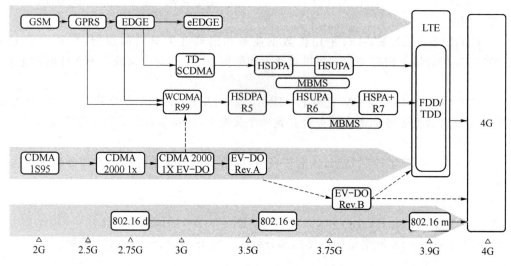

图 6.1 无线通信技术发展和演进图

6.2 频谱划分

E-UTRA 的频谱划分如表 6.1 所示。

表 6.1 E-UTRA 频带划分

E-UTRA Operating Band	Uplink (UL) operating band BS receive UE transmit	Downlink (DL) operating band BS transmit UE receive	Duplex Mode
	$F_{UL\_low} \sim F_{UL\_high}$	$F_{DL\_low} \sim F_{DL\_high}$	
1	1920 MHz~1980 MHz	2110 MHz~2170 MHz	FDD
2	1850 MHz~1910 MHz	1930 MHz~1990 MHz	FDD

续表

E-UTRA Operating Band	Uplink (UL) operating band BS receive UE transmit $F_{UL\_low} \sim F_{UL\_high}$	Downlink (DL) operating band BS transmit UE receive $F_{DL\_low} \sim F_{DL\_high}$	Duplex Mode
3	1710 MHz～1785 MHz	1805 MHz～1880 MHz	FDD
4	1710 MHz～1755 MHz	2110 MHz～2155 MHz	FDD
5	824 MHz～849 MHz	869 MHz～894 MHz	FDD
6	830 MHz～840 MHz	875 MHz～885 MHz	FDD
7	2500 MHz～2570 MHz	2620 MHz～2690 MHz	FDD
8	880 MHz～915 MHz	925 MHz～960 MHz	FDD
9	1749.9 MHz～1784.9 MHz	1844.9 MHz～1879.9 MHz	FDD
10	1710 MHz～1770 MHz	2110 MHz～2170 MHz	FDD
11	1427.9 MHz～1452.9 MHz	1475.9 MHz～1500.9 MHz	FDD
12	698 MHz～716 MHz	728 MHz～746 MHz	FDD
13	777 MHz～787 MHz	746 MHz～756 MHz	FDD
14	788 MHz～798 MHz	758 MHz～768 MHz	FDD
...			
17	704 MHz～716 MHz	734 MHz～746 MHz	FDD
...			
33	1900 MHz～1920MHz	1900 MHz～1920 MHz	TDD
34	2010 MHz～2025 MHz	2010 MHz～2025 MHz	TDD
35	1850 MHz～1910 MHz	1850 MHz～1910 MHz	TDD
36	1930 MHz～1990 MHz	1930 MHz～1990 MHz	TDD
37	1910 MHz～1930 MHz	1910 MHz～1930 MHz	TDD
38	2570 MHz～2620 MHz	2570 MHz～2620 MHz	TDD
39	1880 MHz～1920 MHz	1880 MHz～1920 MHz	TDD
40	2300 MHz～2400 MHz	2300 MHz～2400 MHz	TDD
新增	2500 MHz～2690MHz	2500 MHz～2690MHz	TDD

6.3　LTE 总体架构

　　LTE 采用了与 2G、3G 均不同的空中接口技术——基于 OFDM 技术的空中接口技术，并对传统 3G 的网络架构进行了优化，采用扁平化的网络架构，即接入网 E-UTRAN 不再包含 RNC，仅包含节点 eNB，提供 E-UTRA 用户面 PDCP/RLC/MAC/物理层协议的功能和控制面 RRC 协议的功能。LTE-UTRAN 系统结构如图 6.2 所示。

　　eNB 之间由 X2 接口互连，每个 eNB 又和演进型分组核心网 EPC 通过 S1 接口相连。S1 接口的用户面终止在服务网关 S-GW 上，S1 接口的控制面终止在移动性管理实体 MME 上。

控制面和用户面的另一端终止在 eNB 上。图 6.2 中各网元节点的功能划分如下。

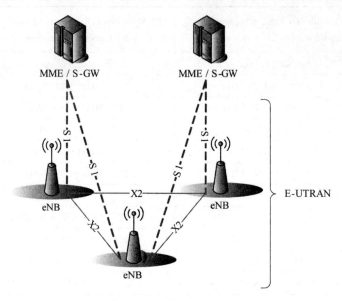

图 6.2　E-UTRAN 结构

eNB 功能，LTE 的 eNB 除了具有 Node B 的功能之外，还承担了 RNC 的大部分功能，包括物理层功能、MAC 层功能（包括 HARQ）、RLC 层（包括 ARQ 功能）、PDCP 功能、RRC 功能（包括无线资源控制功能）、调度、无线接入许可控制、接入移动性管理以及小区间的无线资源管理功能等，具体包括无线资源管理、无线承载控制、无线接纳控制、连接移动性控制、上下行链路的动态资源分配（即调度）等。

从图 6.2 中可见，新的 LTE 架构中，没有了原有的 Iu、Iub 以及 Iur 接口，取而代之的是新接口 S1 和 X2。

S1 接口定义为 E-UTRAN 和 EPC 之间的接口。S1 接口包括两部分：控制面 S1-MME 接口和用户面 S1-U 接口。S1-MME 接口定义为 eNB 和 MME 之间的接口；S1-U 定义为 eNB 和 S-GW 之间的接口。图 6.3、图 6.4 为 S1-MME 和 S1-U 接口的协议栈结构。

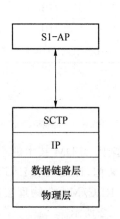

图 6.3　S1 接口控制面（eNB-MME）

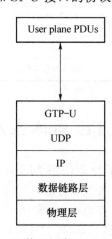

图 6.4　S1 接口用户面（(eNB-S-GW）

X2 接口定义为各个 eNB 之间的接口。X2 接口包含 X2-CP 和 X2-U 两部分,X2-CP 是各个 eNB 之间的控制面接口,X2-U 是各个 eNB 之间的用户面接口。图 6.5、图 6.6 为 X2-CP 和 X2-U 接口的协议栈结构。

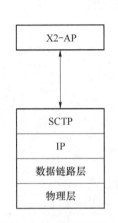

图 6.5　X2 接口控制面

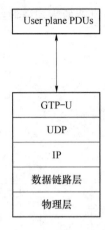

图 6.6　X2 接口用户面

6.4　物理层

6.4.1　LTE 帧结构

LTE 支持两种类型的无线帧结构:类型 1,适用于 FDD 模式;类型 2,适用于 TDD 模式。

帧结构类型 1 如图 6.7 所示。每一个无线帧长度为 10 ms,分为 10 个等长度的子帧,每个子帧又由 2 个时隙构成,每个时隙长度均为 0.5 ms。

图 6.7　帧结构类型 1

对于 FDD,在每一个 10 ms 中,有 10 个子帧可以用于下行传输,并且有 10 个子帧可以用于上行传输。上下行传输在频域上进行分开。

6.4.2　LTE 的物理资源

LTE 上下行传输使用的最小资源单位叫作资源粒子(Resource Element,RE)。

LTE 在进行数据传输时,将上下行时频域物理资源组成资源块(Resource Block,RB),作为物理资源单位进行调度与分配。

一个 RB 由若干个 RE 组成,在频域上包含 12 个连续的子载波,在时域上包含 7 个连续的 OFDM 符号(在 Extended CP 情况下为 6 个),即频域宽度为 180 kHz,时间长度为 0.5 ms。

下行和上行时隙的物理资源结构分别如图 6.8、图 6.9 所示。

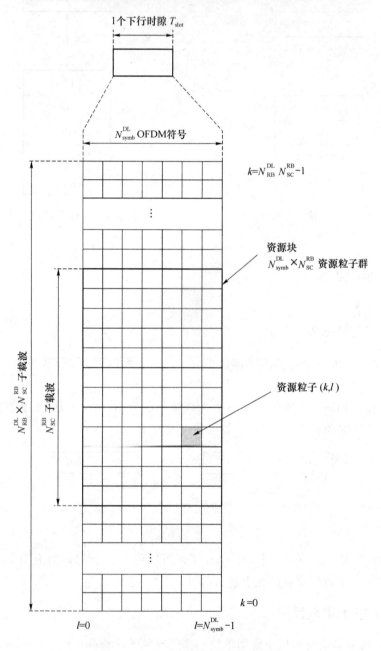

图 6.8　下行时隙的物理资源结构图

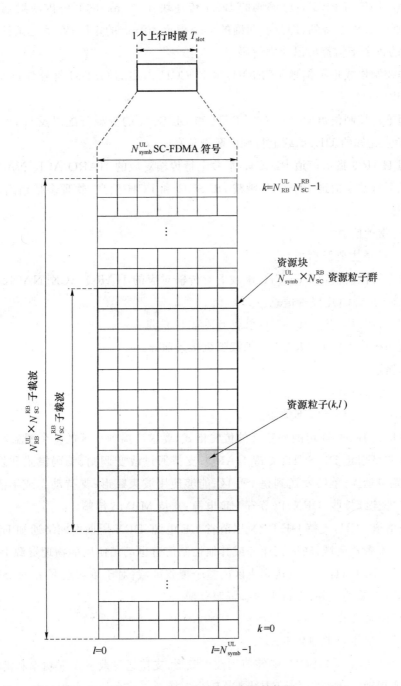

图 6.9　上行时隙的物理资源结构图

6.4.3　LTE 信道

1. LTE 物理信道

（1）下行物理信道

下行物理信道主要类型如下。

① 物理广播信道 PBCH：已编码的 BCH 传输块在 40 ms 的间隔内映射到 4 个子帧；40 ms 定时通过盲检测得到，即没有明确的信令指示 40 ms 的定时；在信道条件足够好时，PBCH 所在的每个子帧都可以独立解码。

② 物理控制格式指示信道 PCFICH：将 PDCCH 占用的 OFDM 符号数目通知给 UE；在每个子帧中都有发射。

③ 物理下行控制信道 PDCCH：将 PCH 和 DL-SCH 的资源分配以及与 DL-SCH 相关的 HARQ 信息通知给 UE；承载上行调度赋予信息。

④ 物理 HARQ 指示信道 PHICH：承载上行传输对应的 HARQ ACK/NACK 信息。

⑤ 物理下行共享信道 PDSCH：承载 DL-SCH 和 PCH 信息；物理多播信道 PMCH：承载 MCH 信息。

（2）上行物理信道

上行物理信道主要类型如下。

① 物理上行控制信道 PUCCH：承载下行传输对应的 HARQ ACK/NACK 信息；承载调度请求信息；承载 CQI 报告信息。

② 物理上行共享信道 PUSCH：承载 UL-SCH 信息。

③ 物理随机接入信道 PRACH：承载随机接入前导。

2. 传输信道

（1）下行传输信道

下行传输信道主要有以下类型。

① 广播信道 BCH：固定的预定义的传输格式，要求广播到小区的整个覆盖区域。

② 下行共享信道 DL-SCH：支持 HARQ；支持通过改变调制、编码模式和发射功率来实现动态链路自适应；能够发送到整个小区；能够使用波束赋形；支持动态或半静态资源分配；支持 UE 非连续接收（DRX）以节省 UE 电源；支持 MBMS 传输。

③ 寻呼信道 PCH：支持 UE DRX 以节省 UE 电源（DRX 周期由网络通知 UE）；要求发送到小区的整个覆盖区域；映射到业务或其他控制信道也动态使用的物理资源上。

④ 多播信道 MCH：要求发送到小区的整个覆盖区域；对于单频点网络 MBSFN 支持多小区的 MBMS 传输的合并；支持半静态资源分配。

（2）上行传输信道

上行传输信道主要类型如下。

① 上行共享信道 UL-SCH：能够使用波束赋形；支持通过改变发射功率和潜在的调制、编码模式来实现动态链路自适应；支持 HARQ；支持动态或半静态资源分配。

② 随机接入信道 RACH：承载有限的控制信息，有碰撞风险。

3. 传输信道与物理信道之间的映射

下行和上行传输信道与物理信道之间的映射关系分别如图 6.11、图 6.12 所示。

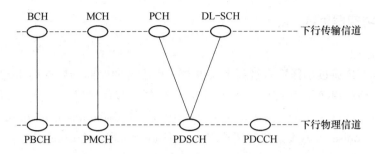

图 6.11　下行传输信道与物理信道的映射关系图

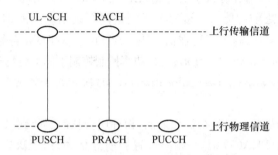

图 6.12　上行传输信道与物理信道的映射关系图

6.4.4　LTE 物理信号

物理信号对应物理层若干 RE,但是不承载任何来自高层的信息。

1. 下行物理信号

下行物理信号包括参考信号(Reference signal)和同步信号(Synchronization signal)。

(1) 下行参考信号

下行参考信号包括:小区特定(Cell-specific)的参考信号与非 MBSFN 传输关联;MBSFN 参考信号与 MBSFN 传输关联;UE 特定(UE-specific)的参考信号。

(2) 同步信号

同步信号包括:主同步信号(Primary synchronization signal)和辅同步信号(Secondary synchronization signal)。

对于 FDD,主同步信号映射到时隙 0 和时隙 10 的最后一个 OFDM 符号上,辅同步信号则映射到时隙 0 和时隙 10 的倒数第二个 OFDM 符号上。

2. 上行物理信号

上行物理信号包括所有参考信号(Reference signal)。

上行链路支持两种类型的参考信号。解调用参考信号(Demodulation reference signal):与 PUSCH 或 PUCCH 传输有关;探测用参考信号(Sounding reference signal):与 PUSCH 或 PUCCH 传输无关。

解调用参考信号和探测用参考信号使用相同的基序列集合。

6.4.5 物理层过程

（1）同步过程

小区搜索，UE通过小区搜索过程来获得与一个小区的时间和频率同步，并检测出该小区的小区ID。E-UTRA小区搜索基于主同步信号、辅同步信号以及下行参考信号完成。

定时同步（Timing synchronisation）包括无线链路监测（Radio link monitoring）、小区间同步（Inter-cell synchronisation）、发射定时调整（Transmission timing adjustment）等。

（2）功率控制

下行功率控制决定每个资源粒子的能量（Energy Per Resource Element，EPRE）。资源粒子能量表示插入CP之前的能量。资源粒子能量同时表示应用的调制方案中所有星座点上的平均能量。上行功率控制决定物理信道中一个DFT-SOFDM符号的平均功率。

上行功率控制（Uplink power control）：上行功率控制控制不同上行物理信道的发射功率。

下行功率分配（Downlink power allocation）：eNB决定每个资源粒子的下行发射能量。

（3）随机接入过程

在非同步物理层随机接入过程初始化之前，物理层会从高层收到以下信息：

随机接入信道参数（PRACH配置、频率位置和前导格式）用于决定小区中根序列码及其在前导序列集合中的循环移位值的参数（根序列表格索引、循环移位、集合类型（非限制集合或限制集合））。

从物理层的角度看，随机接入过程包括随机接入前导的发送和随机接入响应。被高层调度到共享数据信道的剩余消息传输不在物理层随机接入过程中考虑。

物理层随机接入过程包括由高层通过前导发送请求来触发物理层过程。

高层请求中包括前导索引（preamble index），前导接收功率目标值（PREAMBLE_RE-CEIVED_TARGET_POWER），对应的随机接入无线网络临时标识（RA-RNTI），以及PRACH资源。

确定前导发射功率：

$PPRACH = \min\{P_{max}, PREAMBLE\_RECEIVED\_TARGET\_POWER + PL\}$，其中$P_{max}$表示高层配置的最大允许功率，PL表示UE计算的下行路损估计。

使用前导索引在前导序列集中选择前导序列。

使用选中的前导序列，在指示的PRACH资源上，使用传输功率PPRACH进行一次前导传输。

在高层控制的随机接入响应窗中检测与RA-RNTI关联的PDCCH。如果检测到，对应的PDSCH传输块将被送往高层，高层解析传输块、并将20 bit的UL-SCH授权指示给物理层。

6.5 LTE eNB 离线配置

6.5.1 配置前准备

（1）确定物理设备

观察BBU拓扑图，确定BBU板卡位置，如图6.13所示。

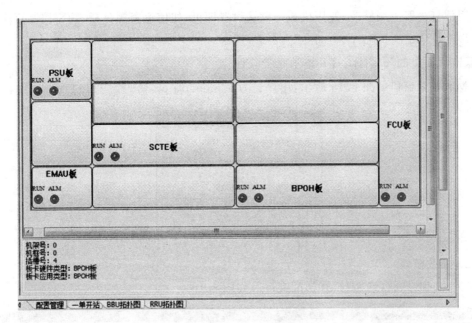

图 6.13　BBU 拓扑图

观察 RRU 拓扑图,确定 RRU 型号及天线种类,如图 6.14 所示,RRU 为双端口 RRU,型号为 TDRU331FAE。

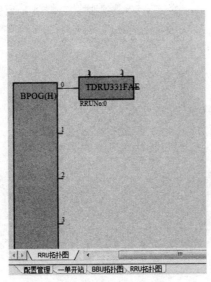

图 6.14　RRU 拓扑图

（2）获取基础数据

假设为新建站云阳配置数据,打开 LTE 规划数据,找到云阳站信息。

6.5.2　加载模板

eNB 配置数据量巨大,如果所有的配置数据都逐条录入,工作量过大。

实际工作中通常使用通用的配置模板,站点的关键信息必须修改,比如站名、业务 IP

等；通用信息一般不用修改，使用模板的默认设置即可，如信道资源分配、功率控制算法等。

（1）打开软件

双击桌面上的  图标，打开本地维护软件。

LMT 登录窗口如图 6.15 所示，用户名为 administrator，密码为 111111。

图 6.15　LMT 登录对话框

（2）加载模板

进入 LMT 界面，选择"打开初配文件"，如图 6.16 所示。

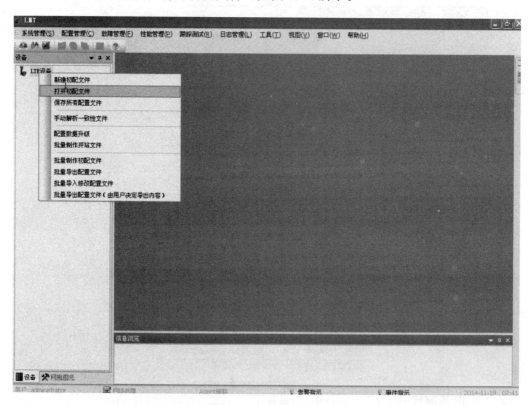

图 6.16　打开初配文件

6.5.3　本地小区规划

（1）右击"最终模板"，选择"离线网络规划"，根据了解到的设备板卡信息，添加板卡。板卡规划命令下发，操作过程如图 6.17、图 6、18 及图 6、19 所示。

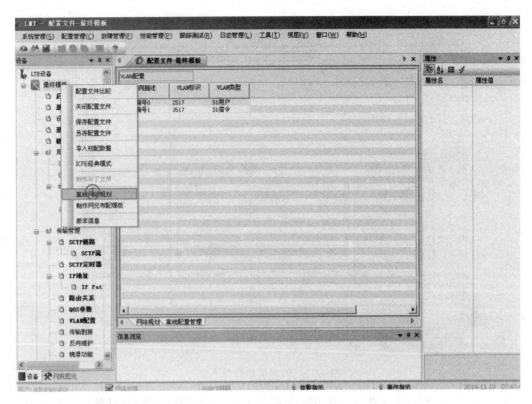

图 6.17　离线规划

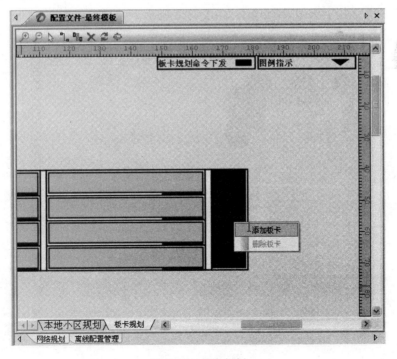

图 6.18　板卡规划

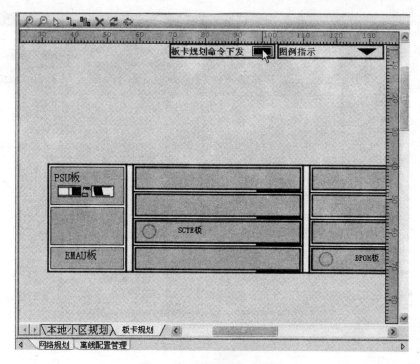

图 6.19　板卡规划命令下发

　　(2) 进入"本地小区规划",选择 0~11 编号的中一个小区,BPOG(H)拉入,将和 RRU 双头对应的 331FAE,1 正常模式拉入,拉入双头天线确定,用单线工具用 BPOG(H)接 331 左侧,将 331 的 1、2 接入天线,网元布配如图 6.20 所示。

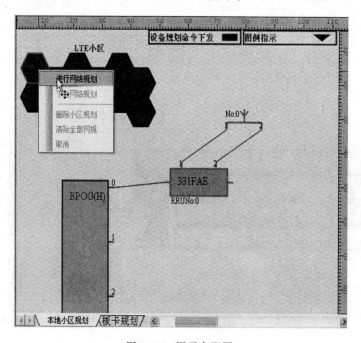

图 6.20　网元布配图

（3）进入"本地小区规划"，选择"进行网络规划"，在右侧设置标示为 0，工作频段为 E 频段（2300～2400），带宽 20 MHz，不合并，室内普通，非智能天线模式，压缩，单端口，如图 6.21 所示。

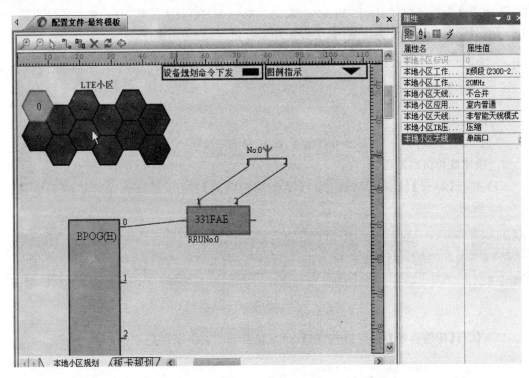

图 6.21　网络规划图

（4）先单击上方"设备规划命令"下发，右击"0""下发网络规划"。

6.5.4　eNB 数据配置

（1）右击 lte 设备下 enb，修改右侧"离线配置管理"，单击修改基站，修改网元标示为基表中"ENODEB ID"，修改"设备友好名"为基表"实际站名"。

（2）右击左侧"局向"，选择"管理站信息"，单击"操作维护链路"，右侧单击【添加】按钮。

（3）将基表 moip 加为本地 IP，子网 26 位（掩 26 位）255.255.255.192，om 网关设为默认网关，NEA IP 设为对端 IP。

（4）打开传输管理，右击 SCTP 链路，选择"添加 SCTP 链路"，将核表中 MME 地址中 IP1、IP2 加入 0 链路，将 IP3、IP4 加入 1 链路。

（5）右击 SCTP 流，选择添加索引 0，发 1，接 0，公共；添加索引 1，发 0，接 1，公共；添索引 0，发 1，接 0，专用；添加索引 1，发 0，接 1，专用。

（6）打开传输管理，选择 IP 地址，单击添加，将基表业务 IP 加为 IP 地址，掩码 26，对应 255.255.255.192。

（7）打开传输管理，选择路由关系，单击添加，将核表 UGW 中 IP 最小的设为网段（因为比该 IP 大的都含在该 IP 的段内，掩码 32 对应，255.255.255.255。

（8）打开传输管理，选择 VLAN，将基表中 OMVLAN 设为 s1 信令，将业务 VLAN 设为 s1 用户。

（9）右击"小区"，选择添加小区，根据小表中小区名加为小区友好名，将 PCI 设为 OMC ID，将 PCI 设为小区物理 ID，将 Band40(2300～2400 MHz)设为工作频段，将中心频点乘 10 设为小区中心频点，20 设为带宽，最大发射功率设置，将信号功率设置。

（10）右击小区，选择小区网络规划，单击添加，将小表中 TAC 设为小区所属 ID。

6.5.5 数据提交

1. 配置文件

单击"enb_104···"，右击另存配置文件，命名一个 * . Cfg。

2. 操作维护链路截图

（1）执行【局向】|【管理站信息】|【操作维护链路】操作，得到操作维护链路信息如图 6.22 所示。

操作维护链路	转换为显示对比模式	基站状态信息保存				
OM链路连接状态	本地IP地址类型	本地IP地址	子网摘码	默认网关	对端IP地址类型	对端IP地址
建立成功	IPv4	100.92.231.220	255.255.255.192	100.92.231.193	IPv4	100.92.1.227

图 6.22　操作维护链路图

（2）执行【传输管理】|【SCTP 链路】操作，得到 SCTP 链路信息如图 6.23 所示。

SCTP链路	转换为显示对比模式	基站状态信息保存							
	对端IP地址1	对端IP地址2	对端IP地址3	对端IP地址4	对端网元类型	SCTP链路建立状态	管理状态	运行状态	SCTP链路有效性
	100.86.206.248	100.86.206.249	127.0.0.1	127.0.0.1	MME	与对端连接成功	解阻塞	正常	有效数据
	100.86.206.250	100.86.206.251	127.0.0.1	127.0.0.1	MME	与对端连接成功	解阻塞	正常	有效数据

图 6.23　SCTP 链路图

（3）执行【传输管理】|【IP 地址】操作，得到 IP 信息如图 6.24 所示。

IP地址	转换为显示对比模式	基站状态信息保存	
实例描述	IP地址类型	IP地址	子网摘码
本地IP接口地址编号0	IPv4	100.86.231.220	255.255.255.192

图 6.24　传输管理图

（4）执行【传输管理】|【路由关系】操作，得到路由信息如图 6.25 所示。

路由关系	转换为显示对比模式	基站状态信息保存		
实例描述	对端IP类型	对端IP网段地址	对端IP摘码	网关IP地址
路由索引0	IPv4	100.86.206.48	255.255.255.0	100.86.231.193

图 6.25　路由关系图

（5）执行【传输管理】|【VLAN 配置】操作，得到 VLAN 配置信息如图 6.26 所示。

VLAN配置	转换为显示对比模式	基站状态信息保存
实例描述	VLAN标识	VLAN类型
VLAN编号0	3028	S1信令
VLAN编号1	2028	S1用户

图 6.26　VLAN 配置图

（6）执行【本地小区规划】|【本地小区】操作，得到小区规划信息如图 6.27 所示。

本地小区	转换为显示对比模式	基站状态信息保存					
实例描述	小区模式	本地小区天线模式	本地小区过程状态	本地小区操作状态	本地小区不可用原因	本地小
本地小区标识0	TD-LTE模式	非智能天线模式	已建立	可用	无效	447

配置管理　自动查程图

图 6.27　小区规划图

（7）执行【enb_104···】操作，得到基站信息如图 6.28 所示。

基站	转换为显示对比模式	基站状态信息保存			
网元标识	NodeB设备标识符	设备友好名	GPS经度	GPS纬度	GPS海拔
82001	181821105E85	奉节广场营业厅-DLW	116.26949	39.75532	57

图 6.28　基站信息图

（8）执行【小区】|【小区状态信息】操作，得到小区状态如图 6.29 所示。

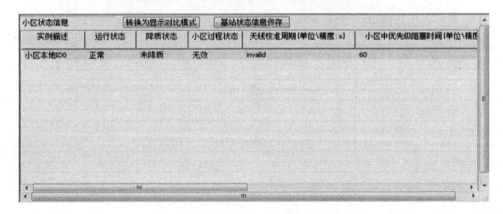

小区状态信息	转换为显示对比模式	基站状态信息保存			
实例描述	运行状态	降质状态	小区过程状态	天线校准周期(单位\精度:s)	小区中优先级阻塞时间(单位\精
小区本地ID0	正常	未降质	无效	invalid	60

图 6.29　小区状态

（9）RRU 布配图

RRU 布配如图 6.30 所示。

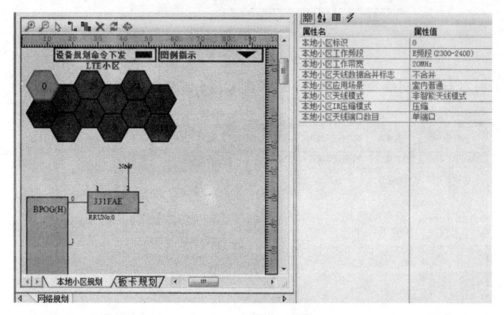

图 6.30　RRU 布配图

（10）BBU 布配图

BBU 布配如图 6.31 所示。

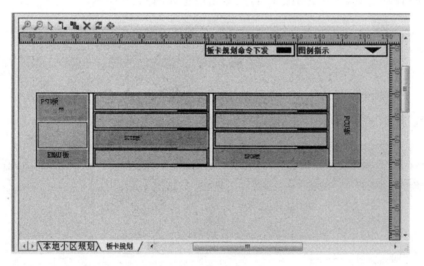

图 6.31　BBU 布配图

习　题

一、填空题

1._____年 3 月 R8 LTE 标准完成,此协议的完成能够满足 LTE 系统首次商用的基本功能。

2. LTE 采用了基于_____技术的空中接口技术。

3. LTE 的信道分为物理信道和_____。

二、判断题

1. 接入网 E-UTRAN 不再包含 RNC,仅包含节点 eNB。_____

2. LTE 支持两种类型的无线帧结构:类型 1,适用于 FDD 模式;类型 2,适用于 TDD 模式。_____

3. 对于 FDD,在每一个 10 ms 中,有 5 个子帧可以用于下行传输,并且有 15 个子帧可以用于上行传输。_____

三、简答题

1. 请画出 LTE-UTRAN 系统结构图。